AICTE'S

LIST OF PRESCRIBED TEXTBOOKS *in* *INDIAN LANGUAGES*

AS PER MODEL CURRICULUM & OUTCOME BASED EDUCATION ALIGNED WITH

NATIONAL EDUCATION POLICY 2020

UNDERGRADUATE COURSE BOOKS

ENGLISH EDITION

S.No.	ISBN	Book Name	Book Code	No. of Pages
1	978-93-91505-14-1	Chemistry-I (with Lab Manual)	UG001EN	220
2	978-93-91505-09-7	English (with Lab Manual)	UG002EN	228
3	978-93-91505-21-9	Programming for Problem Solving (with Lab Manual)	UG003EN	348
4	978-93-91505-06-6	Engineering Graphics & Design	UG004EN	252
5	978-93-91505-15-8	Basic Electrical Engineering (with Lab Manual)	UG005EN	412
6	978-93-91505-33-2	Workshop / Manufacturing Practices (with Lab Manual)	UG006EN	172
7	978-93-91505-16-5	Physics (Introduction to Electromagnetic Theory) (with Lab Manual)	UG007EN	308
8	978-93-91505-05-9	Physics (Introduction to Mechanics) (with Lab Manual)	UG008EN	228
9	978-93-91505-25-7	Physics (Quantum Mechanics for Engineers) (with Lab Manual)	UG009EN	TBA
10	978-93-91505-13-4	Physics (Oscillation, Waves and Optics) (with Lab Manual)	UG010EN	TBA
11	978-93-91505-17-2	Mathematics - I : Calculus and Linear Algebra [For Non-Computer Science Engineering Branches]	UG011EN	596
12	978-93-91505-27-1	Mathematics - I : Calculus and Linear Algebra [For Computer Science Engineering Branches]	UG012EN	412
13	978-93-91505-28-8	Mathematics - II : Calculus, Ordinary Differential Equations and Complex Variable [For Non-Computer Science Engineering Branches]	UG013EN	TBA
14	978-93-91505-41-7	Mathematics - II: Probability and Statistics [For Computer Science Engineering Branches]	UG014EN	TBA

BOOKS ARE ALSO AVAILABLE IN

HINDI | MARATHI | TAMIL | TELGU | KANNADA

Also available as an ebook

For Detailed Catalogue, Please Scan QR Code

AICTE'S

LIST OF PRESCRIBED TEXTBOOKS *in* *INDIAN LANGUAGES* AS PER MODEL CURRICULUM & OUTCOME BASED EDUCATION ALIGNED WITH NATIONAL EDUCATION POLICY 2020

DIPLOMA COURSE BOOKS

ENGLISH EDITION

S.No.	ISBN	Book Name	Book Code	No. of Pages
1	978-93-91505-42-4	Mathematics-I	DIP119EN	180
2	978-93-91505-43-1	Applied Physics-I (with Lab Manual)	DIP120EN	200
3	978-93-91505-44-8	Applied Chemistry (with Lab Manual)	DIP121EN	256
4	978-93-91505-49-3	Communication Skills in English (with Lab Manual)	DIP122EN	212
5	978-93-91505-50-9	Engineering Graphics	DIP123EN	272
6	978-93-91505-51-6	Engineering Workshop Practice	DIP124EN	176
7	978-93-91505-52-3	Mathematics-II	DIP125EN	160
8	978-93-91505-57-8	Applied Physics-II (with Lab Manual)	DIP126EN	228
9	978-93-91505-58-5	Introduction to IT Systems (with Lab Manual)	DIP127EN	220
10	978-93-91505-59-2	Fundamentals of Electrical and Electronics Engineering (with Lab Manual)	DIP128EN	212
11	978-93-91505-60-8	Engineering Mechanics (with Lab Manual)	DIP129EN	188
12	978-93-91505-65-3	Environmental Science	DIP130EN	120

গণিত-II

গরিমা সিং

KHANNA BOOK PUBLISHING CO. (P) LTD.
PUBLISHER OF ENGINEERING AND COMPUTER BOOKS
4C/4344, Ansari Road, Darya Ganj, New Delhi-110002
Phone: 011-23244447-48 **Mobile:** +91-99109 09320
E-mail: contact@khannabooks.com
Website: www.khannabooks.com

Dear Readers,

To prevent the piracy, this book is secured with HIGH SECURITY HOLOGRAM on the front title cover. In case you don't find the hologram on the front cover title, please write us to at contact@khannabooks.com or whatsapp us at +91-99109 09320 and avail special gift voucher for yourself.

Specimen of Hologram on front Cover title:

Moreover, there is a SPECIAL DISCOUNT COUPON for you with EVERY HOLOGRAM.

How to avail this SPECIAL DISCOUNT:

Step 1: Scratch the hologram

Step 2: Under the scratch area, your "coupon code" is available

Step 3: Logon to www.khannabooks.com

Step 4: Use your "coupon code" in the shopping cart and get your copy at a special discount

Step 5: Enjoy your reading!

ISBN: 978-93-5538-142-2

Book Code: DIP202BE

Mathematics-II *by* Garima Singh

[Bengali Edition]

First Edition: 2021

Published by:

Khanna Book Publishing Co. (P) Ltd.
Visit us at: **www.khannabooks.com**
Write us at: **contact@khannabooks.com**
CIN: U22110DL1998PTC095547

To view complete list of books,
Please scan the QR Code:
KPH

Printed in India.

प्रो. अनिल डी. सहस्रबुद्धे
अध्यक्ष
Prof. Anil D. Sahasrabudhe
Chairman

सत्यमेव जयते

अखिल भारतीय तकनीकी शिक्षा परिषद्
(भारत सरकार का एक सांविधिक निकाय)
(शिक्षा मंत्रालय, भारत सरकार)
नेल्सन मंडेला मार्ग, वसंत कुंज, नई दिल्ली–110070
दूरभाष : 011–26131498
ई–मेल : chairman@aicte-india.org

ALL INDIA COUNCIL FOR TECHNICAL EDUCATION
(A STATUTORY BODY OF THE GOVT. OF INDIA)
(Ministry of Education, Govt. of India)
Nelson Mandela Marg, Vasant Kunj, New Delhi-110070
Phone : 011-26131498
E-mail : chairman@aicte-india.org

পূর্বকথা

ইঞ্জিনিয়ারিং শতাব্দী ধরে মানবজাতি ও সমাজের অগ্রগতি ও সম্প্রসারণে অত্যন্ত গুরুত্বপূর্ণ ভূমিকা পালন করেছে। ভারতীয় উপমহাদেশে উদ্ভূত ইঞ্জিনিয়ারিং ধারণাগুলি বিশ্বে একটি চিন্তাশীল প্রভাব ফেলেছে।

অল ইন্ডিয়া কাউন্সিল ফর টেকনিক্যাল এডুকেশন (AICTE) 1987 সালে প্রতিষ্ঠার পর থেকে টেকনিক্যাল শিক্ষার্থীদেরকে সম্ভাব্য সকল উপায়ে সহায়তা করার জন্য সর্বদা অগ্রগণ্য ছিল। AICTE এর লক্ষ্য ছিল মানসম্মত কারিগরি শিক্ষার প্রচার করা এবং এর মাধ্যমে শিল্পকে আরও উচ্চতায় নিয়ে যাওয়া এবং শেষ পর্যন্ত আমাদের প্রিয় মাতৃভূমি ভারতকে একটি আধুনিক উন্নত রাষ্ট্রে পরিণত করা। এখানে উল্লেখ করা অকার্যকর হবে না যে ইঞ্জিনিয়াররা আধুনিক সমাজের মেরুদণ্ড - যত ভাল ইঞ্জিনিয়ার তত ভাল শিল্প এবং যত ভাল শিল্প তত উন্নত দেশ।

NEP 2020 আঞ্চলিক ভাষায় সকলের কাছে শিক্ষার কথা ভাবছে যার ফলে প্রতিটি শিক্ষার্থী যথেষ্ট দক্ষ এবং যোগ্য হয়ে ওঠে এবং জাতীয় প্রগতি এবং উন্নয়নে অবদান রাখার অবস্থানে থাকতে পারে।

AICTE গত কয়েক বছর ধরে নিরলসভাবে কাজ করে আসছিল এমন একটি ক্ষেত্র হল তার সমস্ত ইঞ্জিনিয়ারিং শিক্ষার্থীদের বিভিন্ন আঞ্চলিক ভাষায় প্রস্তুত আন্তর্জাতিক স্তরের উচ্চমানসম্পন্ন মাঝারি মূল্যের বই সরবরাহ করা। এই বইগুলি কেবল সহজ ভাষা, বাস্তব জীবনের উদাহরণ, সমৃদ্ধ বিষয়বস্তুর কথা মাথায় রেখে তৈরি করা হয়নি বরং এই দৈনন্দিন পরিবর্তিত বিশ্বে শিল্পের প্রয়োজনের কথাও মাথায় রাখা হয়েছে। এই বইগুলি ইঞ্জিনিয়ারিং অ্যান্ড টেকনোলজির AICTE মডেল পাঠ্যক্রম 2018 অনুসারে তৈরি।

সারা ভারত থেকে বিশিষ্ট অধ্যাপক মহান জ্ঞান এবং অভিজ্ঞতার সাথে একাডেমিক সংঘের সুবিধার জন্য এই বইগুলি লিখেছেন। AICTE আত্মবিশ্বাসী যে এই বইগুলি এর সমৃদ্ধ বিষয়বস্তু সহ কারিগরি শিক্ষার্থীদের বৃহত্তর এবং মানসম্পন্ন বিষয়গুলি আয়ত্ত করতে সহায়তা করবে।

AICTE এই ইঞ্জিনিয়ারিং বিষয়গুলিকে আরও সুস্পষ্ট করার জন্য মূল লেখক, সমন্বয়কারী এবং অনুবাদকদের কঠোর পরিশ্রমের প্রশংসা জ্ঞাপন করছে।

(Anil D. Sahasrabudhe)

কৃতজ্ঞতাস্বীকার

ডিপ্লোমা শিক্ষার্থীদের জন্য কারিগরি বইটি প্রকাশ করার জন্য লেখক AICTE-এর কাছে তাদের সূক্ষ্ম পরিকল্পনা এবং বাস্তবায়নের জন্য কৃতজ্ঞ।

এছাড়াও আমরা অত্যন্ত সম্মানের সাথে বলেছি যে এই বইটি AICTE মডেল পাঠ্যক্রমের সাথে এবং জাতীয় শিক্ষা নীতি (NEP)-2020-এর নির্দেশিকাগুলির সাথে সামঞ্জস্যপূর্ণ। আঞ্চলিক ভাষায় শিক্ষার প্রসারের দিকে, এই বইটি নির্ধারিত ভারতীয় আঞ্চলিক ভাষায় অনুবাদ করা হচ্ছে।

বইটি বাংলা ভাষায় অনুবাদ করার জন্য আমি ড: বিনয় কৃষ্ণ বিশ্বাস (সহকারী অধ্যাপক, বি.পি পোদ্দার ইনস্টিটিউট অফ ম্যানেজমেন্ট অ্যান্ড টেকনোলজি) কে আন্তরিক শুভেচ্ছা জানাতে চাই এবং বাংলা ভাষায় অনুবাদে ড: বিশ্বাসকে সহযোগিতা করার জন্য শ্রীমতি দীপু মিস্ত্রী (সহকারী অধ্যাপক, নারুলা ইনস্টিটিউট অফ টেকনোলজি) কেও ধন্যবাদ জানাতে চাই।

এটিকে ছাত্র-ছাত্রীদের জন্য বন্ধুত্বপূর্ণ করে তোলা এবং একটি শৈল্পিক পদ্ধতিতে আরও ভাল আকার দেওয়ার জন্য, আমি আন্তরিকভাবে বইটির পর্যালোচনাকারী শ্রী বিল্লু রাম সাইনির মূল্যবান অবদানকে স্বীকার করি।

শা. বুদ্ধ চন্দ্রশেখর, CCO NEAT AICTE যার AI ভিত্তিক অনুবাদক টুল অনুবাদের জন্যে ব্যবহার করা হয়েছিল তাকেও আমার আন্তরিক শুভেচ্ছা জানাতে চাই।

পরিশেষে আমরা প্রকাশনা সংস্থা, খান্না বুক পাবলিশিং কোম্পানি প্রাইভেট লিমিটেড, নিউ দিল্লি, যার পুরো টিম এটিকে একটি চমৎকার অভিজ্ঞতা করার জন্য প্রকাশনার সমস্ত দিকগুলিতে সহযোগিতা করার জন্য সর্বদা প্রস্তুত ছিল তাদেরকে আমার আন্তরিক ধন্যবাদ জানাতে চাই।

গরীমা সিং

মুখবন্ধ

গণিত মানুষের সমস্ত প্রযুক্তিগত দিকগুলির সাথে অঙ্গাঙ্গিভাবে জড়িত। যখন একজন শিক্ষার্থী প্রযুক্তির জগতে প্রবেশ করে তখন গণিতের গভীর জ্ঞান অত্যন্ত গুরুত্বপূর্ণ। যখন প্রযুক্তিতে প্রয়োগ করা হয়, এটা বিজ্ঞানী এবং প্রকৌশলীদেরকে পদ্ধতিগত, পুনরুত্পাদনযোগ্য এবং প্রেরণযোগ্য জ্ঞান অর্জন করতে সাহায্য করে।

"গণিত -II" বইটা মূলত ডিপ্লোমা ইঞ্জিনিয়ারিং (সকল শাখার জন্য এক) শিক্ষার্থীদের জন্য একুশ শতকে এবং পরবর্তীতে প্রযুক্তিগত প্রতিযোগিতা মোকাবেলার জন্য নকশা করা হয়েছে। এটা নতুন জাতীয় শিক্ষানীতি 2021 অনুসারে শিক্ষার্থীদের অভিমুখী এবং স্ব-শিক্ষা কার্যক্রমকে অন্তর্ভুক্ত করে প্রকৌশল এবং প্রযুক্তিতে ডিপ্লোমা কোর্সের জন্য AICTE- র মডেল পাঠ্যক্রমের সাথে কঠোরভাবে সংযুক্ত। ফলাফল নির্ভর শিক্ষা এবং ব্লুমস ট্যাক্সনমির ধারণা এই বই গঠনের কেন্দ্রীয় ভিত্তি। বইয়ের প্রতিটা বিষয়কে একটা সুস্পষ্ট এবং সহজ পদ্ধতিতে আলোচনা করা হয়েছে যাতে গাণিতিক ভাষাকে সহজ এবং চলিত করা যায়। বিষয়ের সাথে আপস না করে বইয়ের পাতার সংখ্যা সর্বনিম্ন রাখার চেষ্টা করা হয়েছে। পাণ্ডুলিপি প্রস্তুত করার সময়, বিভিন্ন আদর্শ পাঠ্যপুস্তক, প্রস্তাবিত বই (প্রস্তাবনা বিভাগেও উল্লেখ করা হয়েছে) উল্লেখ করা হয়েছে এবং সেই অনুযায়ী বিভাগগুলি তৈরি করা হয়েছে। বিষয়টির মৌলিক ধারণাগুলি সহজতম উপায়ে ব্যাখ্যা করার প্রচেষ্টা করা হয়েছে যাতে শেখার আনন্দ হয়।

এই বইটা পাঁচটা ইউনিট নিয়ে গঠিত। সমস্ত ইউনিট লেখার ক্ষেত্রে একটি অভিন্নতা বজায় রয়েছে। প্রতিটা ইউনিট, ইউনিট পরিচিতি, যুক্তি এবং পূর্ব-প্রয়োজনীয়তা দিয়ে শুরু হয়। তত্ত্বের ব্যাখ্যা এবং সমাধান করা উদাহরণ ছাড়াও, ছোট প্রকল্প, কার্যকলাপ, মজাদার তথ্য, কিউআর কোড, গভীর অধ্যয়ন, ভিডিওর উৎস, আইসিটির ব্যবহার, বাস্তব জীবনে প্রয়োগ অন্তর্ভুক্ত করা হয়েছে যাতে পারস্পরিক বোঝাপড়া এবং শিক্ষার্থীর প্রয়োগযোগ্যতা বৃদ্ধি পায়, যা তাদের প্রতিযোগিতামূলক এবং নিয়োগযোগ্য করে তোলে। গভীর অধ্যয়ন বিভাগ চালু করা হয়েছে যাতে ম্যাটল্যাবের সাথে এই বইয়ে পড়া সমস্ত বিষয়গুলিকে কেন্দ্র করে শিক্ষার্থীর কৌতূহল আরো সক্রিয় করা যায়। কথার মাঝে মাঝে দ্রষ্টব্য, মন্তব্য, ধূসর বাক্সের মধ্যে মনে রাখার বিভাগগুলির সাথে সম্পূরক হয়েছে। এছাড়াও, 'শিক্ষকেরা আরো জানুন' শিরোনামে কিছু দরকারী তথ্য দেওয়া হয়েছে। প্রাসঙ্গিক অপরিহার্য মৌলিক তথ্য পরিশিষ্টে অন্তর্ভুক্ত করা হয়েছে। সংযোজন অংশে কয়েকটি কার্যক্রম অন্তর্ভুক্ত করে বইটিকে সমৃদ্ধ করার চেষ্টা করা হয়েছে। সামগ্রিকভাবে, মুখস্থকরণকে নিরুৎসাহিত করার জন্য একটি পদ্ধতি তৈরির চেষ্টা করা হয়েছে। প্রধান ধারণা, সূত্র এবং ফলাফলের সরাসরি পুনরাবৃত্তির জন্য, ইউনিটের সংক্ষিপ্ত সারাংশ দেওয়া হয়েছে।

প্রতিটি ইউনিটের শেষে, বিশিষ্ট ভারতীয় গণিতবিদদের সাথে সম্পর্কিত একটি অংশ দেওয়া হয় যাতে শিক্ষার্থীদের সমৃদ্ধ ভারতীয় ঐতিহ্যের আভাস পাওয়া যায়, বিশেষ করে গণিতের ক্ষেত্রে।

আমি আন্তরিকভাবে আশা করি যে বইটি শিক্ষার্থীদের গণিতের মূল বিষয়গুলি শিখতে এবং প্রয়োগ করতে অনুপ্রাণিত করবে এবং অনুপ্রাণিত করবে এবং বিষয়টির দৃঢ় ভিত্তি নির্মাণে অবশ্যই অবদান রাখবে। ভবিষ্যত সংস্করণে বইটির আরও উন্নতির দিকে শিক্ষক/শিক্ষার্থী/পাঠকদের কোন মন্তব্য/পরামর্শ স্বীকার করতে আমি কৃতজ্ঞ থাকবো। ভবিষ্যতের নেতাদের সমাজের প্রতি মৌলিক অবদান রাখার জন্য বিভিন্ন বিষয়কে একটি সরল পদ্ধতিতে বইটি লেখা সত্যিই একটি আনন্দের বিষয় ছিল।

গরীমা সিং

ফলাফল ভিত্তিক শিক্ষা

ফলাফল ভিত্তিক শিক্ষা বাস্তবায়নের জন্য প্রথম প্রয়োজন একটি ফলাফল ভিত্তিক পাঠ্যক্রম তৈরি করা এবং শিক্ষা ব্যবস্থায় ফলাফল ভিত্তিক মূল্যায়ন অন্তর্ভুক্ত করা। ফলাফল ভিত্তিক মূল্যায়নের মাধ্যমে, মূল্যায়নকারীরা মূল্যায়ন করতে পারবে যে শিক্ষার্থীরা রূপরেখাযুক্ত মান, নির্দিষ্ট এবং পরিমাপযোগ্য ফলাফল অর্জন করেছে কিনা। ফলাফল ভিত্তিক শিক্ষার যথাযথ সংযোজনের সাথে সাথে কোন স্তরে ছাড় না দিয়ে সমস্ত শিক্ষার্থীদের জন্য একটি ন্যূনতম মান অর্জনের একটি সুনির্দিষ্ট প্রতিশ্রুতি থাকবে। ফলাফল ভিত্তিক শিক্ষার সাহায্যে বর্তমান ব্যবস্থাপনার (প্রোগ্রাম) শেষে, একজন শিক্ষার্থী নিম্নলিখিত ফলাফলে পৌঁছাতে সক্ষম হবে : প্রোগ্রাম আউটকাম (POs) হল এমন বিবৃতি যা বর্ণনা করে যে এই ব্যবস্থাপনার থেকে স্নাতক হওয়ার পর শিক্ষার্থীরা কি আশা করে এবং কি করতে পারে। এগুলি দক্ষতা, জ্ঞান, বিশ্লেষণাত্মক ক্ষমতা মনোভাব এবং আচরণের সাথে সম্পর্কিত যা শিক্ষার্থীরা এই ব্যবস্থাপনার মাধ্যমে অর্জন করবে। POs মূলত নির্দেশ করে যে শিক্ষার্থীরা ব্যবস্থাপনার সময় তাদের দ্বারা অর্জিত বিষয়ভিত্তিক জ্ঞান থেকে কী করতে পারে। যেমন, পিও (PO) একটি প্রকৌশল ডিপ্লোমা স্নাতকের পেশাদার চরিত্র সংজ্ঞায়িত করে।

ন্যাশনাল বোর্ড অফ অ্যাক্রেডিটেশন (এনবিএ) একটি ইঞ্জিনিয়ারিং ডিপ্লোমা স্নাতকের জন্য নিম্নলিখিত সাতটি পিও সংজ্ঞায়িত করেছে:

PO-1: **বেসিক এবং বিভাগ সুনির্দিষ্ট জ্ঞান (Basic and Discipline specific knowledge):** ইঞ্জিনিয়ারিং সমস্যা সমাধানে মৌলিক গণিত, বিজ্ঞান ও প্রকৌশলের মৌলিক জ্ঞান এবং প্রকৌশল বিশেষজ্ঞের জ্ঞান প্রয়োগ কর।

PO-2: **সমস্যা বিশ্লেষণ (Problem analysis):** কোডিফাইড স্ট্যান্ডার্ড পদ্ধতি ব্যবহার করে ভালভাবে সংজ্ঞায়িত ইঞ্জিনিয়ারিং সমস্যাগুলি চিহ্নিত কর এবং বিশ্লেষণ কর।

PO-3: **সমাধানের নকশা/ উন্নয়ন (Design/ development of solutions):** সুনির্দিষ্ট প্রযুক্তিগত সমস্যার জন্য সমাধানের নকশা এবং নির্দিষ্ট প্রয়োজনীয়তা পূরণের জন্য পদ্ধতির উপাদান বা প্রক্রিয়াগুলির নকশায় সহায়তা কর।

PO-4: **প্রকৌশল টুলস, পরীক্ষা এবং যাচাই (Engineering Tools, Experimentation and Testing):** আদর্শ যাচাই এবং পরিমাপ করার জন্য আধুনিক প্রকৌশল টুলস এবং উপযুক্ত প্রযুক্তি প্রয়োগ কর।

PO-5: **সমাজ, টেকসইতা এবং পরিবেশের জন্য প্রকৌশল চর্চা (Engineering practices for society, sustainability and environment):** সমাজ, স্থায়িত্ব, পরিবেশ এবং নৈতিক অনুশীলনের ক্ষেত্রে উপযুক্ত প্রযুক্তি প্রয়োগ কর।

PO-6: **প্রকল্প পরিচালনা (Project Management):** একটা দলের সদস্য বা নেতা হিসাবে প্রকল্পগুলি পরিচালনা করতে এবং ভালভাবে সংজ্ঞায়িত প্রকৌশল কার্যক্রম সম্পর্কে যোগাযোগ করতে প্রকৌশল ব্যবস্থাপনার নীতিগুলি পৃথকভাবে ব্যবহার কর।

PO-7: **আজীবনের শিক্ষা (Life-long learning):** জীবনব্যাপী ব্যক্তিগত চাহিদা বিশ্লেষণ করার ক্ষমতা এবং প্রযুক্তিগত পরিবর্তনের পরিপ্রেক্ষিতে সময়োপযোগী করার কাজে ব্যস্ত থাকা।

কোর্সের ফলাফল

এই কোর্স শেষ করার পর আশা করা যায় শিক্ষার্থীরা শিখবে:

CO-1: ম্যাট্রিক্স এবং ডিটার্মিন্যান্টের প্রয়োজনীয় পটভূমি যাতে রৈখিক সিস্টেমের ব্যাখ্যা/বিশ্লেষণ, অপ্টিমাইজেশন কৌশলগুলিতে সমাধান পেতে সহায়তা করতে পারে।

CO-2: বিশেষ করে সমাকলন বিদ্যার সহজ কৌশল প্রয়োগ করে ক্ষেত্রফল এবং আয়তন নির্ণয়

CO-3: স্থানাঙ্ক জ্যামিতি বিশ্লেষণ করতে বীজগণিত এবং জ্যামিতির মধ্যে লাইন এবং বক্ররেখার গ্রাফের মাধ্যমে একটি সংযোগ প্রদান করে।

CO-4: লব্ধ বল এবং সমবিন্দু বলগুলির মধ্যে পার্থক্য বলতে; অন্তর্কলজ সমীকরণের আকারে সহজ ভৌত সমস্যা ব্যাখ্যা এবং বিশ্লেষণ করা।

CO-5: ম্যাটল্যাবের কিছু ভিত্তিগত ধারণার সাহায্যে শিখে যাওয়া বিষয়গুলির প্রয়োগযোগ্যতা ব্যবহার করে ডেটা অন্বেষণ এবং কল্পনা করা।

প্রোগ্রামের ফলাফলের সাথে কোর্স ফলাফলের ম্যাপিং নিচে দেওয়া ম্যাট্রিক্স অনুযায়ী করতে হবে :

কোর্সের ফলাফল	প্রোগ্রামের ফলাফলের সঙ্গে প্রত্যাশিত ম্যাপিং (1-দুর্বল সংশ্লেষন; 2 - মাঝারি সংশ্লেষন; 3- গভীর সম্পর্ক)				
	PO-1	**PO-2**	**PO-3**	**PO-4**	**PO-5**
CO-1	3	3	3	3	1
CO-2	3	2	2	2	1
CO-3	3	2	2	2	1
CO-4	3	2	2	3	1
CO-5	3	3	3	3	1

চিহ্নএবং সংক্ষেপ

চিহ্ন/ সংক্ষেপ	চিহ্নের নাম/ সম্পূর্ণ নাম	চিহ্ন/সংক্ষেপ	চিহ্নের নাম/ সম্পূর্ণ নাম
[A:B] or [A/B]	অগমেন্টেড ম্যাট্রিক্স	$\frac{dy}{dx}$	x এর সাপেক্ষে y চলরাশির অন্তর্কলজ অপারেটর
$\overline{AB}$	AB রেখাংশ	$\int$	সমাকল্য
|AB|	$\overline{AB}$ এর দৈর্ঘ	!	ফ্যাক্টোরিয়াল
$\overrightarrow{AB}$	রে AB (Ray AB)	$\in$	একটা উপাদান/এর মধ্যে আছে
CO	কোর্সের ফলাফল	$\notin$	উপাদান নয় /এর মধ্যে নেই
UO	ইউনিটের ফলাফল	$\neq$	অসমান
PO	প্রোগ্রামের ফলাফল	$\sim$	একই রকম
N	প্রাকৃতিক সংখ্যার সেট	||	সমান্তরাল
W	সম্পূর্ণ সংখ্যার সেট	$\approx$	প্রায় সমান
Z	পূর্ণসংখ্যার সেট	( )	বন্ধনী (দল গঠনের চিহ্ন)
Q	মূলদ সংখ্যার সেট	[ ]	বর্গাকার ব্রাকেট (দল গঠনের চিহ্ন)
R	বাস্তব সংখ্যার সেট	{ }	কোঁকড়ানো ব্রাকেট (দল গঠনের চিহ্ন)
C	জটিল সংখ্যার সেট	$\cong$	সর্বসম
I	অমূলদ সংখ্যার সেট	$\sqrt[3]{}$	ঘনমূল
Lf' (a)	'a' তে (f) এর বামদিকের অন্তর্কলজ	Σ	সমষ্টি
Rf' (a)	'a' তে (f) এর ডানদিকের অন্তর্কলজ	$\subset$ or $\subseteq$	হয় একটা সাবসেট
L.H.S.	বামদিকের	$\not\subset$ or $\not\subseteq$	সাবসেট নয়
R.H.S.	ডানদিকের	$\cup$	এর ইউনিয়ন
adj (A)	ম্যাট্রিক্স A এর অ্যাডজয়েন্ট	$\cap$	ছেদিতাংশ
lim	লিমিট	ϕ	ফাঁকা সেট/নাল সেট
$f^n(a)$	'a' তে (f) এর n তম অন্তর্কলজ	$\Rightarrow$	এটা বোঝায় যে
s.t.	এমন যে (Such that)	$\Leftrightarrow$	উভয়দিকে বোঝায় যে
w.r.t.	সাপেক্ষে	||	গুণাঙ্ক (modulus)
$\forall$	সবক্ষেত্রে	$\because$	যেহেতু
|| ||	নর্ম		

চিত্রের তালিকা

ইউনিট I: ডিটার্মিন্যান্ট এবং ম্যাট্রিক্স

ইউনিট II: সমাকলন বিদ্যা

ইউনিট III: স্থানাঙ্ক জ্যামিতি

ইউনিট IV: ভেক্টর বীজগণিত

ইউনিট V: অন্তরকল সমীকরণে

শিক্ষকদের জন্য নির্দেশিকা

ফলাফল ভিত্তিক শিক্ষা (Outcome Based Education - OBE) বাস্তবায়নের জন্য শিক্ষার্থীদের জ্ঞানের স্তর এবং দক্ষতা বৃদ্ধি করতে হবে। OBE এর যথাযথ বাস্তবায়নের জন্য শিক্ষকদের একটি বড় দায়িত্ব নিতে হবে। OBE সিস্টেমের শিক্ষকদের জন্য কিছু দায়িত্ব (সীমাবদ্ধ নয়) নিম্নরূপ হতে পারে:

- যুক্তিসঙ্গত সীমাবদ্ধতার মধ্যেই সমস্ত শিক্ষার্থীদের সর্বোত্তম ফললাভের জন্য, তাদের সময়কে কৌশলে ব্যবহার করা উচিত।
- তাদের বৈষম্যমূলক অন্য কোন সম্ভাব্য অযোগ্যতা বিবেচনা না করে শুধুমাত্র নির্দিষ্ট সংজ্ঞায়িত মানদণ্ডের ভিত্তিতেই শিক্ষার্থীদের মূল্যায়ন করা উচিত।
- প্রতিষ্ঠান ছাড়ার আগে শিক্ষার্থীদের শেখার ক্ষমতা একটি নির্দিষ্ট মাত্রায় বাড়ানোর চেষ্টা করা উচিত।
- পড়াশোনা শেষ করার পর সব শিক্ষার্থী যেন গুণগত জ্ঞান এবং যোগ্যতার সাথে নিজেকে তৈরি করতে পারে তা নিশ্চিত করার চেষ্টা করা উচিত।
- তাদের সর্বদা শিক্ষার্থীদের চূড়ান্ত কর্মক্ষমতা বিকাশের জন্য উত্সাহিত করা উচিত।
- নতুন পদ্ধতির একত্রীকরণের জন্য তাদের গ্রুপের কাজ এবং দলগত কাজকে সহজতর করা এবং উৎসাহিত করা উচিত।
- তাদের মূল্যায়নের প্রতিটি অংশে ব্লুমের শ্রেণীবিন্যাস অনুসরণ করা উচিত।

ব্লুমের শ্রেণীবিন্যাস

স্তর	শিক্ষকের পরীক্ষা করা উচিত	শিক্ষার্থীকে সক্ষম হওয়া উচিত	মূল্যায়নের সম্ভাব্য পদ্ধতি
সৃজন (Creating)	শিক্ষার্থীদের সৃজন করার ক্ষমতা	ডিজাইন বা সৃজন করা	মিনিপ্রজেক্ট
মূল্যায়ন (Evaluating)	শিক্ষার্থীদের বিচার করার ক্ষমতা	তর্ক করুন বা রক্ষা করা	অ্যাসাইনমেন্ট
বিশ্লেষণ (Analyzing)	শিক্ষার্থীদের পার্থক্য করার ক্ষমতা	পার্থক্য করুন বা পার্থক্য করা	প্রকল্প/ল্যাবপদ্ধতি
প্রয়োগ (Applying)	শিক্ষার্থীদের তথ্য ব্যবহার করার ক্ষমতা	পরিচালনা বা প্রদর্শন	প্রযুক্তিগত উপস্থাপনা/প্রদর্শন
বোধ (Understanding)	শিক্ষার্থীদের ধারণা ব্যাখ্যা করার ক্ষমতা	ব্যাখ্যা বা শ্রেণীবদ্ধ করুন	উপস্থাপনা/সেমিনার
স্মরণ (Remembering)	শিক্ষার্থীদের মনে রাখার ক্ষমতা	সংজ্ঞায়িত করুন বা প্রত্যাহার করুন	কুইজ

শিক্ষার্থীদের জন্য নির্দেশিকা

OBE বাস্তবায়নের জন্য শিক্ষার্থীদের সমান দায়িত্ব নিতে হবে। OBE সিস্টেমে শিক্ষার্থীদের জন্য কিছু দায়িত্ব (সীমাবদ্ধ নয়) নিম্নরূপ:

- প্রতিটি কোর্সে ইউনিট শুরুর আগে শিক্ষার্থীদের প্রতিটি UO সম্পর্কে ভালভাবে অবগত হওয়া উচিত।
- কোর্স শুরুর আগে শিক্ষার্থীদের প্রতিটি CO সম্পর্কে ভালভাবে সচেতন হওয়া উচিত।
- প্রোগ্রাম শুরুর আগে শিক্ষার্থীদের প্রতিটি PO সম্পর্কে ভালভাবে সচেতন হওয়া উচিত।
- শিক্ষার্থীদের উচিত সঠিক প্রতিফলন এবং কর্মের সাথে সমালোচনা মূলক এবং যুক্তিসঙ্গত ভাবে চিন্তা করা।
- শিক্ষার্থীদের শেখার ব্যবহারিক এবং বাস্তবজীবনের পরিণতির সাথে সংযুক্ত এবং একীভূত হওয়া উচিত।
- OBE এর প্রতিটি স্তরে শিক্ষার্থীদের তাদের দক্ষতা সম্পর্কে ভালভাবে সচেতন হওয়া উচিত।

সূচীপত্র

1 ডিটার্মিন্যান্ট এবং ম্যাট্রিক্স

ইউনিট – 1 এর বিষয়বস্তু

এই ইউনিটে 3 ক্রম পর্যন্ত ডিটার্মিন্যান্টের প্রাথমিক বৈশিষ্ট্য, সমীকরণের ধারাবাহিকতা, ক্রামারের নিয়ম, ম্যাট্রিক্সের বীজগণিত, একটি ম্যাট্রিক্সের ইনভার্স, 3 টি বিশিষ্ট রৈখিক সমীকরণের একটি সিস্টেম সমাধান করার জন্য ম্যাট্রিক্স বিপরীত পদ্ধতিগুলোর ধারণা অন্তর্ভুক্ত করা হয়েছে। সমাধান এবং অমীমাংসিত উদাহরণের সাহায্যে প্রয়োগযোগ্যতা বোঝার উপর জোর দেওয়া হচ্ছে।

সূচনা

আমরা যা কিছু শিখি তার একটা প্রয়োগ আছে. যখন ম্যাট্রিক্স এবং ডিটার্মিন্যান্টসের কথা আসে, তারা সর্বব্যাপী। এটি আমাদের চারপাশে সর্বত্র। ম্যাট্রিক্স হল জিনিসগুলিকে স্পষ্ট করার একটি নিবিড় এবং সহজ উপায়, যা সহজেই দৃশ্যমান করা যায়। আপনি এখন যে কম্পিউটার সিমুলেশনগুলি দেখছেন তার বেশিরভাগই ম্যাট্রিক্স ব্যবহার করে। ইঞ্জিনিয়ারিং, ফিজিক্স, ইকোনমিক্স, কম্বিনেটরিক্স, নেটওয়ার্ক বিশ্লেষণ, অপারেশন রিসার্চ, এপিডেমিওলজি, কমিউনিকেশন এবং আরও অনেকের প্রায় প্রতিটি শাখা ব্যাপকভাবে ম্যাট্রিক্স ব্যবহার করে। ডিটার্মিন্যান্ট এই ম্যাট্রিক্সগুলির একটি নির্দিষ্ট মান দেয় এবং একই মুদ্রার আরেকটি পিঠও।

অতএব, যখন কারও যোগ্যতার কথা আসে, বিশেষত প্রযুক্তিগতভাবে, এগুলির গভীর অধ্যয়নকে উড়িয়ে দেওয়া যায় না। এমনকি উচ্চতর অধ্যয়নের জন্য এগুলি বেশ কয়েকটি বিষয়ের জন্য পূর্বশর্ত। প্রযোজ্যতা আসে যখন ধারনাগুলি একদম পরিষ্কার হয়ে যায়। আজকের বিশ্বে যখন আমরা প্রায় প্রতিটি শাখার জন্য অসংখ্য 'অ্যাপস' দ্বারা পরিবেষ্টিত, ম্যাট্রিক্স এবং ডিটার্মিন্যান্ট বোঝা আবশ্যক।

সংক্ষেপে, যেহেতু ম্যাট্রিক্স এবং নির্ধারক এতগুলি বিষয়ের সাথে সংযুক্ত, তারা গাণিতিকভাবে মডেলিংয়ের ক্ষেত্রে অত্যন্ত দক্ষ সরঞ্জাম!

পূর্ব প্রয়োজনীয় জ্ঞান

- সংখ্যা এবং বহুপদীর যোগ, বিয়োগ এবং গুণ।
- রৈখিক সমীকরণের ভিত্তি।
- ত্রিকোণমিতিক সূত্রের প্রাথমিক জ্ঞান।

ইউনিট-1 ডিটার্মিন্যান্টস এবং ম্যাট্রিক্স	ইউনিট ফলাফল শিক্ষার্থীরা শিখবে
U1-O1	বহুবিধ সমস্যা সমাধানে মধ্যে ডিটার্মিন্যান্টসের বৈশিষ্ট্য ব্যবহার করার জন্য।
U1-O2	রৈখিক সমীকরণের সঙ্গে বাস্তব জীবনের সমস্যা সম্পর্কিত করা এবং সমীকরণের ধারাবাহিকতা বিশেষত ক্রামারের নিয়মের সাহায্যে পরীক্ষা/ব্যাখ্যা করা।
U1-O3	সাধারণ ম্যাট্রিক্স অপারেশন যেমন স্কেলার গুণ, গুণ, ট্রান্সপজিশন সম্পাদন করা।
U1-O4	ম্যাট্রিক্সের ভাষা ব্যবহার সমীকরণের রৈখিক সিস্টেম সমাধান করা।
U1-O5	কঠিন সমস্যার জন্য ম্যাট্রিক্স এবং ডিটার্মিন্যান্টস ব্যবহার করা।

CO-UO ম্যাপিং

ইউনিট- 1 ফলাফল	কোর্সের ফলাফলের সঙ্গে প্রত্যাশিত ম্যাপিং (1-দুর্বল সংশ্লেষন; 2 - মাঝারি সংশ্লেষন; 3- গভীর সম্পর্ক)				
	CO-1	CO-2	CO-3	CO-4	CO-5
U1-O1	3	1		2	1
U1-O2	3		1		1
U1-O3	3		2		1
U1-O4	3		1		1
U1-O5	3		1		2

বিষয় 1 ডিটার্মিন্যান্টস

1.1 ভূমিকা

ডিটার্মিন্যান্টের ধারণাটি বহু বছর ধরে বিবর্তিত হয়েছে। ১৭৫০ সালে, একজন জার্মান গণিতবিদ, গ্যাব্রিয়েল ক্র্যামার, ক্রামারের নিয়ম প্রদান করে সমীকরণের সেটগুলির সম্পর্কিত ডিটার্মিন্যান্ট তত্ত্বের সাথে যোগ করেন। আর্থার কেইলি, সি.জি.জে জ্যাকোবি, জে. জে. সিলভেস্টার ইত্যাদি অনেক শিক্ষাবিদ ডিটার্মিন্যান্টস তত্ত্বকে সমৃদ্ধ করেছেন।

বিশেষ করে কারিগরি বিদ্যায় প্রয়োগের ক্ষেত্রে ডিটার্মিন্যান্টের জ্ঞান অপরিহার্য, যদিও বিজ্ঞান, সামাজিক বিজ্ঞান, অর্থনীতি প্রভৃতি ক্ষেত্রগুলিতে তাদের ব্যাপক প্রয়োগ রয়েছে এই ইউনিটে, আমরা তৃতীয় ক্রম পর্যন্ত ডিটার্মিন্যান্টের অধ্যয়ন করব।

সুইস গণিতবিদ গ্যাব্রিয়েল ক্র্যামার (১৭০৪-১৭৫২) তার 'ইন্ট্রোডাকশন ইন এ' ল' আনালাইস দেস লীগনেস কোরবেস আলজেব্রিক্স' বইয়ে ১৭৫০ সনে ক্র্যামার নিয়ম রচনা করেছিলেন।

সংজ্ঞা : ডিটার্মিন্যান্টকে বর্গ ম্যাট্রিক্স সঙ্গে যুক্ত একটি স্কেলার মান হিসাবে সংজ্ঞায়িত করা হয়। সুতরাং, আমরা প্রতিটি n -অর্ডারের বর্গ ম্যাট্রিক্স A = [aij] এর সাথে, একটি সংখ্যা (বাস্তব বা জটিল) যুক্ত করলে তাকে বর্গ ম্যাট্রিক্স A এর ডিটার্মিন্যান্ট বলতে পারি। এটি det A বা |A| অথবা Δ দ্বারা চিহ্নিত করা হয়।

1 ক্রমের (order) ডিটার্মিন্যান্ট

এগুলি মামুলি ডিটার্মিন্যান্ট এবং এই ডিটার্মিন্যান্টের মান ম্যাট্রিক্সের কেবল সংখ্যা। (সেখানে একটি সারি এবং একটি স্তম্ভ আছে) উদাহরণস্বরূপ: যদি $|A| = |2|_{1\times 1}$, তাহলে $|A| = 2$

2 ক্রমের (order) ডিটার্মিন্যান্ট

দুটো সমীকরণ ধরা যাক $a_1 x + b_1 = 0$ এবং $a_2 x + b_2 = 0$, যদি এই দুটি ক্ষেত্রেই x এর একটা মান থাকে তবে সমীকরণ

$a_1 b_2 - a_2 b_1 = 0$ কে বলা হয় 2 ক্রমের একটা ডিটার্মিন্যান্টের মান এবং প্রকাশ করা হয়

$$\Delta = \begin{vmatrix} a_1 & b_1 \\ a_2 & b_2 \end{vmatrix}$$

$a_1, a_2, b_1, b_2,$ রাশিগুলিকে ডিটার্মিন্যান্টের উপাদান বা উপাদান বলা হয়। একটি 2 ক্রমের ডিটার্মিন্যান্টে দুটি সারি (অনুভূমিক উপাদান-row) এবং দুটি স্তম্ভ (উল্লম্ব উপাদান-column) নিয়ে গঠিত।

এখন দুটো ডিটার্মিন্যান্ট ধরা যাক

$$\begin{vmatrix} 9 & 1 \\ 4 & 2 \end{vmatrix} = (9 \times 2) - (4 \times 1) = 18 - 4 = 14$$

এবং $\begin{vmatrix} 7 & 0 \\ 20 & 2 \end{vmatrix} = (7\times 2)-(20\times 0) = 14 - 0 = 14.$

আমরা দেখতে পাই যে $\begin{vmatrix} 9 & 1 \\ 4 & 2 \end{vmatrix} = \begin{vmatrix} 7 & 0 \\ 20 & 2 \end{vmatrix}$

সুতরাং ডিটার্মিন্যান্ট কেবলমাত্র কতকগুলি সংখ্যার সজ্জারীতি নয় বরং এর একটা মান আছে।

দ্রষ্টব্য: 2 ক্রমের ডিটার্মিন্যান্টের সাইন সিস্টেম $\begin{vmatrix} + & - \\ - & + \end{vmatrix}$

উদাহরণ 1: x মান গণনা করতে হবে যদি $\Delta = \begin{vmatrix} x & 3 \\ 4 & 2 \end{vmatrix} = \begin{vmatrix} 3 & 2 \\ 1 & 2 \end{vmatrix}$

সমাধান: দেওয়া আছে যে $\begin{vmatrix} x & 3 \\ 4 & 2 \end{vmatrix} = \begin{vmatrix} 3 & 2 \\ 1 & 2 \end{vmatrix}$

যা বোঝায়, $(x\times 2)-(4\times 3)=(3\times 2)-(1\times 2)$

$\Rightarrow 2x-12=6-2$

$\Rightarrow 2x=16$

$\Rightarrow x=8$

3 ক্রমের (order) ডিটার্মিন্যান্ট

তিনটি সমীকরণের সিস্টেম ধরা যাক $a_1x+b_1y+c_1=0,$

$a_2x+b_2y+c_2=0$ এবং $a_3x+b_3y+c_3=0$

যদি এই তিনটি সমীকরণই x এবং y এর একটি মান দ্বারা সিদ্ধ হয়

তবে সমীকরণগুলো থেকে x এবং যা এর ম্যান নির্মূল করে পাই

$$a_1\ (b_2\ c_3\ - b_3\ c_2) + b_1\ (c_2\ a_3\ - c_3\ a_2) + c_1(\ a_2b_3 - a_3\ b_2\ ) = 0$$

উপরিউক্ত সমীকরণটিকে 3 ক্রোমের ডিটার্মিন্যান্ট বলা হয় এবং নিম্নরূপে প্রকাশ করা হয়

$$\begin{vmatrix} a_1 & b_1 & c_1 \\ a_2 & b_2 & c_2 \\ a_3 & b_3 & c_3 \end{vmatrix}$$

তিন ক্রমের ডিটার্মিন্যান্টে তিনটি সারি এবং তিনটি স্তম্ভ থাকে। $a_1, a_2, a_3, b_1, b_2, b_3, c_1, c_2, c_3$ রাশিগুলিকে উপাদান বা ডিটার্মিন্যান্টের উপাদান বলা হয়।

দ্রষ্টব্য 1: তিন ক্রোমের ডিটার্মিন্যান্টের *জন্য চিহ্নের পদ্ধতি হল*

$$\begin{vmatrix} + & - & + \\ - & + & - \\ + & - & + \end{vmatrix}$$ *(বিকল্প '+' এবং '-', প্রধান উপাদান '+' নিয়ে শুরু করে)*

নোট 2: *মডুলাস ফাংশন* ডিটার্মিন্যান্টে*র চেয়ে সম্পূর্ণ ভিন্ন। উদাহরণস্বরূপ:* মডুলাসে $|-2| = 2$, *যেখানে* ডিটার্মিন্যান্ট $|-2| = -2$.

1.1.1 তৃতীয় অর্ডার ডিটার্মিন্যান্টসের মান/সম্প্রসারণ:

a) প্রথম সারির সাপেক্ষে,

$$\begin{vmatrix} a_1 & b_1 & c_1 \\ a_2 & b_2 & c_2 \\ a_3 & b_3 & c_3 \end{vmatrix} = a_1\begin{vmatrix} b_2 & c_2 \\ b_3 & c_3 \end{vmatrix} - b_1\begin{vmatrix} a_2 & c_2 \\ a_3 & c_3 \end{vmatrix} + c_1\begin{vmatrix} a_2 & b_2 \\ a_3 & b_3 \end{vmatrix}$$

$$= a_1(b_2c_3 - b_3c_2) - b_1(a_2c_3 - a_3c_2) + c_1(a_2b_3 - a_3b_2)$$

b) দ্বিতীয় কলামের সাপেক্ষে,

$$\begin{vmatrix} a_1 & b_1 & c_1 \\ a_2 & b_2 & c_2 \\ a_3 & b_3 & c_3 \end{vmatrix} = -b_1\begin{vmatrix} a_2 & c_2 \\ a_3 & c_3 \end{vmatrix} + b_2\begin{vmatrix} a_1 & c_1 \\ a_3 & c_3 \end{vmatrix} - b_3\begin{vmatrix} a_1 & c_1 \\ a_2 & c_2 \end{vmatrix}$$

$$= -b_1(a_2c_3 - a_3c_2) + b_2(a_1c_3 - a_3c_1) - b_3(a_1c_2 - a_2c_1)$$

মন্তব্য: একটা ডিটার্মিন্যান্ট তার সারি বা কলামের যে কোনো একটির সাপেক্ষে ব্যাখ্যা করা যায়। প্রত্যেক ক্ষেত্রেই ডিটার্মিন্যান্টের মান একই থাকে।

সারাসের নিয়ম-তৃতীয় অর্ডার ডিটার্মিন্যান্টের মান বার করার ক্ষেত্রে এটি একটি নিম্নরূপ স্মারক পদ্ধতি

$$D = \begin{vmatrix} a_1 & b_1 & c_1 \\ a_2 & b_2 & c_2 \\ a_3 & b_3 & c_3 \end{vmatrix} =$$

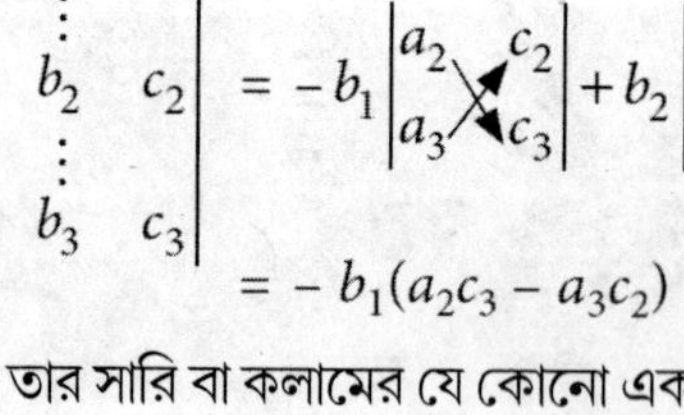

$$(a_1b_2c_3 + a_2b_3c_1 + a_3b_1c_2) - (a_3b_2c_1 + a_2b_1c_3 + a_1b_3c_2)$$

এটি উল্লেখ্য যে প্রথম বন্ধনীতে পদগুলির গুনফল (যেমন $a_1a_2a_3 \quad b_1b_2b_3 \quad c_1c_2c_3$) দ্বিতীয় বন্ধনীতে পদগুলির গুণফলের সমান।

উদাহরণ: $\begin{vmatrix} 1 & 2 & 3 \\ -1 & 3 & 3 \\ 2 & -1 & 1 \end{vmatrix}$ এর মান বার করো

সমাধান: $\Delta = \begin{vmatrix} 1 & 2 & 3 \\ -1 & 3 & 3 \\ 2 & -1 & 1 \end{vmatrix}$

$$= 1\begin{vmatrix} 3 & 3 \\ -1 & 1 \end{vmatrix} -2\begin{vmatrix} -1 & 3 \\ 2 & 1 \end{vmatrix} +3\begin{vmatrix} -1 & 3 \\ 2 & -1 \end{vmatrix}$$

$$= (3 + 3) \;-2(-1-6) \;+3(1-6) = 5$$

বিকল্প – সারাসের নিয়ম দ্বারা

$$\begin{vmatrix} 1 & 2 & 3 \\ -1 & 3 & 3 \\ 2 & -1 & 1 \end{vmatrix} = \left|\begin{array}{ccc|cc} 1 & 2 & 3 & 1 & -2 \\ -1 & 3 & 3 & -1 & 3 \\ 2 & -1 & 1 & 2 & -1 \end{array}\right.$$

$$= (3 + 12 + 3) - (18 - 3 - 2) = 18 - 13 = 5$$

1.1.2 মাইনর (Minor) এবং সহউৎপাদক (Cofactor)

মাইনরের সজ্ঞা: একটা ডিটার্মিন্যান্টের প্রদত্ত উপাদান থেকে তার সারি এবং স্তম্ভ নির্মূল করার পর আমরা যে ডিটার্মিন্যান্ট পাই যেখানে প্রদত্ত উপাদান থাকে তাকে মাইনর বলে।

উদাহরণ হিসেবে বলা যায়, $\begin{vmatrix} a_1 & b_1 & c_1 \\ a_2 & b_2 & c_2 \\ a_3 & b_3 & c_3 \end{vmatrix}$ এই ডিটার্মিন্যান্টে a_1 এর মাইনর হল $\begin{vmatrix} b_2 & c_2 \\ b_3 & c_3 \end{vmatrix}$ & b_2 এর মাইনর হল $\begin{vmatrix} a_1 & c_1 \\ a_3 & c_3 \end{vmatrix}$

এই ডিটার্মিন্যান্টে এর এইভাবে তিন ক্রোমের ডিটার্মিন্যান্টের 9 টি মাইনর আছে।

সহউৎপাদকের সজ্ঞা (C_{ij}): যদি M_{ij} দ্বারা একটা উপাদানের মাইনর বোঝানো হয় যেখানে i^{th} সারি এবং j^{th} কলাম আছে তাহলে সেই উপাদানের সহউৎপাদক হয় $C_{ij} = (-1)^{i+j}M_{ij}$

উদাহরণ 3: $\begin{vmatrix} 1 & -3 & 2 \\ 3 & 0 & 5 \\ -1 & 1 & 7 \end{vmatrix}$ এই ডিটার্মিন্যান্টে' -3', '5' এবং '-1' উপাদানগুলির মাইনর এবং সহউৎপাদক বার কর।

সমাধান : -3 এর মাইনর = $\begin{vmatrix} 3 & 5 \\ -1 & 7 \end{vmatrix}$ = 26; -3 এর সহউৎপাদক = -26

$$5 \text{ এর } \textbf{মাইনর} = \begin{vmatrix} 1 & -3 \\ -1 & 1 \end{vmatrix} = -2 \; ; \; 5 \text{ এর } \textbf{সহউৎপাদক} = 2$$

$$-1 \text{ এর } \textbf{মাইনর} = \begin{vmatrix} -3 & 2 \\ 0 & 5 \end{vmatrix} = -15 \; ; \; -1 \text{ এর } \textbf{সহউৎপাদক} = 15$$

1.1.3 মাইনর এবং সহউৎপাদক দিয়ে ডিটার্মিন্যান্টের সম্প্রসারণ

(i) কোনো উপাদানের যেকোনো সারি (স্তম্ভ) এবং তার সহউৎপাদকের গুনফলের সমষ্টি সর্বদা ডিটার্মিন্যান্টের মানের সমান।

(ii) কোনো উপাদানের যেকোনো সারি (স্তম্ভ) এবং অন্য সারির সহউৎপাদকের গুনফলের সমষ্টি সর্বদা শূন্য হয়।

1.1.4 ডিটার্মিন্যান্টের ধর্ম

(i) একটি ডিটার্মিন্যান্টের মান অপরিবর্তিত থাকে, যদি সারি এবং কলামগুলি বিনিময় হয়।

উদাহরণস্বরূপ, যদি $\Delta = \begin{vmatrix} a_1 & b_1 & c_1 \\ a_2 & b_2 & c_2 \\ a_3 & b_3 & c_3 \end{vmatrix} = \begin{vmatrix} a_1 & a_2 & a_3 \\ b_1 & b_2 & b_3 \\ c_1 & c_2 & c_3 \end{vmatrix}$

(ii) যদি একটা ডিটার্মিন্যান্টের দুটি সারি (বা কলাম) একে অপরের সাথে স্থান বিনিময় করে তবে মান বা ডিটার্মিন্যান্ট তার কেবলমাত্র চিহ্ন পরিবর্তন করে উদাহরণস্বরূপ,

ধরা যাক $\Delta = \begin{vmatrix} a_1 & b_1 & c_1 \\ a_2 & b_2 & c_2 \\ a_3 & b_3 & c_3 \end{vmatrix}$ & $D_1 = \begin{vmatrix} a_2 & b_2 & c_2 \\ a_1 & b_1 & c_1 \\ a_3 & b_3 & c_3 \end{vmatrix}$ তাহলে $\Delta_1 = -\Delta$

(iii) যদি কোন সারির (বা স্তম্ভ) সব উপাদান শূন্য হয় তবে ডিটার্মিন্যান্টের মান শূন্য হবে।

(iv) যদি কোন সারির (বা স্তম্ভ) সমস্ত উপাদান একই সংখ্যা দ্বারা গুণিত হয়, তাহলে ডিটার্মিন্যান্টটিও সেই সংখ্যা দ্বারা গুণিত হয়।

উদাহরণস্বরূপ, যদি $\Delta = \begin{vmatrix} a_1 & b_1 & c_1 \\ a_2 & b_2 & c_2 \\ a_3 & b_3 & c_3 \end{vmatrix}$ and $\Delta_1 - \begin{vmatrix} ka_1 & kb_1 & kc_1 \\ a_2 & b_2 & c_2 \\ a_3 & b_3 & c_3 \end{vmatrix}$

তাহলে $\Delta_1 = k\Delta$

(v) যদি কোন সারির (বা স্তম্ভ) সব উপাদান অন্য কোন সারির উপাদানের সমানুপাতিক (বা অভিন্ন) হয় তাহলে নির্ধারক অদৃশ্য হয়ে যায়, অর্থাৎ এর মান শূন্য।

উদাহরণস্বরূপ, যদি $\Delta = \begin{vmatrix} a_1 & b_1 & c_1 \\ a_1 & b_1 & c_1 \\ a_3 & b_3 & c_3 \end{vmatrix} \Rightarrow \Delta = 0$

আরও যদি $\Delta_1 = \begin{vmatrix} a_1 & b_1 & c_1 \\ ka_1 & kb_1 & kc_1 \\ a_3 & b_3 & c_3 \end{vmatrix} \Rightarrow \Delta_1 = 0$

(vi) যদি কোন সারির (বা স্তম্ভ) প্রতিটি উপাদান দুটি (বা ততোধিক) পদের যোগফল হিসাবে প্রকাশ করা হয়, তাহলে ডিটার্মিন্যান্টকে দুটি (বা আরও) ডিটার্মিন্যান্টের যোগফল হিসাবে প্রকাশ করা যেতে পারে।

উদাহরণস্বরূপ, $\begin{vmatrix} a_1+x & b_1+y & c_1+z \\ a_2 & b_2 & c_2 \\ a_3 & b_3 & c_3 \end{vmatrix} = \begin{vmatrix} a_1 & b_1 & c_1 \\ a_2 & b_2 & c_2 \\ a_3 & b_3 & c_3 \end{vmatrix} + \begin{vmatrix} x & y & z \\ a_2 & b_2 & c_2 \\ a_3 & b_3 & c_3 \end{vmatrix}$

(vii) সারি- স্তম্ভ অপারেশন – নিম্নরূপে স্তম্ভ (C_i) $C_i \to C_i + \alpha C_j + \beta C_k$ $(j, k \neq i)$ অপারেশন অথবা সারি (R_i) অপারেশন $R_i \to R_i + \alpha R_j + \beta R_k$ $(j, k \neq i)$ করার পরেও ডিটার্মিন্যান্টের মান অপরিবর্তিত থাকে। অন্যভাবে বলা যায় যে কোনো ডিটার্মিন্যান্টের একটা সারির (বা কলাম) সমস্ত উপাদানের সাথে সংশ্লিষ্ট অন্য সারির (বা কলাম) সব উপাদানের গুণিতক যোগ করলে ডিটার্মিন্যান্টের মানের কোনো পরিবর্তন হয়না।

উদাহরণস্বরূপ, ধরা যাক $\Delta = \begin{vmatrix} a_1 & b_1 & c_1 \\ a_2 & b_2 & c_2 \\ a_3 & b_3 & c_3 \end{vmatrix}$

$$\Delta = \begin{vmatrix} a_1+\alpha a_2 & b_1+\alpha b_2 & c_1+\alpha c_2 \\ a_2 & b_2 & c_2 \\ a_3+\beta a_2 & b_3+\beta b_2 & c_3+\beta c_2 \end{vmatrix} \quad (R_1 \to R_1 + \alpha R_2 ; R_3 \to R_3 + \beta R_2)$$

(viii) উৎপাদক তত্ত্ব: যদি একটি ম্যাট্রিক্স A এর প্রতিটি উপাদান x এর একটি বহুপদী হয় এবং যদি, $x = a$ এর জন্য $|A|$ নির্মূল হয়ে যায়, তবে $(x - a)$ D এর একটি ফ্যাক্টর।

আরেকটি আকার : যদি একটি ডিটার্মিন্যান্ট D এর উপাদানগুলি x এর মূলদ অবিচ্ছেদ্য ফাংশন হয় এবং $x = a$ মানের জন্য দুই সারি (বা স্তম্ভ) হন অভিন্ন হয় তখন $(x - a)$ হবে D এর একটি উৎপাদক হবে।

যদি x এর মান a দিয়ে প্রতিস্থাপিত করলে r সংখক সারি অভিন্ন হয়, তাহলে $(x-a)^{r-1}$ তাহলে হবে D এর একটি উৎপাদক।

উদাহরণ 4: ডিটার্মিন্যান্টের মান নির্ণয় কর

$$\Delta = \begin{vmatrix} 2 & 1 & 3 \\ 5 & 0 & 2 \\ 2 & -1 & 7 \end{vmatrix}$$

সমাধান: দ্বিতীয় সারি বরাবর প্রসারিত করে, আমরা পাই

$$\Delta = -5\begin{vmatrix} 1 & 3 \\ -1 & 7 \end{vmatrix} + 0\begin{vmatrix} 5 & 2 \\ 2 & 7 \end{vmatrix} - 2\begin{vmatrix} 2 & 1 \\ 2 & -1 \end{vmatrix}$$

$$= -5(7+3)+0-2(-2-2) = -50+8 = -42$$

দ্রষ্টব্য: উপাদান 5 দ্বিতীয় সারিতে এবং প্রথম কলামে আছে আমরা 5 এর আগে ঋনাত্বক চিহ্ন (negative sign) স্থির করেছি। আমরা পাই $(-1)^{2+1} = (-1)^3 = -1$ একই কারনে 0 এর আগে চিহ্নটি ধনাত্বক (positive sign) হবে এবং 2 এর আগে চিহ্নটি ঋনাত্বক হবে।

1.1.5 দুটি ডিটার্মিন্যান্টের গুণ

যদি $A = \begin{vmatrix} a_1 & b_1 \\ a_2 & b_2 \end{vmatrix}$ $B = \begin{vmatrix} l_1 & m_1 \\ l_2 & m_2 \end{vmatrix}$

তাহলে, $A \times B = \begin{vmatrix} a_1 & b_1 \\ a_2 & b_2 \end{vmatrix} \times \begin{vmatrix} l_1 & m_1 \\ l_2 & m_2 \end{vmatrix} = \begin{vmatrix} a_1 l_1 + b_1 l_2 & a_1 m_1 + b_1 m_2 \\ a_2 l_1 + b_2 l_2 & a_2 m_1 + b_2 m_2 \end{vmatrix}$

একইভাবে, তিন ক্রোমের দুটি ডিটার্মিন্যান্ট গুণ করা হয়

(a) এখানে, আমরা কলাম দ্বারা সারি গুণ করেছি। আমরা সারি দিয়ে সারি, সারি দিয়ে কলাম এবং কালাম দিয়ে কলামও গুণ করতে পারি । এটি উল্লেখ্য যে ম্যাট্রিক্স গুণ এবং ডিটার্মিন্যান্টস গুণের একই পদ্ধতি।

(b) যদি n ক্রোমের ডিটার্মিন্যান্ট Δ- এর উপাদানগুলিকে তাদের সংশ্লিষ্ট সহউৎপাদক দ্বারা প্রতিস্থাপন করে যদি ডিটার্মিন্যান্ট Δ_1 গঠিত হয় তাহলে, $\Delta_1 = \Delta^{n-1}$

উদাহরণ 5: দেখাও যে $\begin{vmatrix} 0 & c & b \\ c & 0 & a \\ b & a & 0 \end{vmatrix}^2 = \begin{vmatrix} b^2+c^2 & ab & ac \\ ab & c^2+a^2 & bc \\ ac & bc & a^2+b^2 \end{vmatrix}$

সমাধান : আমরা জানি $\begin{vmatrix} 0 & c & b \\ c & 0 & a \\ b & a & 0 \end{vmatrix}^2 = \begin{vmatrix} 0 & c & b \\ c & 0 & a \\ b & a & 0 \end{vmatrix} \times \begin{vmatrix} 0 & c & b \\ c & 0 & a \\ b & a & 0 \end{vmatrix}$

$$= \begin{vmatrix} 0+c^2+b^2 & 0+0+ab & 0+ac+0 \\ 0+0+ab & c^2+0+a^2 & bc+0+0 \\ 0+ac+0 & bc+0+0 & b^2+a^2+0 \end{vmatrix}$$ (গুণের সারি-কলাম নিয়ম প্রয়োগ করে পাই।)

$$= \begin{vmatrix} b^2+c^2 & ab & ac \\ ab & c^2+a^2 & bc \\ ac & bc & a^2+b^2 \end{vmatrix}$$

1.1.6 রৈখিক সমীকরণ পদ্ধতির প্রকৃতি এবং ক্রামারের নিয়ম

I. দুটো চলরাশি বিশিষ্ট রৈখিক সমীকরণ পদ্ধতির প্রকৃতি

সামঞ্জস্যপূর্ণ সমীকরণ (Consistent Equation)

ধরা যাক $a_1x + b_1y + c_1 = 0$ এবং $a_2x + b_2y + c_2 = 0$

(1) **নির্দিষ্ট এবং অনন্য সমাধান [ছেদকারী রেখা]**: (রৈখিক) সমীকরণের একটি সিস্টেমের যদি এর অন্তত একটি সমাধান থাকে তবে তাকে বলা হয় সামঞ্জস্যপূর্ণ সমীকরণ।

বীজগণিতিকভাবে, $\dfrac{a_1}{a_2} \neq \dfrac{b_1}{b_2}$

(2) **অসীম সমাধান [অভিন্ন রেখা সমূহ]**: (রৈখিক) সমীকরণের একটি সিস্টেমকে বলা হয় সামঞ্জস্যপূর্ণ এবং নির্ভরশীল যদি এর অসীম সমাধান থাকে।

বীজগণিতিকভাবে, $\dfrac{a_1}{a_2} = \dfrac{b_1}{b_2} = \dfrac{c_1}{c_2}$

$\Rightarrow$ প্রদত্ত সমীকরণগুলি সামঞ্জস্যপূর্ণ এবং নির্ভরশীল (dependant)।

(3) **অসামঞ্জস্যপূর্ণ সমীকরণ**: কোন সমাধান নেই [সমান্তরাল রেখা সমূহ]- (রৈখিক) সমীকরণের একটি সিস্টেমকে অসঙ্গত বলা হয়, যদি এর কোন সমাধান না থাকে।

বীজগণিতিকভাবে, $\dfrac{a_1}{a_2} = \dfrac{b_1}{b_2} \neq \dfrac{c_1}{c_2}$

$\Rightarrow$ প্রদত্ত সমীকরণ সমূহ অসামঞ্জস্যপূর্ণ।

II. ক্রামারের নিয়মের সাহায্যে রৈখিক সমীকরণের সমাধান:

অজানা যতগুলি সমীকরণ রয়েছে তার সাথে রৈখিক সমীকরণের একটি সিস্টেমের সমাধানের একটি সুস্পষ্ট সূত্র হল **ক্রামারের নিয়ম**। এটি শুধুমাত্র তখনই প্রযোজ্য যখন সংশ্লিষ্ট ডিটার্মিন্যান্টের মান শূন্য নয়। এখানে, আমরা আমাদের অধ্যয়নকে দুই এবং তিনটি ভেরিয়েবলের সমীকরণে সীমাবদ্ধ রাখবো।

দুটি চলরাশি বিশিষ্ট রৈখিক সমীকরণের সিস্টেম (ক্রামারের নিয়ম)

একটা সমীকরণের সিস্টেম ধরা যাক

$$\left.\begin{aligned} a_1\mathrm{x} + b_1\mathrm{y} + c_1 &= 0 \\ a_2\mathrm{x} + b_2\mathrm{y} + c_2 &= 0 \end{aligned}\right\} \text{ যেখানে, } \frac{a_1}{a_2} \neq \frac{b_1}{b_2}$$

ক্রস-গুণের দ্বারা সমাধান করে পাই

$$\frac{x}{(b_1c_2 - b_2c_1)} = \frac{y}{(c_1a_2 - c_2a_1)} = \frac{1}{(a_1b_2 - a_2b_1)} \quad \text{অথবা}$$

$$\frac{x}{\begin{vmatrix} b_1 & c_1 \\ b_2 & c_2 \end{vmatrix}} = \frac{y}{\begin{vmatrix} c_1 & a_1 \\ c_2 & a_2 \end{vmatrix}} = \frac{1}{\begin{vmatrix} a_1 & b_1 \\ a_2 & b_2 \end{vmatrix}} \quad \text{অথবা} \quad \mathrm{x} = \frac{\begin{vmatrix} b_1 & c_1 \\ b_2 & c_2 \end{vmatrix}}{\begin{vmatrix} a_1 & b_1 \\ a_2 & b_2 \end{vmatrix}}, \quad \mathrm{y} = \frac{\begin{vmatrix} c_1 & a_1 \\ c_2 & a_2 \end{vmatrix}}{\begin{vmatrix} a_1 & b_1 \\ a_2 & b_2 \end{vmatrix}}$$

তিনটি ভেরিয়েবল বিশিষ্ট রৈখিক সমীকরণের সিস্টেম (ক্রামারের নিয়ম)

রৈখিক সমীকরণের একটি সিস্টেম বিবেচনা করা যাক এমন

$$a_1x + b_2y + c_1z = d_1 \quad ...(i)$$

$$a_2x + b_2y + c_2z = d_2 \quad ...(ii)$$

$$a_3x + b_3y + c_3z = d_3 \quad ...(iii)$$

Here, $$\Delta = \begin{vmatrix} a_1 & b_1 & c_1 \\ a_2 & b_2 & c_2 \\ a_3 & b_3 & c_3 \end{vmatrix}, \ \Delta_1 = \begin{vmatrix} d_1 & b_1 & c_1 \\ d_2 & b_2 & c_2 \\ d_3 & b_3 & c_3 \end{vmatrix},$$

$$\Delta_2 = \begin{vmatrix} a_1 & d_1 & c_1 \\ a_2 & d_2 & c_2 \\ a_3 & d_3 & c_3 \end{vmatrix}, \ \Delta_3 = \begin{vmatrix} a_1 & b_1 & d_1 \\ a_2 & b_2 & d_2 \\ a_3 & b_3 & d_3 \end{vmatrix},$$

যদি $\Delta \neq 0$, তাহলে,

$$x = \frac{\Delta_1}{\Delta}, \ y = \frac{\Delta_2}{\Delta}, \ z = \frac{\Delta_3}{\Delta} \quad ...(iv)$$

x, y এবং z এর মান বের করার জন্য সমীকরণ (iv) এ দেওয়া সূত্রকে বলে ক্রামারের সূত্র।

মন্তব্য:

উপাদানের i তম কলাম d_1, d_2, d_3 **দিয়ে প্রতিস্থাপিত করে Δ_i পাই, যেখানে** $i = 1, 2, 3$

III. তিনটি চলরাশি বিশিষ্ট রৈখিক সমীকরণ পদ্ধতির প্রকৃতি

রৈখিক সমীকরণের একটি সিস্টেম বিবেচনা করা যাক এমন

$$a_1x + b_1y + c_1z = d_1 \quad ...(i)$$

$$a_2x + b_2y + c_2z = d_2 \quad ...(ii)$$

$$a_3x + b_3y + c_3z = d_3 \quad ...(iii)$$

তাহলে, $$x = \frac{\Delta_1}{\Delta}, \ y = \frac{\Delta_2}{\Delta}, \ z = \frac{\Delta_3}{\Delta}$$

যেখানে $\Delta_1, \Delta_2, \Delta_3$ প্রচলিত অর্থে ব্যবহৃত হয়েছে

দ্রষ্টব্য :

i) যদি অন্ততপক্ষে একটা $\Delta_1, \Delta_2, \Delta_3 \neq 0$ হয়, তাহলে প্রদত্ত সমীকরণের সিস্টেম সামঞ্জস্যপূর্ণ যেখানে গুরুত্তপূর্ণ সমাধান থাকবে।

ii) যদি $\Delta \neq 0$ & $\Delta_1 = \Delta_2 = \Delta_3 = 0$, যদি $\Delta \neq 0$ & $\Delta_1 = \Delta_2 = \Delta_3 = 0$, তাহলে প্রদত্ত সমীকরণের সিস্টেম সামঞ্জস্যপূর্ণ যেখানে কেবল কম গুরুত্তপূর্ণ সমাধান থাকবে।

iii) যদি $\Delta = \Delta_1 = \Delta_2 = \Delta_3 = 0$, তাহলে প্রদত্ত সমীকরণের সিস্টেম সামঞ্জস্যপূর্ণ যেখানে অসীম সংখক সমাধান থাকবে।

দ্রষ্টব্য: এই ক্ষেত্রে মনে রাখবে $\left.\begin{aligned} a_1x + b_1y + c_1z &= d_1 \\ a_1x + b_1y + c_1z &= d_2 \\ a_1x + b_1y + c_1z &= d_3 \end{aligned}\right\}$ (d_1 d_2 & d_3 এর মধ্যে অন্তত পক্ষে দুটির মান সমান নয়) $\Delta = \Delta_1 = \Delta_2 = \Delta_3 = 0$. কিন্তু এই তিনটি সমীকরণ তিনটি সমান্তরাল প্লেনের প্রতিনিধিত্ব করে। তাই সিস্টেমটি অসঙ্গতিপূর্ণ।

iv) যদি $\Delta = 0$ কিন্তু কমপক্ষে $\Delta_1, \Delta_2, \Delta_3$ এর মধ্যে একটি শূন্য না হয় তবে সমীকরণগুলি অসঙ্গতিপূর্ণ এবং এর কোন সমাধান নেই।

উদাহরণ 6 : ক্রামারের নিয়ম দ্বারা **নিম্নলিখিত সমীকরণ সিস্টেম সমাধান করো।**

$x + y = 5$ এবং $3x - 2y = 7$

সমাধান: এখানে, $\Delta = \begin{vmatrix} 1 & 1 \\ 3 & -2 \end{vmatrix} = -2 - 3 = -5 \neq 0$

$$\Delta_1 = \begin{vmatrix} 5 & 1 \\ 7 & -2 \end{vmatrix} = -10 - 7 = -17 \text{ এবং } \Delta_2 = \begin{vmatrix} 1 & 5 \\ 3 & 7 \end{vmatrix} = 7 - 15 = -8$$

তারপর, ক্রামারের নিয়ম দ্বার

$$x = \frac{\Delta_1}{\Delta} = \frac{-17}{-5} = \frac{17}{5} \text{ এবং } y = \frac{\Delta_2}{\Delta} = \frac{-8}{-5} = \frac{8}{5}$$

$$x = \frac{17}{5},\ y = \frac{8}{5}$$

সুতরাং প্রদত্ত রৈখিক সমীকরণগুলোর যেহেতু নির্দিষ্ট এবং অনন্য সমাধান আছে (ছেদকারী রেখা) অতএব এগুলো সামঞ্জস্যপূর্ণ।

উদাহরণ 7: ক্রামারের নিয়মের **সাহায্যে নিম্নোক্ত রৈখিক সমীকরণগুলোর সমাধান** করো;

$x + 2y + z = 7,$
$2x + 4y + 5z = 8,$
$3x + y + 9z = 6,$

সমাধান: ধরা যাক $\Delta = \begin{vmatrix} 1 & 2 & 1 \\ 2 & 4 & 5 \\ 3 & 1 & 9 \end{vmatrix} = \begin{vmatrix} 1 & 2 & 1 \\ 0 & 0 & 3 \\ 0 & -5 & 6 \end{vmatrix}$, $R_2 \to R_2 - 2R_1$, $R_3 \to R_3 - 3R_1$

এইভাবে $\Delta \neq 0$ এবং সুতরাং সমীকরণগুলোর একটি অনন্য সমাধান রয়েছে, যা নিচে দেওয়া হলো, $\frac{x}{\Delta_1} = \frac{y}{\Delta_2}$

$$= \frac{z}{\Delta_3} = \frac{1}{\Delta}$$

অর্থাৎ,
$$\frac{x}{\begin{vmatrix} 7 & 2 & 1 \\ 8 & 4 & 5 \\ 6 & 1 & 9 \end{vmatrix}} = \frac{y}{\begin{vmatrix} 1 & 7 & 1 \\ 2 & 8 & 5 \\ 3 & 6 & 9 \end{vmatrix}} = \frac{z}{\begin{vmatrix} 1 & 2 & 7 \\ 2 & 4 & 8 \\ 3 & 1 & 6 \end{vmatrix}} = \frac{1}{\begin{vmatrix} 1 & 2 & 1 \\ 2 & 4 & 5 \\ 3 & 1 & 9 \end{vmatrix}}$$

এখন $R_2 \to R_2 - 2R_1$, $R_3 \to R_3 - \frac{1}{2}R_1$ দ্বারা $\Delta_1 = \begin{vmatrix} 7 & 2 & 1 \\ 8 & 4 & 5 \\ 6 & 1 & 9 \end{vmatrix} = \begin{vmatrix} 7 & 2 & 1 \\ -6 & 0 & 3 \\ \frac{5}{2} & 0 & \frac{17}{2} \end{vmatrix}$

$= -2[(-6\times\frac{17}{2})+(-3\times\frac{5}{2})] = 102 + 15 = 117$ (স্তম্ভ ২ বরাবর সম্প্রসারণ করে)

আবার, $R_2 \to R_2 - 2R_1$, $R_3 \to R_3 - 3R_1$ দ্বারা $\Delta_2 = \begin{vmatrix} 1 & 7 & 1 \\ 2 & 8 & 5 \\ 3 & 6 & 9 \end{vmatrix} = \begin{vmatrix} 1 & 7 & 1 \\ 0 & -6 & 3 \\ 0 & -15 & 6 \end{vmatrix} = 39$

সেইসাথে, $R_2 \to R_2 - 2R_1$ দ্বারা $\Delta_3 = \begin{vmatrix} 1 & 2 & 7 \\ 2 & 4 & 8 \\ 3 & 1 & 6 \end{vmatrix} = \begin{vmatrix} 1 & 2 & 7 \\ 0 & 0 & -6 \\ 3 & 1 & 6 \end{vmatrix}$

$= -30.$ (সারি ২ বরাবর সম্প্রসারণ করে)

$\therefore$ সমাধান দেওয়া হলো

$$\frac{x}{117} = \frac{y}{39} = \frac{z}{-30} = \frac{1}{15}$$

সুতরাং $x = \frac{117}{15}, y = \frac{39}{15}, z = -2$

IV. রৈখিক সমীকরণের সমসত্ব পদ্ধতি

ধরা যাক $a_1x + b_1 y + c_1z = 0$ ...(i)

$a_2x + b_2 y + c_2z = 0$ ...(ii)

$a_3x + b_3 y + c_3z = 0$ ...(iii)

এগুলি তিনটি চলরাশি বিশিষ্ট হোমোজিনিয়া রৈখিক সমীকরণের একটি সিস্টেম

$\Rightarrow \quad \Delta_1 = \Delta_2 = \Delta_3 = 0$

অতএব, সিস্টেমটি সর্বদা কমপক্ষে একটি সমাধান $x = 0, y = 0, z = 0$ ধারণ করে, যাকে ট্রাইবাল সমাধান বলা হয়, অর্থাৎ এই সিস্টেমটি সর্বদা সামঞ্জস্যপূর্ণ।

Δ এর মান যাচাই কর

$\Delta \neq 0$ — অনন্য ট্রাইবাল সমাধান

$\Delta = 0$ — ট্রাইবাল & নন - ট্রাইবাল সমাধান (অসীম সমাধান)

চিত্র 1.1

লক্ষ্য কর যে যদি রৈখিক সমীকরণের একটি প্রদত্ত সিস্টেমে তার সমস্ত ভেরিয়েবলের জন্য শুধুমাত্র শূন্য সমাধান থাকে তবে প্রদত্ত সমীকরণ গুলোকে *ট্রাইবাল সমাধান* বলা হয়।

এছাড়াও, মনে রাখবে যে যদি সমীকরণের সিস্টেম $a_1x + b_1y + c_1 = 0; a_2x + b_2y + c_2 = 0; a_3x + b_3y + c_3 = 0$ সর্বদা সামঞ্জস্যপূর্ণ হয় $\begin{vmatrix} a_1 & b_1 & c_1 \\ a_2 & b_2 & c_2 \\ a_3 & b_3 & c_3 \end{vmatrix} = 0$ তবে বিপরীত কথা সত্য নয়।

উদাহরণ 8: প্রদত্ত সমীকরণ সিস্টেমের সমাধানের প্রকৃতি বার করো;

$$x + y + 3z = 3, \quad 2x + 2y + 4z = 4, \quad 3x + 3y + 5z = 0$$

সমাধান: এখানে $D = \begin{vmatrix} 1 & 1 & 3 \\ 2 & 2 & 4 \\ 3 & 3 & 5 \end{vmatrix} = 0$ কিন্তু $D_1 = \begin{vmatrix} 3 & 1 & 3 \\ 4 & 2 & 4 \\ 0 & 3 & 5 \end{vmatrix} = 10$

$D = 0$ কিন্তু $D_1 \neq 0$ তাই কোন সমাধান নেই।

ডিটার্মিন্যান্টের ব্যবহার

1. ডিটার্মিন্যান্টগুলি ম্যাট্রিক্সের সাথে ব্যবহার করা ছাড়াও, বহুপদী ইন্টারপোলেশনের মতো অনেক বিষয়ে ব্যবহৃত হয়; সামান্তরিকের ক্ষেত্রফল নির্ণয়, আয়তঘনের আয়তন; গ্রাফে ভিন্ন ধরনের স্প্যানিং ট্রি নির্ধারণ ইত্যাদিতে।
2. (x_1,y_1) & (x_2,y_2) বিন্দুগামী সরলরেখার সমীকরণ।

$$\begin{vmatrix} x & y & 1 \\ x_1 & y_1 & 1 \\ x_2 & y_2 & 1 \end{vmatrix} = 0$$

3. $ax^2 + 2hxy + by^2 + 2gx + 2fy + c = 0$ সমীকরণটি একজোড়া সরলরেখাকে বোঝাবে যদি,

$$abc + 2fgh - af^2 - bg^2 - ch^2 = 0 = \begin{vmatrix} a & h & g \\ h & b & f \\ g & f & c \end{vmatrix}$$ হয়।

4. একটা ত্রিভুজের শীর্ষবিন্দুগুলি যদি (x_r, y_r) হয়; যেখানে r = 1, 2, 3 তার ক্ষেত্রফল

$$D = \frac{1}{2}\begin{vmatrix} x_1 & y_1 & 1 \\ x_2 & y_2 & 1 \\ x_3 & y_3 & 1 \end{vmatrix}$$

যদি D = 0 তবে তার তিনটি বিন্দু সমরৈখিক হয়।

5. $a_1x + b_1y + c_1z = 0$ ...(i)

$a_2x + b_2y + c_2z = 0$ ...(ii)

$a_3x + b_3y + c_3z = 0$ ...(iii)

লাইনগুলি একই বিন্দু দিয়ে যাবে যদি $\begin{vmatrix} a_1 & b_1 & c_1 \\ a_2 & b_2 & c_2 \\ a_3 & b_3 & c_3 \end{vmatrix} = 0$

এটি 2 টি চলরাশি বিশিষ্ট তিনটি যুগপত রৈখিক সমীকরণের ধারাবাহিকতার জন্য শর্ত ।

ভিডিওর উৎস

Determinants

Properties of determinants

Minors and co-factors

Singular and non-singular matrices

Matrix method a system of linear equations

গভীর অধ্যয়ন

একজন কৃষক ত্রিভুজাকার এক টুকরো জমি প্রতি বর্গ একক 100 টাকা হিসেবে কেনেন। জমিটির কোণের স্থানাঙ্ক হল (0, 0), (2, 6) এবং (9, 10)। উপরের তথ্যের উপর ভিত্তি করে নিম্নলিখিত প্রশ্নের উত্তর করো।

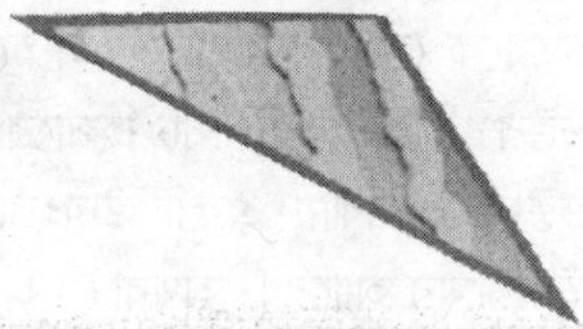

চিত্র 1.2

1. ডিটার্মিন্যান্টের সূত্র ব্যবহার করে মূল্যায়িত জমির ক্ষেত্রফল

$$\frac{1}{2}\begin{vmatrix} x_1 & y_1 & 1 \\ x_2 & y_2 & 1 \\ x_3 & y_3 & 1 \end{vmatrix}$$ হয় __________ বর্গ একক।

2. যদি জমির একটা কোন (0, 0) এর পরিবর্তে (2, -3) নেওয়া হয়, তাহলে ত্রিভুজাকার জমির ক্ষেত্রফল কত হবে ?
3. ত্রিভুজাকার জমির কিনতে কৃষককে কত টাকা দিতে হবে ?
4. কৃষক যদি একই ক্ষেত্রফল বিশিষ্ট এমন 5 টুকরো ত্রিভুজাকার জমি কেনেন তাহলে কত টাকা লাগবে ?

যাচাই কর

MATLAB- এর মূল বিষয়গুলি জানার পর ফ্রি ট্রায়াল সংস্করণ ডাউনলোড করো। নিম্নলিখিত ডিটার্মিন্যান্টের মান বার করতে পারবে? ম্যানুয়ালি যাচাই করো!

Free trial version of MATLAB

$$A = \begin{vmatrix} 1 & 4 & 9 \\ 3 & 8 & 6 \\ 9 & 0 & 1 \end{vmatrix} \qquad B = \begin{vmatrix} 3 & 9 & 11 \\ 20 & 1 & 0 \\ 3 & 4 & 7 \end{vmatrix}$$

কার্যকলাপ

- ক্রামারের নিয়ম কখন ব্যর্থ হয়? তোমার শিক্ষকের সাথে আলোচনা কর।
- কোন ওপেন সোর্স সফটওয়্যার ব্যবহার করে, ডিটার্মিন্যান্টের মান বার কর।

$$\begin{vmatrix} 330 & 190 & 2947 \\ 347 & 509 & 3033 \\ 7777 & 8888 & 9999 \end{vmatrix}$$

প্রিন্ট-আউট/স্ক্রিনশট নিয়ে তোমার শিক্ষককে দেখাও। তোমার সহপাঠীদের সাথে আপনার উত্তর মিলিয়ে নাও। তোমরা কি সবাই ডিটার্মিন্যান্টের সমান মান পেয়েছো ?

বিষয় 2 ম্যাট্রিক্স

1.1 ভূমিকা

'm' অনুভূমিক রেখা (যাকে সারি বলা হয়) এবং 'n' উল্লম্ব রেখা (কলাম বলা হয়) আকারে mn সংখ্যার একটি আয়তক্ষেত্রাকার অ্যারেকে (যা বাস্তব বা জটিল হতে পারে) বলা হয় m বাই n ক্রোমের ম্যাট্রিক্স এবং লেখা হয় m × n ম্যাট্রিক্স। ম্যাট্রিক্সকে ভেক্টরগুলির একটি সেট হিসাবেও দেখা যায় দেখানো যায় (ইউনিট 4 এ পড়বে!), প্রতিটি সারি/কলাম একটি সারি/কলাম ভেক্টরকে বোঝায়! একটি উদাহরণের সাহায্যে এটা ব্যাখ্যা করতে পারবে? ... এগিয়ে যাও!

এই ধরনের অ্যারে [] অথবা () অথবা ‖ ‖ by দ্বারা আবদ্ধ। একটি m × n ম্যাট্রিক্স সাধারণত নিম্নলিখিত আকারে লেখা হয়

$$A = \begin{bmatrix} a_{11} & a_{12} & a_{13} & \cdots & a_{1n} \\ a_{21} & a_{22} & a_{23} & \cdots & a_{2n} \\ \vdots & \vdots & \vdots & \vdots & \vdots \\ a_{m1} & a_{m2} & a_{m3} & \cdots & a_{mn} \end{bmatrix}$$

উপরের ম্যাট্রিক্সটি সংক্ষিপ্তভাবে $A = \left[a_{ij}\right]_{m\times n}$ আকারে প্রকাশ করা হয়। $a_{11.}\ a_{12}$.......... ইত্যাদি সংখ্যাগুলো ম্যাট্রিক্সের উপাদান হিসেবে পরিচিত। এর মধ্যে i^{th} সারি এবং j^{th} কলাম আছে এবং এটাকে ম্যাট্রিক্সের $(i, j)^{th}$ উপাদান বলা হয়।

উদাহরণ: $A = \begin{bmatrix} 0 & -1 \\ 2 & 7 \\ 3 & 1 \end{bmatrix}$ হয় একটা 3 সারি এবং 2 কলাম বিশিষ্ট ম্যাট্রিক্স। এটার ক্রোম 3 × 2 এবং এটাতে 6 টা উপাদান আছে:

$a_{11} = 0, a_{12} = -1, a_{21} = 2,$

$a_{22} = 7, a_{31} = 3, a_{32} = 1$

1.2.1 ম্যাট্রিক্সের প্রকারভেদ

(1) **সারি ম্যাট্রিক্স (সারি ভেক্টর):** ধর $A = [a_{11}\ a_{12}\ \ldots\ldots\ldots\ldots\ a_{1n}]$
অর্থাৎ সারি ম্যাট্রিক্সের ঠিক একটি সারি আছে।

মজার ঘটনা

'ম্যাট্রিক্স' শব্দটার সূচনা করেন জেমস সিলভেস্টার, কিন্তু ম্যাট্রিক্সের সমস্ত বীজগাণিতিক ধ্যানধারণার সূত্রপাত করেন তার গণিতবিদ বন্ধু আর্থার কেইলি।

(2) **স্তম্ভ ম্যাট্রিক্স (স্তম্ভ ভেক্টর):** ধর $A = \begin{bmatrix} a_{11} \\ a_{21} \\ \vdots \\ a_{m1} \end{bmatrix}$

অর্থাৎ কলাম ম্যাট্রিক্সের ঠিক একটি কলাম আছে।

(3) **শূন্য বা নাল ম্যাট্রিক্স:** ($A = O_{m\times n}$) একটি $m \times n$ ম্যাট্রিক্স যার সমস্ত এন্ট্রি শূন্য তাকে নাল ম্যাট্রিক্স বলা হয়।

(4) **অনুভূমিক ম্যাট্রিক্স:** $m \times n$ *ক্রমের* একটি ম্যাট্রিক্সকে অনুভূমিক ম্যাট্রিক্স বলা হবে যদি $n > m$ উদাহরণ

$$\begin{bmatrix} 3 & 1 & 5 & 2 \\ 2 & 4 & 6 & 5 \end{bmatrix}$$

(5) **উল্লম্ব ম্যাট্রিক্স:** *ক্রমের* একটি ম্যাট্রিক্সকে অনুভূমিক ম্যাট্রিক্স বলা হবে যদি $m > n$ উদাহরণ $\begin{bmatrix} 1 & 3 \\ 2 & 5 \\ 4 & 9 \\ 3 & 1 \end{bmatrix}$

(6) **আয়তক্ষেত্রাকার ম্যাট্রিক্স:** একটি ম্যাট্রিক্সকে আয়তক্ষেত্রাকার ম্যাট্রিক্স বলা হয়, যদি এর সারির সংখ্যা এবং কলামের সংখ্যা সমান নাহয় অর্থাৎ, একটি ম্যাট্রিক্স $A= [a_{ij}]_{m\times n}$ কে একটি আয়তক্ষেত্রাকার ম্যাট্রিক্স বলা হয়, যদি $m \neq n$ উদাহরণস্বরূপ,

(7) **বর্গ ম্যাট্রিক্স:** একটি ম্যাট্রিক্সকে বর্গ ম্যাট্রিক্স বলা হয়, যদি এর সারির সংখ্যা এবং কলামের সংখ্যা সমান হয় অর্থাৎ, একটি ম্যাট্রিক্স $A= [a_{ij}]_{m\times n}$ কে একটি আয়তক্ষেত্রাকার ম্যাট্রিক্স বলা হয়, যদি $m = n$ উদাহরণস্বরূপ,

(i) $A= \begin{bmatrix} 2 & -3 & 1 \\ 3 & 0 & 7 \\ 4 & 8 & 4 \end{bmatrix}_{3\times 3}$

(ii) $B = \begin{bmatrix} a & b \\ c & d \end{bmatrix}_{2\times 2}$ ম্যাট্রিক্সগুলিকে বর্গ ম্যাট্রিক্স বলা হয়।

দ্রষ্টব্য:

(a) যদি $A= [a_{ij}]$, n ক্রোমের একটি বর্গ ম্যাট্রিক্স হয় তাহলে তার) $a_{11}, a_{22}, a_{33}, \ldots, a_{nn}$ এই উপাদানগুলিকে A ম্যাট্রিক্সের তির্যক বা ডায়াগনাল বলা হবে। ম্যাট্রিক্সের যে রেখা বরাবর তির্যক উপাদানগুলি থাকে তাকে প্রধান বা লিডিং ডায়াগনাল বলে।

সুতরাং যদি $A= \begin{bmatrix} 2 & 3 \\ 4 & 5 \end{bmatrix}$, তাহলে A ম্যাট্রিক্সের তীর্যকের উপাদানগুলি হবে 2 এবং 5।

(b)

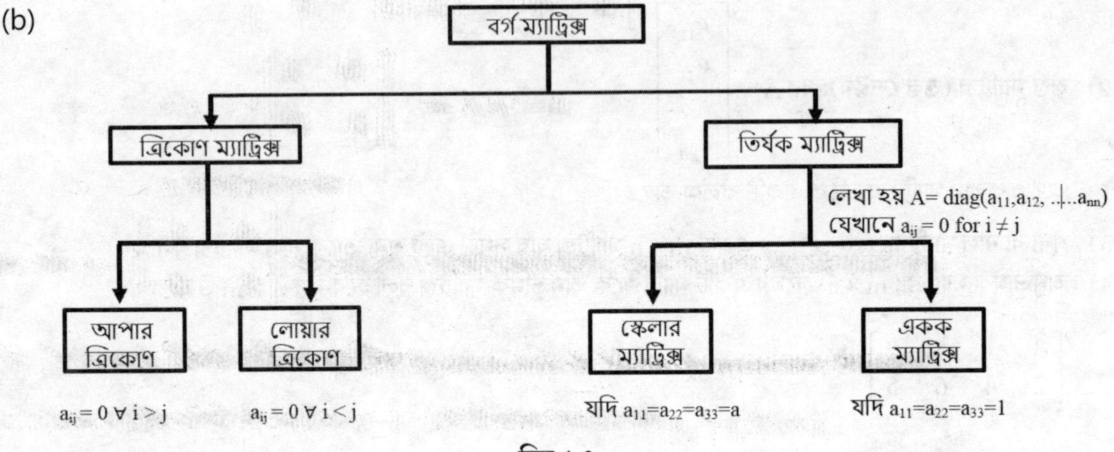

চিত্র 1.3

(8) **স্কেলার ম্যাট্রিক্স:** একটি তির্যক ম্যাট্রিক্সকে স্কেলার ম্যাট্রিক্স বলা হয়, যদি এর তির্যক উপাদান সমান হয়, সুতরাং $A = [a_{ij}]_{n \times n}$

একটি তির্যক ম্যাট্রিক্স, যদি

$$a_{ij} = \begin{cases} 0, & if\ i \neq j \\ k, & if\ i = j \end{cases}$$, যেখানে k একটা স্কেলার।

(9) **সাব ম্যাট্রিক্স:** একটি ম্যাট্রিক্স যা একটি প্রদত্ত ম্যাট্রিক্স থেকে যেকোনো সারি এবং কলামের সংখ্যা মুছে দিয়ে দিয়ে পাওয়া যায় সেই ম্যাট্রিক্সকে সাব ম্যাট্রিক্স বলে।

(10) **ম্যাট্রিক্সের ট্রেস:**

একটা বর্গ ম্যাট্রিক্সের $A = [a_{ij}]_{n \times n}$ তির্যক উপাদানের যোগফলকে বলা হয় ম্যাট্রিক্সের ট্রেস এবং এটাকে লেখা হয়

$$Tr(A) = \sum_{i=1}^{n} a_{ii}$$ এইভাবে

উদাহরণস্বরূপ, $A = \begin{bmatrix} 2 & -4 & 8 \\ 0 & 3 & 5 \\ 9 & 5 & 4 \end{bmatrix}$ যদি, তাহলে। $Tr(A) = 2 + 3 + 4 = 9$

(11) **সিঙ্গেলটন ম্যাট্রিক্স:** একটি ম্যাট্রিক্স $A = [a_{ij}]_{m \times n}$ কে সিঙ্গেলটন ম্যাট্রিক্স বলা হয়, যদি এর একটি মাত্র উপাদান থাকে অর্থাৎ যদি $m = n = 1$ হয়।

(12) **তুলনীয় ম্যাট্রিক্স:** দুটো ম্যাট্রিক্স $A = [a_{ij}]_{m \times n}$ এবং $B = [b_{ij}]_{p \times q}$ কে তুলনীয় ম্যাট্রিক্স বলা হয়, যদি $m = p$ এবং $n = q$ হয়।

1.2.2 ম্যাট্রিক্সের বীজগণিত

I. ম্যাট্রিক্সের যোগ

ধরা যাক A এবং B সমান ক্রোম $m \times n$ এর দুটো ম্যাট্রিক্স, তাহলে তাদের যোগফল A + B ও $m \times n$ *ক্রোমের* একটি ম্যাট্রিক্স হবে।

সুতরাং, যদি $A = [a_{ij}]_{m \times n}$ এবং $B = [b_{ij}]_{m \times n}$,

তাহলে $A + B = [a_{ij} + b_{ij}]_{m \times n}, \forall\ i, j$

মজার ঘটনা

'ম্যাট্রিক্স' শব্দটার সূচনা করেন জেমস সিলভেস্টার, কিন্তু ম্যাট্রিক্সের সমস্ত বীজগাণিতিক ধ্যানধারণার সূত্রপাত করেন তার গণিতবিদ বন্ধু আর্থার কেইলি।

উদাহরণ 9:

দেওয়া আছে, $A = \begin{bmatrix} 1 & -7 & 3 \\ -1 & 0 & 1 \\ 0 & 5 & -3 \end{bmatrix}$, $B = \begin{bmatrix} 0 & 2 \\ -1 & 0 \\ 0 & -1 \end{bmatrix}$, এবং $C = \begin{bmatrix} 3 & 4 & -2 \\ 2 & 7 & 1 \\ 1 & -1 & 5 \end{bmatrix}$

নিচের রাশিগুলির মান নির্নয় করো (কোনটা সঙ্গায়িত):-

(1) A + B (2) A + C

সমাধান : (i) দেওয়া আছে A ম্যাট্রিক্স 3 × 3 ক্রোমের কিন্তু B ম্যাট্রিক্স 3 × 2 ক্রোমের, যেহেতু A এবং B সমান ক্রোমের নয়, সুতরাং A + B সঙ্গায়িত নয়।

(ii) A এবং C দুটো ম্যাট্রিক্সই সমান 3 × 3 ক্রোমের নয়, সুতরাং A + C সঙ্গায়িত।

$\therefore$ যোগফল, $A + C = \begin{bmatrix} 1 & 7 & 3 \\ -1 & 0 & 1 \\ 0 & 5 & -3 \end{bmatrix}, + \begin{bmatrix} 3 & 4 & -2 \\ 2 & 7 & 1 \\ 1 & -1 & 5 \end{bmatrix},$

$$= \begin{bmatrix} 1+3 & 7+4 & 3-2 \\ -1+2 & 0+7 & 1+1 \\ 0+1 & 5-1 & -3+5 \end{bmatrix},$$

$$= \begin{bmatrix} 4 & 11 & 1 \\ 1 & 7 & 2 \\ 1 & 4 & 2 \end{bmatrix}$$

ম্যাট্রিক্স যোগের ধর্মাবলী

ধর্ম 1 ম্যাট্রিক্সের যোগ কমিউটেটিভ হয়,
অথবা. $\boldsymbol{A + B = B + A}$

ধর্ম 2 ম্যাট্রিক্সের যোগ এসোসিয়েটিভে হয়,
অথবা. $\boldsymbol{A + (B + C) = (A + B) + C}$

ধর্ম 3 অ্যাডিটিভ আইডেন্টিটির অস্তিত্ত আছে,
অথবা $\boldsymbol{A+O = O+A}$
ম্যাট্রিক্স যোগের ক্ষেত্রে নাল ম্যাট্রিক্স O হলো ম্যাট্রিক্সের আইডেন্টিটি উপাদান,

ধর্ম 4 অ্যাডিটিভ ইনভার্সের অস্তিত্ত আছে।
যদি $\boldsymbol{A+B = O = B + A}$
যেখানে Oহলো $m \times n$ ক্রোমের নাল ম্যাট্রিক্স, তাহলে, B ম্যাট্রিক্সকে বলা হবে A ম্যাট্রিক্সের অ্যাডিটিভ ইনভার্স অথবা ঋনাত্বক A।

II. স্কেলার গুণ

ধরা যাক $A = [a_{ij}]_{m\times n}$ একটা ম্যাট্রিক্স এবং k একটা সংখ্যা যাকে স্কেলার বলে। A এর প্রত্যেক উপাদানকে k দিয়ে গুণ করে যে ম্যাট্রিক্স পাওয়া যায় তাকে k দ্বারা A এর স্কেলার গুণ বলে এবং সেটা লেখা হয় kA।

এইভাবে, $kA = [ka_{ij}]_{m\times n}$

উদাহরণ 10: যদি $A=\begin{bmatrix}1 & 2\\ 9 & 5\end{bmatrix}$ এবং k = 2

kA এর মান নির্ণয় করো = ?

সমাধান: $kA = 2\times\begin{bmatrix}1 & 2\\ 9 & 5\end{bmatrix}$

$$2A = \begin{bmatrix}2\times 1 & 2\times 2\\ 2\times 9 & 2\times 5\end{bmatrix} \gg 2A = \begin{bmatrix}2 & 4\\ 18 & 10\end{bmatrix}$$ উত্তর

প্রশ্ন: দেওয়া আছে, $A = \begin{bmatrix}0 & 1\\ 7 & -3\end{bmatrix}$ এবং $kA = \begin{bmatrix}0 & a\\ 4b & 12\end{bmatrix}$ তাহলে b – a – k এর মান নির্ণয় কর। উত্তর: 1

III. ম্যাট্রিক্সের বিয়োগ

ধরা যাক দুটি একই ক্রোম m × n এর ম্যাট্রিক্স A এবং B। তাহলে A থেকে B এর সংশ্লিষ্ট উপাদান বিয়োগ করে যে m × n ক্রোমের ম্যাট্রিক্স পাব সেটা হবে A-B বিয়োগফল।

এইভাবে, যদি $A = [a_{ij}]_{m\times n}$ and $B = [b_{ij}]_{m\times n}$,

তাহলে $A-B = [a_{ij} - b_{ij}]_{m\times n}, \forall\, i, j$

উদাহরণ 11: যদি $A = \begin{bmatrix}9 & 10\\ 13 & 20\end{bmatrix}$ $B = \begin{bmatrix}3 & 5\\ 8 & 9\end{bmatrix}$ তাহলে A – B এর মান নির্ণয় কর।

সমাধান: যেহেতু A এবং B দুটো ম্যাট্রিক্সই একই 2 × 2 ক্রোমের, সুতরাং ভালোভাবে সজ্ঞায়িত।

$$\therefore\ A - B = \begin{bmatrix}9 & 10\\ 13 & 20\end{bmatrix} - \begin{bmatrix}3 & 5\\ 8 & 9\end{bmatrix} = \begin{bmatrix}9-3 & 10-5\\ 13-8 & 20-9\end{bmatrix} = \begin{bmatrix}6 & 5\\ 5 & 11\end{bmatrix}$$ উত্তর

প্রশ্ন: দেওয়া আছে, $A = \begin{bmatrix}1 & -1 & 1\\ 0 & 9 & 3\\ 7 & 7 & 7\end{bmatrix}$, এবং $B = \begin{bmatrix}0 & 3 & 0\\ 5 & 8 & 3\\ 1 & -1 & -2\end{bmatrix}$. ম্যাট্রিক্স C এর মান নির্ণয় করতে পারবে,

যেখানে A + 2C = B! $\left[C = \frac{1}{2}[B - A]\right]$

মনে রাখবে: যদি দুটি ম্যাট্রিক্স A এবং B একই ক্রোমের হয়, তাহলে শুধুমাত্র তাদের যোগ এবং বিয়োগ সম্ভব এবং এই ম্যাট্রিক্সকে যোগ এবং বিয়োগের জন্য সামঞ্জস্যপূর্ণ বলা হয়। অন্যদিকে, যদি ম্যাট্রিক্স A এবং B আলাদা ক্রোমের হয়, তাহলে তাদের যোগ এবং বিয়োগ সম্ভব নয় এবং এই ম্যাট্রিক্সগুলিকে যোগ এবং বিয়োগের জন্য অসামঞ্জস্যপূর্ণ বলা হয়।

IV. ম্যাট্রিক্সের গুণ (স্তম্ভ দ্বারা সারি)

ধরা যাক A একটা $m \times n$ ক্রোমের ম্যাট্রিক্স এবং B একটা $p \times q$ ক্রোমের ম্যাট্রিক্স, সেক্ষেত্রে যদি $n = p$ হয় তবে ম্যাট্রিক্সের গুণ সম্ভব সেই ক্ষেত্রে ম্যাট্রিক্সগুলিকে গুণের জন্য সামঞ্জস্যপূর্ণ বলা হয়। গুনফল AB তে A কে বলাহয় প্রাক-উৎপাদক এবং B কে বলা হয় পরবর্তী-উৎপাদক।

⇒ AB সম্ভব যদি এবং কেবলমাত্র যদি প্রাক-উৎপাদকে কলামের সংখ্যা = পরবর্তী-উৎপাদকে সারির সংখ্যা

ধর $A_{m\times n} = [a_{ij}]$ এবং $B_{n\times p} = [b_{ij}]$, তাহলে AB এর ক্রোম হবে $m \times p$ & $(AB)_{ij} = \sum_{r=1}^{n} a_{ir}\, b_{rj}$

উদাহরণস্বরূপ,

ধর $$A = \begin{bmatrix} a_{11} & a_{12} & a_{13} \\ a_{21} & a_{22} & a_{23} \end{bmatrix}_{2\times 3} \quad \text{এবং } B = \begin{bmatrix} b_{11} & b_{12} & b_{13} & b_{14} \\ b_{21} & b_{22} & b_{23} & b_{24} \\ b_{31} & b_{32} & b_{33} & b_{34} \end{bmatrix}_{3\times 4}$$

যেহেতু A, 2×3 ক্রোমের এবং B, 3×2 ক্রোমের, তাহলে এদের গুণফল সজ্ঞায়িত।

অর্থাৎ, $$AB = \begin{bmatrix} 1 & 3 & -1 \\ 0 & 9 & 2 \end{bmatrix}_{2\times 3} \times \begin{bmatrix} 3 & 4 \\ 8 & 1 \\ 0 & 1 \end{bmatrix}_{3\times 2}$$

AB একটা 2×2 ক্রোমের ম্যাট্রিক্স যেখানে উপাদানগুলি পাওয়া যায় A এর কোনো একটা সারির সাথে B এর সংশ্লিষ্ট কলামের গুণফলগুলো যোগ করে। এই গণনাগুলো নিম্নরূপ,

$$AB = \begin{bmatrix} \boxed{1\ \ 3\ \ -1}\ \boxed{\begin{matrix}3\\8\\0\end{matrix}} & \boxed{1\ \ 3\ \ -1}\ \boxed{\begin{matrix}4\\1\\1\end{matrix}} \\ \boxed{0\ \ 9\ \ 2}\ \boxed{\begin{matrix}3\\8\\0\end{matrix}} & \boxed{0\ \ 9\ \ 2}\ \boxed{\begin{matrix}4\\1\\1\end{matrix}} \end{bmatrix}$$

$$\Rightarrow \quad AB = \begin{bmatrix} 1\times 3+3\times 8+(-1)\times 0 & 1\times 4+3\times 1+(-1)\times 1 \\ 0\times 3+9\times 8+2\times 0 & 0\times 4+9\times 1+2\times 1 \end{bmatrix}$$

$$\Rightarrow \quad AB = \begin{bmatrix} 3+24+0 & 4+3-1 \\ 0+72+0 & 0+9+2 \end{bmatrix}$$

এইভাবে, $$AB = \begin{bmatrix} 27 & 6 \\ 72 & 11 \end{bmatrix}_{2\times 2}$$

প্রশ্ন: যদি $A = \begin{bmatrix} 0 & 1 & 3 \\ 4 & 2 & 0 \\ 3 & 1 & 4 \end{bmatrix}_{3\times3}$, $B = \begin{bmatrix} 1 & -3 \\ 4 & 0 \\ 0 & 1 \end{bmatrix}_{3\times2}$ । AB এর গুণফল নির্ণয় করো। BA কি সজ্ঞায়িত? ব্যাখ্যা কর।

উত্তর $\begin{bmatrix} 4 & 3 \\ 12 & -12 \\ 7 & -5 \end{bmatrix}_{3\times2}$

প্রশ্ন: যদি A এবং B দুটো ম্যাট্রিক্স হয় যেখানে $A + B = \begin{bmatrix} 1 & 0 \\ 3 & 4 \end{bmatrix}$, $A - B = \begin{bmatrix} 7 & 2 \\ -1 & 0 \end{bmatrix}$ তাহলে AB এর মান নির্ণয় করো।

উত্তর $\begin{bmatrix} -10 & -2 \\ 1 & 3 \end{bmatrix}$

ম্যাট্রিক্স গুণের ধর্ম

1. ম্যাট্রিক্সের গুণ বিনিময় যোগ্য নয় -অর্থাৎ. $AB \neq BA$

   এখানে AB & BA দুটোরই অস্তিত্ত আছে এবং তাদের একই রকমের মান কিন্তু $AB \neq BA$ (সাধারণভাবে)

উদাহরণ:

মনে কর $A = \begin{bmatrix} 1 & 1 \\ 0 & 0 \end{bmatrix}$ & $B = \begin{bmatrix} 1 & 0 \\ 0 & 0 \end{bmatrix}$; তাহলে $AB = \begin{bmatrix} 1 & 0 \\ 0 & 0 \end{bmatrix}$; $BA = \begin{bmatrix} 1 & 1 \\ 0 & 0 \end{bmatrix}s$

$\Rightarrow AB \neq BA$

2. $AB = O$ বোঝায় না যে $A = O$ অথবা $B = O$

   উদাহরণস্বরূপ মনে কর $A = \begin{bmatrix} 1 & 1 \\ 2 & 2 \end{bmatrix}$ (শূন্য-নয়) & $B = \begin{bmatrix} -1 & 1 \\ 1 & -1 \end{bmatrix}$ (শূন্য-নয়);

   তাহলে $AB = \begin{bmatrix} 1 & 1 \\ 2 & 2 \end{bmatrix} \begin{bmatrix} -1 & 1 \\ 1 & -1 \end{bmatrix} = \begin{bmatrix} 0 & 0 \\ 0 & 0 \end{bmatrix}$

   দ্রষ্টব্য: যদি A এবং B দুটি অ-শূন্য ম্যাট্রিক্স হয় যেমন AB = O, তাহলে A এবং B কে শূন্যের বিভাজক বলা হয়।

3. ম্যাট্রিক্স গুণ সহযোগী (Associative) হয়

   AB এবং BC গুণের জন্য যদি A, B এবং C সামঞ্জস্যপূর্ণ হয়, তাহলে (AB) C = A (BC)

   বণ্টনযোগ্য (Distributivity):

$$\left.\begin{aligned} A(B+C) &= AB+AC \\ (A+B)C &= AC+BC \end{aligned}\right]$$ সংশ্লিষ্ট গুণের জন্য যদি A, B এবং C সামঞ্জস্যপূর্ণ হয়।

4. একটা বর্গ ম্যাট্রিক্সের A এর ক্ষেত্রে, $A^n = \underbrace{A.A.A..............................A}_{n \text{ বার পর্যন্ত}}$ যেখানে $n \in N$

1.2.3 একটি ম্যাট্রিক্সের স্থানান্তর বা ট্রান্সপোজ (সারি এবং স্তম্ভ পরিবর্তন করে)

ধর $m \times n$ ক্রমের যেকোন ম্যাট্রিক্স $A = [a_{ij}]$। তাহলে A^T অথবা $A' = [a_{ji}]$, $n \times m$ ক্রোমের ম্যাট্রিক্স যেখানে $1 \leq i \leq m$ & $1 \leq j \leq n$.

উদাহরণ 12: যদি $A = \begin{bmatrix} \cos\theta & -\sin\theta \\ \sin\theta & \cos\theta \end{bmatrix}$, θ এর ম্যান নির্ণয় কর যার জন্য $A^T + A = I_2$ সমীকরণকে সিদ্ধ করে।

সমাধান: দেওয়া আছে, $A^T + A = I_2$

$$\Rightarrow \begin{bmatrix} \cos\theta & \sin\theta \\ -\sin\theta & \cos\theta \end{bmatrix} + \begin{bmatrix} \cos\theta & -\sin\theta \\ \sin\theta & \cos\theta \end{bmatrix} = \begin{bmatrix} 1 & 0 \\ 0 & 1 \end{bmatrix}$$

$$\Rightarrow \begin{bmatrix} 2\cos\theta & 0 \\ 0 & 2\cos\theta \end{bmatrix} = \begin{bmatrix} 1 & 0 \\ 0 & 1 \end{bmatrix}$$

$$\Rightarrow \cos\theta = \frac{1}{2} = \cos\left(\frac{\pi}{3}\right)$$

$$\Rightarrow \theta = 2n\pi + \frac{\pi}{3}, n \in N$$

1.2.4 অর্থগোনাল ম্যাট্রিক্স

একটা বর্গ ম্যাট্রিক্স A কে অর্থোগোনাল ম্যাট্রিক্স বলা হবে, যদি $AA' = I$, যেখানে I একটি একক ম্যাট্রিক্স

দ্রষ্টব্য:

1. যদি $AA' = I$, তাহলে $A^{-1} = A^T$
2. যদি A এবং B অর্থোগোনাল হয়, AB ও অর্থোগোনাল।
3. যদি A অর্থগোনাল হয়, তাহলে A^{-1} এবং A' ও অর্থোগোনাল।
4. অর্থগোনাল ম্যাট্রিক্সের ডিটার্মিন্যান্টের মান 1 বা −1 হবে।

উদাহরণ 13: $A = \begin{bmatrix} -2 & 0 \\ 0 & 2 \end{bmatrix}$ *ম্যাট্রিক্সটার অর্থোগোনালিটি পরীক্ষা কর।*

যদি A অর্থোগোনাল হয় তাহলে $AA' = I$ হবে।

এখানে $A = \begin{bmatrix} -2 & 0 \\ 0 & 2 \end{bmatrix} \Rightarrow A' = \begin{bmatrix} -2 & 0 \\ 0 & 2 \end{bmatrix}$

এখন, $AA' = \begin{bmatrix} -2 & 0 \\ 0 & 2 \end{bmatrix} \begin{bmatrix} -2 & 0 \\ 0 & 2 \end{bmatrix}$

$$A\,A' = \begin{bmatrix} 4+0 & 0 \\ 0 & 0+4 \end{bmatrix} = \begin{bmatrix} 4 & 0 \\ 0 & 4 \end{bmatrix}$$

$$\Rightarrow \quad A\,A' = 4\begin{bmatrix} 1 & 0 \\ 0 & 1 \end{bmatrix} \Rightarrow A\,A' = 4I$$

$\therefore$ A অর্থোগোনাল নয়।

মন্তব্য : যদি $A = \begin{bmatrix} -1 & 0 \\ 0 & 1 \end{bmatrix}$ হয় তাহলে A অর্থোগোনাল হবে। প্রমান কর এবং নিজেই যাচাই কর।

1.2.5 প্রতিসম & তির্যক-প্রতিসম ম্যাট্রিক্স (Symmetric & Skew Symmetric Matrix)

সজ্ঞা: প্রতিসম ম্যাট্রিক্স-একটা বর্গ ম্যাট্রিক্স $A = [a_{ij}]$ কে প্রতিসম বলা হয় যদি $a_{ij} = a_{ji}\ \forall\, i\ \&\ j$

সুতরাং, প্রতিসম ম্যাট্রিক্সের ক্ষেত্রে $A = A^T$

সজ্ঞা: তির্যক-প্রতিসম ম্যাট্রিক্স-একটা বর্গ ম্যাট্রিক্স $A = [a_{ij}]$ কে স্কিউ-প্রতিসম বলা হয় যদি $a_{ij} = -\,a_{ji}\ \forall\, i\ \&\ j$

সুতরাং, প্রতিসম ম্যাট্রিক্সের ক্ষেত্রে $A = -A^T$

উদাহরণস্বরূপ, যদি $A = \begin{bmatrix} a & h & g \\ h & b & f \\ g & f & c \end{bmatrix}$, তাহলে $A^T = \begin{bmatrix} a & h & g \\ h & b & f \\ g & f & c \end{bmatrix}$ এখানে, A প্রতিসম ম্যাট্রিক্স যেহেতু $A^T = A$

এখন নিচের উদাহরণটি লক্ষ্য করো –

যদি $A = \begin{bmatrix} o & h & g \\ -h & 0 & f \\ -g & -f & 0 \end{bmatrix}$, তখন $A^T = \begin{bmatrix} o & -h & -g \\ h & 0 & -f \\ g & f & 0 \end{bmatrix} = -\begin{bmatrix} o & h & g \\ -h & 0 & f \\ -g & -f & 0 \end{bmatrix} = -A$

এখানে, যেহেতু $A^T = -A$ সুতরাং A তির্যক-প্রতিসম ম্যাট্রিক্স।

মনে রাখবে:

(i) যদি A তির্যক-প্রতিসম হয়, তাহলে $a_{ii} = -a_{ii} \Rightarrow a_{ii} = 0\ \forall\ i$। এইভাবে একটি তির্যক-বর্গ ম্যাট্রিক্সের তির্যক উপাদানগুলি সব শূন্য, কিন্তু বিপরীত সত্য নয়।

(ii) প্রতিটি বর্গ ম্যাট্রিক্সকে প্রতিসম এবং তির্যক-প্রতিসম ম্যাট্রিক্সের যোগফল বা পার্থক্য হিসেবে স্বতন্ত্র ভাবে প্রকাশ করা যায়।

$$A = \underbrace{\frac{1}{2}(A + A^T)}_{\text{প্রতিসম}} + \underbrace{\frac{1}{2}(A - A^T)}_{\text{তির্যক-প্রতিসম}} \quad \text{and } A = \frac{1}{2}(A^T + A) - \frac{1}{2}(A^T - A)$$

উদাহরণ 14: একটা বর্গ ম্যাট্রিক্সকে $B = [b_{ij}]_{m\times n}$ আকারে দেওয়া আছে, দেখাও যে n এর জোর অথবা বিজোড় মান হিসেবে B ম্যাট্রিক্স যথাক্রমে প্রতিসম এবং তির্যক-প্রতিসম হবে।

সমাধান: $b_{ij} = (i-j)^n = (-1)^n\ (j-i)^n$

$$= (-1)^n\ b_{ji} = \begin{cases} b_{ji}, & n \\ -b_{ji}, & n \end{cases}$$

সুতরাং, n জোর পূর্ণসংখ্যা হলে A প্রতিসম হবে এবং n বিজোর পূর্ণসংখ্যা হলে A তির্যক-প্রতিসম হবে।

উদাহরণ 15: A কে একটি প্রতিসম এবং একটি তির্যক প্রতিসম ম্যাট্রিক্সের সমষ্টি হিসাবে প্রকাশ করতে পারবে, যেখানে

$A = \begin{bmatrix} 1 & 4 \\ 3 & -2 \end{bmatrix}$? প্রমাণ সহ ব্যাখ্যা কর।

সমাধান: হ্যাঁ আমরা A কে একটি প্রতিসম এবং একটি তির্যক প্রতিসম ম্যাট্রিক্সের যোগফল হিসেবে প্রকাশ করতে পারি।

দেওয়া আছে, $A = \begin{bmatrix} 1 & 4 \\ 3 & -2 \end{bmatrix}$, তাহলে $A^T = \begin{bmatrix} 1 & 3 \\ 4 & -2 \end{bmatrix}$

$$P = \frac{1}{2}\ (A + A^T) = \frac{1}{2}\begin{bmatrix} 2 & 7 \\ 7 & -4 \end{bmatrix} = \begin{bmatrix} 1 & \frac{7}{2} \\ \frac{7}{2} & -2 \end{bmatrix} = P^T$$

এইভাবে, $P = \frac{1}{2}\ (A + A')$ একটা প্রতিসম ম্যাট্রিক্স।

আবার মনে কর $Q = \frac{1}{2}\ (A - A^T) = \frac{1}{2}\begin{bmatrix} 0 & 1 \\ -1 & 0 \end{bmatrix} \Rightarrow Q^T = \begin{bmatrix} 0 & -\frac{1}{2} \\ \frac{1}{2} & 0 \end{bmatrix} = -Q$

এইভাবে $Q = \frac{1}{2}\ (A - A^T)$ একটা তির্যক প্রতিসম ম্যাট্রিক্স।

এখন, $$P + Q = \begin{bmatrix} 1 & \frac{7}{2} \\ \frac{7}{2} & -2 \end{bmatrix} + \begin{bmatrix} 0 & \frac{1}{2} \\ -\frac{1}{2} & 0 \end{bmatrix} = \begin{bmatrix} 1 & 4 \\ 3 & -2 \end{bmatrix} = A$$

অতএব, A কে একটি প্রতিসম এবং একটি তির্যক প্রতিসম ম্যাট্রিক্সের যোগফল হিসেবে উপস্থাপন করা হয় হল।

প্রশ্ন: যদি A প্রতিসম এবং একই সাথে তির্যক প্রতিসম ম্যাট্রিক্স হয় তবে, A হবে।
(A) তির্যক ম্যাট্রিক্স (ডায়াগোনাল) (B) নাল ম্যাট্রিক্স (C) ত্রিভুজাকৃতি ম্যাট্রিক্স (D) একক (আইডেন্টিটি) ম্যাট্রিক্স।

1.2.6 সিঙ্গুলার এবং নন-সিঙ্গুলার ম্যাট্রিক্স (Singular and Non-Singular Matrices)

যদি $|A| = 0$ হয় তবে একটা বর্গ ম্যাট্রিক্সকে সিঙ্গুলার বলা হবে এবং যদি $|A| \neq 0$ হয় তবে একটা বর্গ ম্যাট্রিক্সকে নন-সিঙ্গুলার বলা হবে।

উদাহরণস্বরূপ:

(i) যেহেতু $|A| = 0$ সুতরাং $A = \begin{bmatrix} 2 & 2 \\ 3 & 3 \end{bmatrix}$ সিঙ্গুলার।

(ii) যেহেতু $|A| = 25 - 12 = 13 \neq 0$ সুতরাং $A = \begin{bmatrix} 2 & 2 \\ 3 & 3 \end{bmatrix}$ সিঙ্গুলার। $A = \begin{bmatrix} 5 & 3 \\ 4 & 5 \end{bmatrix}$ নন-সিঙ্গুলার।

1.2.7 ম্যাট্রিক্সের ইনভার্স (Inverse of a Matrix)

I. বর্গ ম্যাট্রিক্সের অ্যাডজয়েন্ট (Adjoint of a square matrix)

সংজ্ঞা:

ধর $A= [a_{ij}]$ একটা $n \times n$ ম্যাট্রিক্স। $B = [A_{ij}]_{nxn}$ এর স্থানান্তর B' ।

A_{ij} যেখানে $|A|$ ডিটার্মিন্যান্টের মধ্যে a_{ij} উপাদানের সহউৎপাদক। A_{ij} কে ম্যাট্রিক্সের অ্যাডজয়েন্ট বলা হয় এবং Adj.A চিহ্ন দ্বারা প্রকাশ করা হয় ।

সুতরাং A এর সহউৎপাদক দ্বারা গঠিত ম্যাট্রিক্সের স্থানান্তর হল অ্যাডজয়েন্ট অর্থাৎ যদি

$$A = \begin{bmatrix} a_{11} & a_{12} & .. & a_{1n} \\ a_{21} & a_{22} & .. & a_{2n} \\ .. & .. & .. & .. \\ a_{n1} & a_{n2} & .. & a_{nn} \end{bmatrix}$$

তখন $$\text{adj } A = \begin{bmatrix} A_{11} & A_{12} & .. & A_{1n} \\ A_{21} & A_{22} & .. & A_{2n} \\ .. & .. & .. & .. \\ A_{n1} & A_{n2} & .. & A_{nn} \end{bmatrix}$$ ম্যাট্রিক্সের স্থানান্তর

$$= \text{ম্যাট্রিক্স} \begin{bmatrix} A_{11} & A_{21} & .. & A_{n1} \\ A_{12} & A_{22} & .. & A_{n2} \\ .. & .. & .. & .. \\ A_{1n} & A_{2n} & .. & A_{nn} \end{bmatrix}$$

দ্রষ্টব্য *:* কখনও কখনও ম্যাট্রিক্সের অ্যাডজয়েন্টকে (adjoint) ম্যাট্রিক্সের 'অ্যাডজুগেট 'ও বলা হয়।

a_{jj} উপাদানে সারি এবং কালামের ছেদ অংশ কেটে দেওয়ার পর যে ডিটার্মিন্যান্টটা পরে থাকে তাকে যদি D দ্বারা প্রকাশ করা হয়

তাহলে, a_{ij} এর সহউৎপাদক = $\begin{cases} D, if\ i+j = & \text{জোর পূর্ণসংখ্যা} \\ -D,\ if\ i+j = & \text{বিজোর পূর্ণসংখ্যা} \end{cases}$

উদাহরণ 17: যদি A = $\begin{bmatrix} \alpha & \beta \\ \gamma & \delta \end{bmatrix}$, তাহলে Adj. A এর মান নির্ণয় কর।

সমাধান: $|A|$, তে, α র সহউৎপাদক δ এবং β র সহউৎপাদক $-\gamma$। এছাড়াও γ র সহউৎপাদক $-\beta$ এবং δ র সহউৎপাদক α। অতএব $|A|$ এর উপাদানের সহউৎপাদক দিয়ে B ম্যাট্রিক্স তৈরী হয়।

$$B = \begin{bmatrix} \delta & -\gamma \\ -\beta & \alpha \end{bmatrix},$$

এখন Adj A = ম্যাট্রিক্স B এর স্থানান্তর

$$= \begin{bmatrix} \delta & -\beta \\ -\gamma & \alpha \end{bmatrix}$$

উদাহরণ 18: ম্যাট্রিক্সের অ্যাডজয়েন্ট নির্ণয় কর

$$A = \begin{bmatrix} -2 & 2 & 3 \\ -1 & 5 & 10 \\ 4 & 4 & 2 \end{bmatrix}$$

সমাধান: আমরা জানি $|A| = \begin{vmatrix} -2 & 2 & 3 \\ -1 & 5 & 10 \\ 4 & 4 & 2 \end{vmatrix}$

|A| ডিটার্মিন্যান্টের প্রথম সারির উপাদানের সহউৎপাদক

$$\begin{vmatrix} 5 & 10 \\ 4 & 2 \end{vmatrix}, -\begin{vmatrix} -1 & 10 \\ 4 & 2 \end{vmatrix}, \begin{vmatrix} -1 & 5 \\ 4 & 4 \end{vmatrix}$$

অর্থাৎ মানগুলি যথাক্রমে -30, 42, -24

|A| ডিটার্মিন্যান্টের তৃতীয় সারির উপাদানের সহউৎপাদকগুলি হবে

$$-\begin{vmatrix} 2 & 3 \\ 4 & 2 \end{vmatrix}, -\begin{vmatrix} -2 & 3 \\ 4 & 2 \end{vmatrix}, -\begin{vmatrix} -2 & 2 \\ 4 & 4 \end{vmatrix}$$

অর্থাৎ মানগুলি যথাক্রমে +8, −16, 16

|A| ডিটার্মিন্যান্টের দ্বিতীয় সারির উপাদানের সহউৎপাদকগুলি হবে

$$\begin{vmatrix}2, & 3\\5, & 10\end{vmatrix}, \; -\begin{vmatrix}-2, & 3\\-1, & 10\end{vmatrix}, \; +\begin{vmatrix}-2, & 2\\-1, & 5\end{vmatrix} \text{ i.e.}$$

অর্থাৎ মানগুলি যথাক্রমে 5, −17, −8

সুতরাং Adj A = ম্যাট্রিক্স B এর স্থানান্তর

$$B = \begin{bmatrix}-30, & 42, & -24\\+8 & -16 & 16\\5 & -17 & -8\end{bmatrix}$$

$$\text{Adj } A = \begin{bmatrix}-30 & +8 & 5\\42 & -16 & -17\\-24 & 16 & -8\end{bmatrix}$$

প্রশ্ন: ম্যাট্রিক্সের অ্যাডজয়েন্ট নির্ণয় কর

$A = \begin{bmatrix}3 & 4\\1 & 6\end{bmatrix}$ এবং উপপাদ্য A(adjA)

= (adjA)A = |A|I যাচাই কর।

(adjA) = (adjA) A = |A|I

উত্তর $\left[\begin{bmatrix}6 & -4\\-1 & 3\end{bmatrix}\right]$

প্রশ্ন: যাচাই কর যে 3 ক্রমের একটি তির্যক ম্যাট্রিক্সের অ্যাডজয়েন্ট তার তির্যক ম্যাট্রিক্স ।

প্রশ্ন: যদি O হয় n ক্রমের শূন্য ম্যাট্রিক্স হয়, তাহলে বিশ্লেষণ কর যে adj. $O = O$ সত্য নাকি মিথ্যা।

প্রশ্ন: যদি n ক্রমের ম্যাট্রিক্স I_n হয়, তাহলে দেখতে পারো যে adj $I_n = I_n$?

II. ম্যাট্রিক্সের ইনভার্স (রেসিপ্রোকাল ম্যাট্রিক্স) (Inverse of a Matrix (Reciprocal matrix))

n ক্রমের নন-সিঙ্গুলার বর্গ ম্যাট্রিক্সকে উল্টানো যোগ্য (invertible) বলা যাবে, যদি একই ক্রমের একটি বর্গ ম্যাট্রিক্স B থাকে, যাতে $AB = I_n = BA$ হয়, তাহলে B কে A এর ইনভার্স (রেসিপ্রোকাল) বলা হয় এবং $A^{-1} = B \leftrightarrow AB = I_n = BA$ দ্বারা চিহ্নিত করা হয়।

> **মজার ঘটনা**
>
> ইংরেজ গণিতবিদ জেমস সিলভেস্টার আইন অধ্যয়নরত অবস্থায় সহকর্মী গণিতবিদ আর্থার কেইলির সাথে দেখা করেছিলেন।

আমরা পাই, $A(\text{adj } A) = |A|\, I_n$

$= A^{-1} A(\text{adj } A) = A^{-1} I_n |A|$

$= I_n (\text{adj } A) = A^{-1} |A|\, I_n$

$\therefore \quad A^{-1} = \dfrac{adjA}{|A|}$; দেওয়া আছে $|A| \neq 0$

দ্রষ্টব্য: একটা বর্গ ম্যাট্রিক্স A- এর উল্টানো যোগ্য হওয়ার জন্য প্রয়োজনীয় এবং পর্যাপ্ত শর্ত হল $|A| \neq 0$।

ইনভার্সের ধর্ম

(i) যদি A & B একই ক্রমের উল্টানো যোগ্য ম্যাট্রিক্স হয়, তাহলে $(AB)^{-1} = B^{-1}A^{-1}$

(ii) যদি A একটা উল্টানো যোগ্য ম্যাট্রিক্স হয়, তবে A^T ও উল্টানো যোগ্য হবে & $(A^T)^{-1} = (A^{-1})^T$

(iii) যদি A একটা উল্টানো যোগ্য ম্যাট্রিক্স হয় তাহলে (a) $\left(A^{-1}\right)^{-1} = A$ (b) $(A^k)^{-1} = (A^{-1})^{-k}; k \in N$

(iv) যদি A নন-সিঙ্গুলার ম্যাট্রিক্স হয় তাহলে $|A^{-1}| = |A|^{-1}$

(v) একটা অর্থোগোনাল ম্যাট্রিক্স সর্বদাই উল্টানো যোগ্য হয় এবং $A^{-1} = A^T$

গুরুত্বপূর্ণ দ্রষ্টব্য: AB, BA গুণফলকে সজ্ঞায়িত এবং সমান হতে হলে, এটি প্রয়োজন যে A এবং B উভয়ই একই ক্রমের বর্গ ম্যাট্রিক্স। সুতরাং, নন-স্কোয়ার ম্যাট্রিক্স উল্টানো যোগ্য হতে পারেনা।

উদাহরণ 19: ম্যাট্রিক্সের ইনভার্স বার কর।

$$A = \begin{bmatrix} 0 & 1 & 1 \\ 1 & 0 & 1 \\ 1 & 1 & 0 \end{bmatrix}$$

দেওয়া আছে যে $|A| \neq 0$; এবং (A) = 2

সমাধান: যেহেতু $|A| \neq 0$, অতএব ম্যাট্রিক্স A সিঙ্গুলার এবং এর ইনভার্স আছে।

এখন ডিটার্মিন্যান্ট $|A|$ এর প্রথম সারির উপাদানের সহউৎপাদকগুলি হল

$$\begin{vmatrix} 1 & 1 \\ 1 & 0 \end{vmatrix}, \begin{vmatrix} 0 & 1 \\ 1 & 0 \end{vmatrix}, \begin{vmatrix} 0 & 1 \\ 1 & 1 \end{vmatrix} \quad \text{অর্থাৎ } -1, 1, 1$$

দ্বিতীয় সারি $$-\begin{vmatrix} 1 & 1 \\ 1 & 0 \end{vmatrix}, \begin{vmatrix} 0 & 1 \\ 1 & 0 \end{vmatrix}, -\begin{vmatrix} 0 & 1 \\ 1 & 1 \end{vmatrix}, \quad \text{অর্থাৎ } 1, 1, 1$$

তৃতীয় সারি $$\begin{vmatrix} 1 & 1 \\ 0 & 1 \end{vmatrix}, \begin{vmatrix} 0 & 1 \\ 1 & 1 \end{vmatrix}, \begin{vmatrix} 0 & 1 \\ 1 & 0 \end{vmatrix} \quad \text{অর্থাৎ } 1, 1, -1$$

তাহলে, $$B = \begin{bmatrix} -1 & 1 & 1 \\ 1 & -1 & 1 \\ -1 & 1 & 1 \end{bmatrix} \Rightarrow B' = (\text{Adj}A) = \begin{bmatrix} -1 & 1 & 1 \\ 1 & -1 & 1 \\ 1 & 1 & -1 \end{bmatrix}$$

$$A^{-1} = \text{Adj}(A) = \frac{1}{2}\begin{bmatrix} -1 & 1 & 1 \\ 1 & -1 & 1 \\ 1 & 1 & -1 \end{bmatrix}$$

দ্রষ্টব্য : A *ম্যাট্রিক্সের ইনভার্স বার করার পর, আমাদের অবশ্যই* $AA^{-1} = 1$ *সম্পর্কটি যাচাই করে আমাদের উত্তর পরীক্ষা করব।*

উদাহরণ 20: যদি A এবং B ম্যাট্রিক্স বিনিময় যোগ্য (commute) হয়, তাহলে প্রমান কর যে A^{-1} এবং B^{-1} ও বিনিময় যোগ্য।

সমাধান: যেহেতু A এবং B ম্যাট্রিক্স বিনিময় যোগ্য, সুতরাং AB = BA

এখন $(AB)^{-1} = B^{-1}A^{-1}$

আরও $(AB)^{-1} = (BA)^{-1} = A^{-1}B^{-1}$

$\therefore \quad B^{-1}A^{-1} = A^{-1}B^{-1}$

এভাবে A^{-1} এবং B^{-1} ও বিনিময় যোগ্য।

উদাহরণ 21: যদি A, B, C ম্যাট্রিক্স তিনটি গুণের *সামঞ্জস্যপূর্ণ হয়, তাহলে* $(ABC)^{-1} = C^{-1}B^{-1}A^{-1}$

সমাধান: দেওয়া আছে $(ABC)^{-1} = \{A(BC)\}^{-1} = (BC)^{-1}A^{-1} = (C^{-1}B^{-1})A^{-1} = C^{-1}B^{-1}A^{-1}$

উদাহরণ 22: যদি একটা ম্যাট্রিক্স A নন-সিঙ্গুলার হয়, তাহলে প্রমান কর যে AB = AC হলে B = C, যেখানে A, B এবং C একই ক্রমের বর্গ ম্যাট্রিক্স।

সমাধান: যেহেতু ম্যাট্রিক্স A নন-সিঙ্গুলার, সুতরাং A^{-1} এর অস্তিত্ত আছে।

সুতরাং $AB = AC \Rightarrow A^{-1}(AB) = A^{-1}(AC) \Rightarrow (A^{-1}A)B = (A^{-1}A)C \rightarrow I_n B = I_n C \Rightarrow B = C$

উদাহরণ 23: দেওয়া আছে AB = AC। এটা কি বোঝায় B = C? তুমি কি একটা পাল্টা উদাহরণ দিতে পারো?

সমাধান: যদি একটা ম্যাট্রিক্স A নন-সিঙ্গুলার হয়, তাহলে AB = AC হলে B = C। কিন্তু যদি ম্যাট্রিক্স A সিঙ্গুলার হয়, তাহলে AB = AC বোঝায় না যে অবশ্যই B = C। নিম্নলিখিত উদাহরণটি এটি পরিষ্কার করবে।

মনে কর, $A = \begin{bmatrix} 0 & 1 \\ 0 & 0 \end{bmatrix}, B = \begin{bmatrix} 1 & 0 \\ 0 & 0 \end{bmatrix}, C = \begin{bmatrix} 2 & 0 \\ 0 & 0 \end{bmatrix}$

আছে, $AB = \begin{bmatrix} 0 & 0 \\ 0 & 0 \end{bmatrix} = AC,$ যদিও $B \neq C$

প্রশ্ন: ম্যাট্রিক্সের ইনভার্স বার কর। $A = \begin{bmatrix} \cos\alpha & -\sin\alpha \\ \sin\alpha & \cos\alpha \end{bmatrix}$ এছাড়াও তোমার ফলাফল যাচাই কর।

উত্তর $A^{-1}\begin{bmatrix} \cos\alpha & \sin\alpha \\ -\sin\alpha & \cos\alpha \end{bmatrix}$

প্রশ্ন: দেওয়া আছে $\begin{bmatrix} 2 & 3 & 1 \\ 3 & 4 & 1 \\ 3 & 7 & 2 \end{bmatrix}$ **মান নির্ণয় কর**

(i) det A (ii) AdjA (iii) A^{-1}

উত্তর $|A| = 2; A^{-1} = \frac{1}{2}\begin{vmatrix} 1 & 1 & -1 \\ -3 & 1 & 1 \\ 9 & -5 & -1 \end{vmatrix}$

1.2.8 ম্যাট্রিক্স পদ্ধতি (Matrix Method)

(রৈখিক সমীকরণের একটি সিস্টেমের সমাধান বের করার জন্য একটি ম্যাট্রিক্স ইনভার্সের ব্যবহার।)

n সংখ্যক রৈখিক সমীকরণের একটি সিস্টেম ধরা যাক, $x_1, x_2, \ldots\ldots\ldots, x_n$ যেখানে n সংখ্যক অজানা রাশি আছে।

তাহলে, $$a_{i1}x_1 + a_{i2}x_2 + \ldots\ldots + a_{in}x_n = b_i,\ i = 1, 2, \ldots\ldots\ldots\ldots, n.$$

এই সমীকরণগুলি একটি একক ম্যাট্রিক্স সমীকরণ আকারে লেখা যেতে পারে AX = B

যেখানে, $$A = \begin{bmatrix} a_{11} & a_{12} & \ldots\ldots & a_{1n} \\ a_{21} & a_{22} & \ldots\ldots & a_{2n} \\ \ldots & \ldots & \ldots\ldots & \ldots\ldots \\ a_{n1} & a_{n2} & \ldots\ldots & a_{nn} \end{bmatrix}_{n\times n} \quad X = \begin{bmatrix} x_1 \\ x_2 \\ .. \\ .. \\ x_n \end{bmatrix}_{n\times 1} \quad B = \begin{bmatrix} b_1 \\ b_2 \\ \ldots \\ \ldots \\ b_n \end{bmatrix}$$

ধর A একটি নন-সিঙ্গুলার ম্যাট্রিক্স

যেমন, $|\mathbf{A}| \neq 0$

তখন A^{-1} বিদ্যমান আছে, $X = A^{-1}B$

সমীকরণের প্রকারভেদ এবং তাদের ধারাবাহিকতা (Consistency)

প্রকার 1: অসমসত্ব (non-homogeneous) সমীকরণের সিস্টেমের জন্য যদি-

a) $|A| \neq 0$, তাহলে সমীকরণের সিস্টেম ধারাবাহিক হবে এবং তার একটা $X = A^{-1}B$ আকারে অনন্য সমাধান থাকবে।

b) $|A| = 0$ এবং (adjA). $B \neq 0$ তাহলে সমীকরণের সিস্টেম ধারাবাহিক নয় এবং এর কোনো সমাধান থাকবে না ।

c) $|A| = 0$ এবং (adjA).B = O, তাহলে সমীকরণের সিস্টেম ধারাবাহিক নয় এবং এর অসীম সংখ্যক সমাধান থাকবে।

প্রকার 2: সমসত্ব (homogeneous) সমীকরণের সিস্টেমের জন্য যদি-

a) $|A| \neq 0$, তাহলে সমীকরণের সিস্টেমের শুধুমাত্র তুচ্ছ (trivial) সমাধান থাকবে এবং এর একটা সমাধান থাকবে।

b) $|A| = 0$, তাহলে সমীকরণের সিস্টেমের শুধুমাত্র গুরুত্তপূর্ণ (non–trivial) সমাধান থাকবে এবং এর অসীম সংখ্যক সমাধান থাকবে।

c) সমীকরণের সংখ্যা < অজানার সংখ্যা, তাহলে এর গুরুত্তপূর্ণ (non–trivial) সমাধান থাকবে।

দ্রষ্টব্য: অসমসত্ব রৈখিক সমীকরণগুলি ক্রামারের নিয়ম দ্বারাও সমাধান করা যেতে পারে, এই পদ্ধতিটি ডিটার্মিন্যান্টবিষয়ে আলোচিত হয়েছে।

উদাহরণ 24: সমীকরণের সিস্টেমকে ম্যাট্রিক্স আকারে লেখ

$x + y + z = 92$
$2x + 5y + 7z = 52$
$2x + y - z = 10$

এবং যদি $A = \begin{bmatrix} 1 & 1 & 1 \\ 2 & 5 & 7 \\ 2 & 1 & -1 \end{bmatrix}$ হয় A^{-1} তাহলে এর মান নির্ণয় কর এবং এভাবে প্রদত্ত সমীকরণের সমাধান কর।

সমাধান: প্রদত্ত সমীকরণের সিস্টেমকে ম্যাট্রিক্স আকারে নিম্নরূপে লেখা যেতে পারে

যেখানে $A = \begin{bmatrix} 1 & 1 & 1 \\ 2 & 5 & 7 \\ 2 & 1 & -1 \end{bmatrix}$ $B = \begin{bmatrix} 92 \\ 52 \\ 10 \end{bmatrix}$ $X = \begin{bmatrix} x \\ y \\ z \end{bmatrix}$ ...(1)

আমাদের আছে, $|A| = 1(-5-7) - 1(-2-14) + 1(2-10) = -12 + 16 - 8 = -4$

সুতরাং A নন-সিঙ্গুলার ম্যাট্রিক্স এবং এভাবে A^{-1} বিদ্যমান। তাহলে এখন A^{-1} এর মান নির্ণয় করা যাক।

|A| এর প্রথম সারির সহউৎপাদকগুলি হবে

$$A_{11} = \begin{vmatrix} 5 & 7 \\ 1 & -1 \end{vmatrix} = -5 - 7 = -12 \quad A_{12} = -\begin{vmatrix} 2 & 7 \\ 2 & -1 \end{vmatrix} = -(-2 - 14) = 16$$

$$A_{13} = \begin{vmatrix} 2 & 5 \\ 2 & 1 \end{vmatrix} = 2 - 10 = -8$$

$$A_{21} = -\begin{vmatrix} 1 & 1 \\ 1 & -1 \end{vmatrix} = -(-1 - 1) = 2 \quad A_{22} = \begin{vmatrix} 1 & 1 \\ 2 & -1 \end{vmatrix} = -1 - 2 = -3$$

$$A_{23} = -\begin{vmatrix} 1 & 1 \\ 2 & 1 \end{vmatrix} = -(1 - 2) = 1$$

|A| এর তৃতীয় সারির সহউৎপাদকগুলি হবে

$$A_{31} = \begin{vmatrix} 1 & 1 \\ 5 & 7 \end{vmatrix} = 7 - 5 = 2 \qquad A_{32} = -\begin{vmatrix} 1 & 1 \\ 2 & 7 \end{vmatrix} = -(7 - 2) = -5$$

$$A_{33} = \begin{vmatrix} 1 & 1 \\ 2 & 5 \end{vmatrix} = 5 - 2 = 3$$

$\therefore$ AdjA = B ম্যাট্রিক্সের **স্থানান্তর** যেখানে,

$$B = \begin{bmatrix} A_{11} & A_{12} & A_{13} \\ A_{21} & A_{22} & A_{23} \\ A_{31} & A_{32} & A_{33} \end{bmatrix} = \begin{bmatrix} -12 & 16 & -8 \\ 2 & -3 & 1 \\ 2 & -5 & 3 \end{bmatrix}$$

$$\text{Adj } A = \begin{bmatrix} -12 & 2 & 2 \\ 16 & -3 & -5 \\ -8 & 1 & 3 \end{bmatrix}$$

$$A^{-1} = \frac{1}{|A|}\text{Adj } A = \frac{-1}{4}\begin{bmatrix} -12 & 2 & 2 \\ 16 & -3 & -5 \\ -8 & 1 & 3 \end{bmatrix} \Rightarrow A^{-1} = \frac{-1}{4}\begin{bmatrix} -12 & 2 & 2 \\ 16 & -3 & -5 \\ -8 & 1 & 3 \end{bmatrix}$$

$\therefore$ এখন (1) কে পূর্বে A^{-1} গুণ করে আমরা পাই

$A^{-1}(AX) = A^{-1}B$

$(A^{-1}A)\,x = A^{-1}B$

$I_3 x = A^{-1}B$

$X = A^{-1}B$

আমাদের আছে,

$$A^{-1}B = \frac{-1}{4}\begin{bmatrix} -12 & 2 & 2 \\ 16 & -3 & -5 \\ -8 & 1 & 3 \end{bmatrix} \times \begin{bmatrix} 92 \\ 52 \\ 10 \end{bmatrix}$$

$$\Rightarrow \quad X = \begin{bmatrix} x \\ y \\ z \end{bmatrix} = \frac{-1}{4}\begin{bmatrix} -12\times 92 + 2\times 52 + 2\times 10 \\ 16\times 92 + (-3)\times 52 + (-5)\times 10 \\ -8\times 92 + 1\times 52 + 3\times 10 \end{bmatrix}$$

$$= \frac{-1}{4}\begin{bmatrix} -1104 + 104 + 20 \\ 1472 - 156 - 50 \\ -736 + 52 + 30 \end{bmatrix} = \frac{-1}{4}\begin{bmatrix} -980 \\ 1266 \\ -654 \end{bmatrix} = \begin{bmatrix} 245 \\ -\frac{633}{2} \\ \frac{327}{2} \end{bmatrix}$$

x = 245, y = -633/2, z = 327/2 উত্তর

উদাহরণ 25: যদি A নন-সিঙ্গুলার প্রতিসম ম্যাট্রিক্স হয় তাহলে প্রমান কর যে A^{-1} ও প্রতিসম।

সমাধান: $A^T = A$ [$\because$ A প্রতিসম ম্যাট্রিক্স]

$\Rightarrow \quad (A^T)^{-1} = A^{-1}$ [যেহেতু A নন-সিঙ্গুলার ম্যাট্রিক্স]

$\Rightarrow \quad (A^{-1})^T = A^{-1}$ সুতরাং প্রমাণিত।

প্রশ্ন: সমীকরণের সিস্টেমকে ম্যাট্রিক্স পদ্ধতিতে সমাধান কর।

$x + y + z = 6$
$x - y + 2z = 7$
$2x - y + 3z = 12$

[উত্তর $x = 2, y = 1, z = 3$]

প্রশ্ন: $x+y+z=6,\ x-y+z=2, 2x+y-z=1$ সমীকরণের সিস্টেমকে ম্যাট্রিক্স পদ্ধতিতে সমাধান কর।

[উত্তর $x=1, y=2, z=3$]

উদাহরণ 26: সমীকরণের সিস্টেমকে সমাধান কর।

$x + 4y + 7z = 0$
$2x + 5y + 8z = 0$
$3x + 6y + 9z = 0$

সমাধান:

আমাদের আছে,
$$x+4y+7z=0$$
$$2x+5y+8z=0$$
$$3x+6y+9z=0$$

প্রদত্ত সমীকরণের সিস্টেমকে ম্যাট্রিক্স আকারে নিম্নরূপে লেখা হল,

$$\begin{bmatrix} 1 & 4 & 7 \\ 2 & 5 & 8 \\ 3 & 6 & 9 \end{bmatrix}\begin{bmatrix} x \\ y \\ z \end{bmatrix} = \begin{bmatrix} 0 \\ 0 \\ 0 \end{bmatrix}$$

$AX = 0$

যেখানে, $A=\begin{bmatrix} 1 & 4 & 7 \\ 2 & 5 & 8 \\ 3 & 6 & 9 \end{bmatrix}\ x = \begin{bmatrix} x \\ y \\ z \end{bmatrix} \text{and}\, 0 = \begin{bmatrix} 0 \\ 0 \\ 0 \end{bmatrix}$

$\therefore \quad |A| = 1\,(45-48) - 4(19 - 24) + 7\,(12-15)$
$= -3 + 24 - 21 = 0$

$|A| = 0$

সুতরাং সিস্টেমের একটা গুরুত্তপূর্ণ সমাধান থাকবে। এখন আমরা প্রদত্ত সমীকরণের দুটো লিখতে পারি

$x + 4y + 7z = 0$ এবং $2x + 5y + 8z = 0$

এই সমীকরণগুলিকে x এর সাপেক্ষে সমাধান করে পাই,

$x = -(4y + 7z), 2x = -(5y + 8z)$

অর্থাৎ, $x = -(4y + 7z)$, যেখান থেকে আমরা পাই, $y = -2x$

এখন, $z = x$ এবং $y = -2x$, তৃতীয় সমীকরণে $(3x + 6y + 9z = 0)$ বসিয়ে বাঁ দিকে (LHS)

আমরা পাই, LHS $= 3x + 6(-2x) + 9(x)$

$= 3x - 12x + 9x = 0$ RHS (ডান দিক)

সুতরাং $z = x$ এবং $y = -2x$ মানের জয় তৃতীয় সমীকরণটি সিদ্ধ

এখন, মনে কর $\frac{z}{1} = \frac{y}{-2} = \frac{x}{1} = k$

সুতরাং $x = k, y = -2k, z = k$ (যেখানে k একটি যেকোনো ধ্রুবক)

প্রদত্ত সমীকরণের অসীম সংখ্যক সমাধান থাকবে।

ম্যাট্রিক্সের প্রয়োগ

ম্যাট্রিক্সকে একটি পরিমাণ ধরার পরিবর্তে ভেক্টর রাশি বা ভেরিয়েবলের রূপান্তরের (transformation) জন্য ব্যবহার করা যেতে পারে। ম্যাট্রিক্সের সংযোজন এবং গুণন স্কেলার পরিমাণের পরিবর্তে অপারেটর দিয়ে রচিত গঠিত।

জ্যামিতিক প্রয়োগ

(1) **প্রতিফলন**-যদি (x, y) বিন্দু y-অক্ষ দ্বারা প্রতিফলিত হয়ে নতুন স্থানাঙ্ক হবে,

$X' = -x, Y' = y \ldots\ldots\ldots(1)$ এটাকে নিম্নরূপে লেখা যেতে পারে,

$X' = -1x + 0.y \qquad Y' = 0.x + 1y$

ম্যাট্রিক্স আকারে নিম্নরূপে লেখা যেতে পারে,

$$\begin{bmatrix} X' \\ Y' \end{bmatrix} = \begin{bmatrix} -1 & 0 \\ 0 & 1 \end{bmatrix} \begin{bmatrix} x \\ y \end{bmatrix}$$

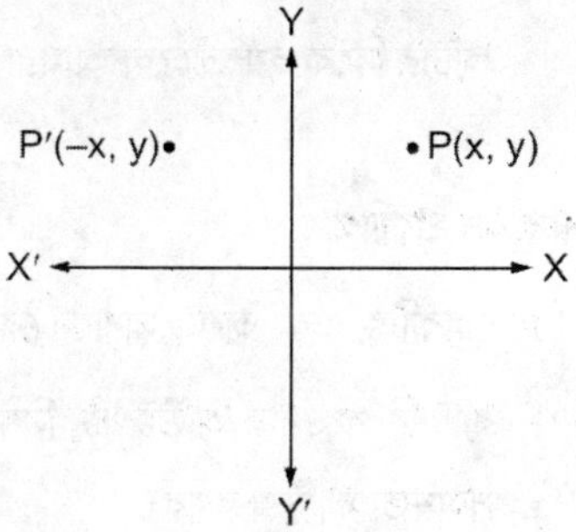

চিত্র 1.4

কলাম ভেক্টর $\begin{bmatrix} x \\ y \end{bmatrix}$ এর পূর্বে $\begin{bmatrix} -1 & 0 \\ 0 & 1 \end{bmatrix}$ গুণ করে y-অক্ষের প্রতিফলন পাওয়া যায়।

একইভাবে পূর্বে $\begin{bmatrix} 1 & 0 \\ 0 & -1 \end{bmatrix}$ গুণ করে x-অক্ষের প্রতিফলন পাওয়া যায়।

(2) $\boldsymbol{y = x}$ রেখার দ্বারা প্রতিফলন

যেহেতু, $y' = x, x' = y$

সুতরাং $\begin{bmatrix} x' \\ y' \end{bmatrix} = \begin{bmatrix} 0 & 1 \\ 1 & 0 \end{bmatrix} \begin{bmatrix} x \\ y \end{bmatrix}$

একইভাবে $y = -x$ দ্বারা (x, y) বিন্দুর প্রতিফলন পাওয়া যায় নিম্নরূপে,

$x' = -y\ , y' = -x$ অথবা $\begin{bmatrix} x' \\ y' \end{bmatrix} = \begin{bmatrix} 0 & -1 \\ -1 & 0 \end{bmatrix} \begin{bmatrix} x \\ y \end{bmatrix}$

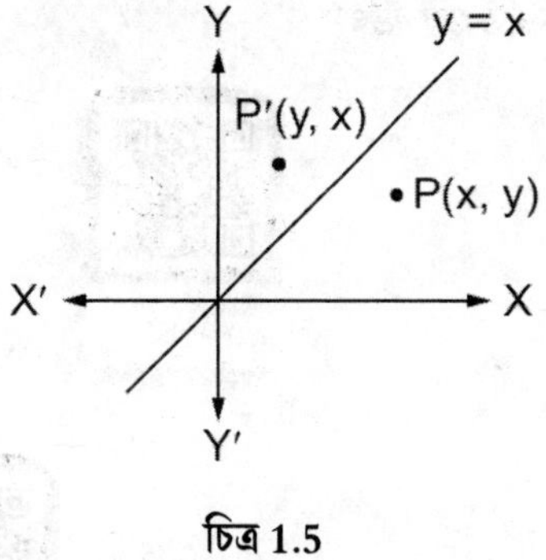

চিত্র 1.5

(3) কেন্দ্র বিন্দুর সাপেক্ষে ঘূর্ণন

যদি একটি বিন্দু A স্থানাঙ্ক (x, y) এবং মূল বিন্দু O হয় এবং OA লাইনকে ঘড়ির কাঁটার বিপরীত দিকে α কোণে ঘোরানো হয় তাহলে A- এর নতুন স্থানাঙ্কগুলি হবে,

$$x' = rcos(\theta + \alpha) = rcos\theta\, cos\alpha - rsin\theta\, sin\alpha$$

$$= xcos\alpha - ysin\alpha$$

$$y' = rsin(\theta + \alpha) = rsin\theta\, cos\alpha + rcos\theta\, sin\alpha$$

$$= ycos\alpha - xsin\alpha$$

সুতরাং, $\begin{bmatrix} x' \\ y' \end{bmatrix} = \begin{bmatrix} cos\alpha & -sin\alpha \\ sin\alpha & cos\alpha \end{bmatrix} \begin{bmatrix} x \\ y \end{bmatrix}$, যেখানে (x, y) এর পোলার স্থানাঙ্কগুলি (r, θ)। যদি ঘূর্ণন ঘড়ির কাঁটার দিকে হয় তাহলে আমরা α এর জায়গায় $-\alpha$ বসাবো।

সাধারণ প্রয়োগ

(1) রোবটিক্স এবং অটোমোশনে রোবটের গতিবিধির জন্য ম্যাট্রিক্স হল মৌলিক উপাদান।

(2) ব্যাটারি পাওয়ার আউটপুট, নিবন্ধন (register) এবং বৈদ্যুতিক শক্তিকে অন্যান্য দরকারী শক্তিতে রূপান্তর গণনা করতে সহায়তা ম্যাট্রিক্স করে।

(3) 3D স্পেসে বস্তু পরিবর্তন করতে ম্যাট্রিক্স ব্যবহৃত হয়। এটি অ্যানিমেশনকে আরো সুনির্দিষ্ট এবং নিখুঁত করতে সাহায্য করতে পারে।

(4) ম্যাট্রিক্স বৈদ্যুতিক সার্কিট, কোয়ান্টাম মেকানিক্স এবং অপটিক্সের গবেষণায় ব্যবহৃত হয়।

(5) হেসিয়ান ম্যাট্রিক্স, জ্যাকোবিয়ান ইত্যাদি অপারেশন গবেষণার মতো ক্ষেত্রে গুরুত্বপূর্ণ ভূমিকা পালন করে।

ভিডিওর উৎস

Introduction to matrices

Types is matrices

Operation on matrices part-1

Matrices and determinants-an introduction

Properties of matrix

Transpose of a matrix

সারসংক্ষেপ

1. ডিটার্মিন্যান্টকে একটা স্কেলার মান হিসাবে সংজ্ঞায়িত করা হয় det A বা |A| অথবা Δ চিহ্নিত করা হয়।
2. মাইনর: একটি প্রদত্ত ডিটার্মিন্যান্টের উপাদানের মাইনর, প্রদত্ত উপাদানটি ডিটার্মিন্যান্টের যে সারিতে এবং কলামে আছে তা মুছে দিয়ে পাওয়া যায়।
3. সহউৎপাদক: i^{th} সারি এবং j^{th} কলামে অবস্থিত উপাদানের মাইনর যদি M_{ij} হয় তাহলে $C_{ij} = (-1)^{i+j}M_{ij}$ হবে তার সহউৎপাদক।
4. যদি $A = \begin{vmatrix} a_1 & b_1 \\ a_2 & b_2 \end{vmatrix}$ $B = \begin{vmatrix} l_1 & m_1 \\ l_2 & m_2 \end{vmatrix}$ তাহলে, $A \times B = \begin{vmatrix} a_1 & b_1 \\ a_2 & b_2 \end{vmatrix} \times \begin{vmatrix} l_1 & m_1 \\ l_2 & m_2 \end{vmatrix} = \begin{vmatrix} a_1l_1 + b_1l_2 & a_1m_1 + b_1m_2 \\ a_2l_1 + b_2l_2 & a_2m_1 + b_2m_2 \end{vmatrix}$
5. তিনটি ভেরিয়েবল বিশিষ্ট রৈখিক সমীকরণের সিস্টেম (ক্রামারের নিয়ম)

$$x = \frac{\begin{vmatrix} b_1 & c_1 \\ b_2 & c_2 \end{vmatrix}}{\begin{vmatrix} a_1 & b_1 \\ a_2 & b_2 \end{vmatrix}}, \ y = \frac{\begin{vmatrix} c_1 & a_1 \\ c_2 & a_2 \end{vmatrix}}{\begin{vmatrix} a_1 & b_1 \\ a_2 & b_2 \end{vmatrix}}$$

6. দুটি ভেরিয়েবল বিশিষ্ট রৈখিক সমীকরণের সিস্টেম (ক্রামারের নিয়ম) $x = \frac{\Delta_1}{\Delta}, \ y = \frac{\Delta_2}{\Delta}, \ z = \frac{\Delta_3}{\Delta}, \Delta \neq 0$
7. 'm' অনুভূমিক রেখা (যাকে সারি বলা হয়) এবং 'n' উল্লম্ব রেখা (কলাম বলা হয়) আকারে mn সংখ্যার একটি আয়তক্ষেত্রাকার অ্যারেকে (যা বাস্তব বা জটিল হতে পারে) বলা হয় m বাই n ক্রোমের ম্যাট্রিক্স এবং লেখা হয় $m \times n$ ম্যাট্রিক্স।
8. সারি ম্যাট্রিক্স (সারি ভেক্টর): ধর $A = [a_{11}\ a_{12}\ \ldots\ldots\ldots\ldots\ a_{1n}]$ অর্থাৎ সারি ম্যাট্রিক্সের ঠিক একটি সারি আছে।
9. স্তম্ভ ম্যাট্রিক্স (স্তম্ভ ভেক্টর): ধর $A = \begin{bmatrix} a_{11} \\ a_{12} \\ \vdots \\ a_{m1} \end{bmatrix}$ অর্থাৎ কলাম ম্যাট্রিক্সের ঠিক একটি কলাম আছে।
10. শূন্য বা নাল ম্যাট্রিক্স: $(A = O_{m\times n})$ একটি $m \times n$ ম্যাট্রিক্স যার সমস্ত এন্ট্রি শূন্য তাকে নাল ম্যাট্রিক্স বলা হয়।
11. অনুভূমিক ম্যাট্রিক্স: $m \times n$ ক্রোমের একটি ম্যাট্রিক্সকে অনুভূমিক ম্যাট্রিক্স বলা হবে যদি $n > m$।
12. উল্লম্ব ম্যাট্রিক্স: ক্রোমের একটি ম্যাট্রিক্সকে অনুভূমিক ম্যাট্রিক্স বলা হবে যদি $m > n$ ।
13. আয়তক্ষেত্রাকার ম্যাট্রিক্স: একটি ম্যাট্রিক্সকে আয়তক্ষেত্রাকার ম্যাট্রিক্স বলা হয়, যদি এর সারির সংখ্যা এবং কলামের সংখ্যা সমান নাহয় অর্থাৎ, একটি ম্যাট্রিক্স $A = [a_{ij}]_{m\times n}$ কে একটি আয়তক্ষেত্রাকার ম্যাট্রিক্স বলা হয়, যদি $m \neq n$।
14. বর্গ ম্যাট্রিক্স– একটি ম্যাট্রিক্সকে বর্গ ম্যাট্রিক্স বলা হয়, যদি এর সারির সংখ্যা এবং কলামের সংখ্যা সমান হয় অর্থাৎ, একটি ম্যাট্রিক্স $A = [a_{ij}]_{m\times n}$ কে একটি আয়তক্ষেত্রাকার ম্যাট্রিক্স বলা হয়, যদি $m = n$।
15. ম্যাট্রিক্সের ট্রান্সপোজ: ধর $m \times n$ ক্রোমের যেকোন ম্যাট্রিক্স $A = [a_{ij}]$। তাহলে A^T অথবা $A' = [a_{ji}]$, $n \times m$ ক্রোমের ম্যাট্রিক্স যেখানে $1 \leq i \leq m$ & $1 \leq j \leq n$।

16. একটা বর্গ ম্যাট্রিক্স Aকে অর্থোগোনাল ম্যাট্রিক্স বলা হবে, যদি $AA' = I$, যেখানে I একটি একক ম্যাট্রিক্স।
17. n ক্রমের নন-সিঙ্গুলার বর্গ ম্যাট্রিক্সকে উল্টানো যোগ্য (invertible) বলা যাবে, যদি একই ক্রমের একটি বর্গ ম্যাট্রিক্স B থাকে, যাতে $AB = I_n = BA$ হয়।
18. প্রতিসম & তির্যক-প্রতিসম ম্যাট্রিক্সে যথাক্রমে $A = A^T$ & $A = -A^T$
19. $A^{-1} = \frac{adjA}{|A|}$; $|A| \neq 0$
20. ম্যাট্রিক্স পদ্ধতি: $X = A^{-1}B$।

অনুশীলন

বিষয়গত প্রশ্ন (Subjective Questions)

Q.1. a, b, c এবং d এর মান নির্ণয় কর যাতে ম্যাট্রিক্স A এবং B সমান হয়।যেখানে

$A = \begin{bmatrix} a & b \\ c & d \end{bmatrix}$ এবং $B = \begin{bmatrix} 7 & 3 \\ 9 & -4 \end{bmatrix}$ [উত্তর $a = 7, b = 3, c = 9, d = -4$]

Q.2. যদি $X = \begin{bmatrix} -3 & -4 \\ 7 & 3 \end{bmatrix}$, $Y = \begin{bmatrix} 6 & 9 \\ -12 & 0 \end{bmatrix}$, $Z = \begin{bmatrix} 1 & 2 \\ 2 & -6 \end{bmatrix}$, যাচাই কর যে, $X + (Y + Z) = (X + Y) + Z$.

Q.3. যদি D হয় একটা $m \times n$ ম্যাট্রিক্স তাহলে দেখাও যে, $D = -(-D)$

Q.4. যদি $X=\begin{bmatrix} \cos A & -\sin A \\ \sin A & \cos A \end{bmatrix}$, $Y=\begin{bmatrix} \cos B & -\sin B \\ \sin B & \cos B \end{bmatrix}$ দেখাও যে, $XY = YX$

Q.5. ম্যাট্রিক্সের অ্যাডজয়েন্ট নির্ণয় কর

$A = \begin{bmatrix} 2 & 3 & 1 \\ 3 & 4 & 1 \\ 3 & 7 & 2 \end{bmatrix}$ [উত্তর $AdjA = \begin{bmatrix} 1 & 1 & -1 \\ -3 & 1 & 1 \\ 9 & -5 & -1 \end{bmatrix}$]

Q.6. ম্যাট্রিক্সের স্থানান্তর নির্ণয় কর

$A = \begin{bmatrix} u + iv & w + id \\ w + id & u - iv \end{bmatrix}$ যদি $u^2 + v^2 + w^2 + d^2 = 1$ হয় [উত্তর $\begin{bmatrix} u - iv & -w - id \\ w - id & u + iv \end{bmatrix}$]

Q.7. যদি A নন-সিঙ্গুলার ম্যাট্রিক্স হয় দেখাও যে

(a) যদি A একটি নন-সিঙ্গুলার ম্যাট্রিক্স হয় তাহলে দেখাও যে $\det(A^{-1}) = (\det A)^{-1}$

(b) যদি A এবং B দুটোই n ক্রমের বর্গ ম্যাট্রিক্স হয় এবং যদি B নন-সিঙ্গুলার হয়, প্রমান কর যে A এবং $B^{-1}AB$ ডিটার্মিন্যান্টের মান সমান।

Q.8. যদি A বর্গ ম্যাট্রিক্স হয় তাহলে, $\text{adj}A^T = (\text{adj}A)^T$ হওয়া কি সম্ভব?

Q.9. যদি A প্রতিসম ম্যাট্রিক্স হয় তাহলে, প্রমান কর যে adj A ও প্রতিসম।

উদ্দেশ্যমূলক প্রশ্ন (Objective Question)

Q.1. যদি $A=\begin{vmatrix} a & b \\ c & d \end{vmatrix}$ তাহলে $\begin{vmatrix} 3a & 3b \\ 3c & 3d \end{vmatrix}$ এর মান হবে

(a) A (b) 3A (c) 9A (d) 81A [উত্তর: (c)]

Q.2. $\begin{vmatrix} 1 & 1 & 1 \\ 1 & 1+a & 1 \\ 1 & 1 & 1+y \end{vmatrix} =$

(a) 1 (b) 0 (c) 3adb (d) ab [উত্তর: (d)]

Q.3. যদি $\begin{bmatrix} 4 & z & 6 \end{bmatrix}\begin{bmatrix} 1 & 2 & 3 \\ 0 & 2 & 4 \\ 0 & 3 & 4 \end{bmatrix}\begin{bmatrix} z \\ 1 \\ -4 \end{bmatrix} = 0,$ হয় তাহলে z এর ম্যান হবে

(a) – 11.8 (b) 0 (c) – 13 (d) 2 [উত্তর: (a)]

অনুধাবন (Comprehension)

Q.4. সমীকরণগুলির সিষ্টেম বিবেচনা কর

$2\alpha + u\text{ß} + 6g = 8$, $\alpha + 2\text{ß} + vg = 5$ and $\alpha + \text{ß} + 3g = 4$ তাহলে

(i) এই সমীকরণগুলির সিস্টেমে অসীম সমাধান থাকবে যদি

(a) V = 32 (b) V = 12 (c) V = 13 (d) V = 2

(ii) প্রদত্ত সমীকরণগুলির সিস্টেমে কোনো সমাধান থাকবেনা যদি

(a) $\mu = 3\ v \neq 4$ (b) $\mu \neq 13, v = 32,$ (c) $\mu \neq 2\ v = 3$ (d) $u = 12, v = 32$

(iii) প্রদত্ত সমীকরণগুলির সিস্টেমে অনন্য সমাধান থাকবেনা যদি

(a) $u \neq 2, v \neq 3$ (b) $u \neq 3$ (c) $u = 2\ v = 3$ (d) $u = 2, v \neq 3$

[উত্তর: (i) d (ii) c (iii) A]

Q.5. ধরা যাক $\begin{vmatrix} 1+\alpha & \alpha & \alpha^2 \\ \alpha & 1+\alpha & \alpha^2 \\ \alpha^2 & \alpha & 1+\alpha \end{vmatrix} = a\alpha^5 + b\alpha^4 + c\alpha^3 + d\alpha^2 + e\alpha + f$

নিম্নলিখিত কলামগুলি মেলাও

	স্তম্ভ-I	স্তম্ভ-II	
(A)	"f" এর মান হবে	(a)	0
(B)	"e" এর মান হবে	(b)	1
(C)	"a + c" এর মান হবে	(c)	-1
(D)	"b + d" এর মান হবে	(d)	3

Q.6. 'B' যদি 3 × 3 ম্যাট্রিক্স হয় এবং det (3B) = R {det(B)}, R এর মান

(a) 7 (b) 1 (c) 6 (d) 27 [উত্তর: (d)]

Q.7. 3 ক্রমের বর্গ ম্যাট্রিক্স X, Y, এমন যে $|X| = -1,\ |Y| = 3$ তাহলে $|XY|$ হবে

(a) 81 (b) -81 (c) 18 (d) -18 [উত্তর: (d)]

Q.8. যদি $D = \begin{bmatrix} -1 & -2 & -2 \\ 2 & 1 & -2 \\ 2 & -2 & 1 \end{bmatrix}$ তাহলে adj D সমান

(a) D (b) D^T (c) 3D (d) $3D^T$ [উত্তর: (d)]

Q.9. যদি 'L' 3 ক্রমের বর্গ ম্যাট্রিক্স এবং "M" তার অ্যাডজয়েন্ট এমন যে |M| = 64, তাহলে |L| সমান

(a) ±16 (b) ±64 (c) ±8 (d) ±4 [উত্তর: (c)]

Q.10. যেকোন 2 × 2 ম্যাট্রিক্স D এর জন্য, যদি $D(\text{adj } D) = \begin{bmatrix} 5 & 0 \\ 0 & 5 \end{bmatrix}$, তাহলে |D| সমান

(a) 0 (b) 5 (c) 10 (d) 44 [উত্তর: (b)]

Q.11. যদি D সিঙ্গুলার ম্যাট্রিক্স হয়, তাহলে adjD হবে [উত্তর: সংজ্ঞায়িত নয়]

Q.12. যদি D নন-সিঙ্গুলার ম্যাট্রিক্স হয়, তাহলে D(adjD) = _________ [উত্তর: I]

Q.13. $\begin{bmatrix} 0 & 0 & 1 \\ 0 & 1 & 0 \\ 1 & 0 & 0 \end{bmatrix}$ ম্যাট্রিক্সটির ইনভার্স হবে [উত্তর: $\begin{bmatrix} 1 & 0 & 0 \\ 0 & 0 & 1 \\ 0 & 1 & 0 \end{bmatrix}$]

Q.14. যদি একটা ম্যাট্রিক্স A হয় প্রতিসম এবং তির্যক প্রতিসম উভয় তাহলে A হবে ____ [উত্তর: ম্যাট্রিক্স নাল]

গভীর অধ্যয়ন

তিনটি পলিটেকনিক কলেজ A, B এবং C প্রয়োজনে মহামারী দ্বারা আক্রান্ত রোগীদের সাহায্য করার জন্য একটি তহবিল সংগ্রহের কার্যক্রম আয়োজন করে। তারা যথাক্রমে 25 টাকা, 25 টাকা এবং 20 টাকা মূল্যে নিম, পিপল এবং মানি প্লান্ট বিক্রি করেছে। প্রতিটি পলিটেকনিক কলেজ A, B, C দ্বারা বিক্রি করা গাছের সংখ্যা নিচে দেওয়া হল।

গাছ	পলিটেকনিক		
	A	**B**	**C**
নিম			
পিপল			
মানি			

উপরের তথ্যের উপর ভিত্তি করে, নিম্নলিখিত প্রশ্নের উত্তর দাও:

(1) মহামারীর জন্য উত্থাপিত মোট তহবিল হল_________

(2) ক্রমবর্ধমান ক্রমে সাজানো তিনটি পলিটেকনিক কলেজের দ্বারা সংগৃহীত তহবিল হয়
₹__________[কলেজ_________] ≥ ₹______(কলেজ_______) ≥ ₹_______(কলেজ______)

(3) 1 × 3 ম্যাট্রিক্স F যদি প্রতিটি গাছের বিক্রয় মূল্য বোঝায়, তাহলে F = ?

(4) যদি T একটা 3 × 3 ম্যাট্রিক্স হয় যেখানে কালাম দ্বারা 3টি পলিটেকনিক কলেজ বোঝায় এবং সারি দ্বারা বিক্রিত গাছ বোঝায়, তাহলে T = ?

যাচাই কর

MATLAB- এর মূল বিষয়গুলি জানার পর

সংস্করণ ডাউনলোড করো। নিম্নলিখিত ডিটার্মিন্যান্টের মান বার করতে পারবে? হাতে কলমে যাচাই কর!

$$A = \begin{vmatrix} 3 & 7 & 9 \\ 4 & 7 & 9 \\ 9 & 7 & 21 \end{vmatrix}$$

ক্রিয়াকলাপ

অ্যাডজাসেন্সি ম্যাট্রিক্স: এটি একটি বর্গাকার ম্যাট্রিক্স যা বিশেষ করে গ্রাফ তত্ত্ব এবং কম্পিউটার বিজ্ঞানের ক্ষেত্রে একটি সসীম গ্রাফ উপস্থাপন করতে ব্যবহৃত হয়। অ্যাডজাসেন্সি ম্যাট্রিক্সের সংজ্ঞা খুঁজে বের কর এবং একটি অনির্দেশিত গ্রাফের উদাহরণ দিয়ে ব্যাখ্যা করুন।

ছোট প্রকল্প (Mini Project)

4-5 শিক্ষার্থীদের ছোট ছোট দল গঠন করে এবং ম্যাট্রিক্স/ডিটার্মিন্যান্ট ব্যবহারকারীর উপর একটি অনলাইন/অফলাইন নিরীক্ষণ কর। কমপক্ষে 10 জন ব্যবহারকারীর বিশদ তালিকা তৈরী কর। একটি মৌখিক গোষ্ঠী উপস্থাপনার আয়োজন কর, তোমার শিক্ষকের সামনে বিষয়টি উপস্থাপন কর।

আরো জানো

- ম্যাট্রিক্সের সাদৃশ্যতা (similarity): ধরা যাক A এবং বা, না ক্রমের দুটি বর্গ ম্যাট্রিক্স। তাহলে B কে A এর মতো বলা হয় যদি সেখানে একটি নন-সিঙ্গুলার ম্যাট্রিক্স P এমন যে B = P - 1AP।
- ম্যাট্রিক্সের রাঙ্ক একটি গুরুত্বপূর্ণ ধারণা যা বিভিন্ন অ্যাপ্লিকেশন যেমন রৈখিক সমীকরণ সমাধানের জন্য অগমেন্টেড ম্যাট্রিক্স ইত্যাদি অ্যাপ্লিকেশনের ক্ষেত্রে ব্যবহৃত।

তথ্যসূত্র ও প্রস্তাবিত পাঠ্য

- *Narayan Shanti and Mittal P.K., (1953). A textbook on matrices. S. Chand & Co.*
- *NCERT. Mathematics Textbook Class XII (Part I)*
- *Lipschutz S. & Lipson M.L. Schaum's (2001) Linear Algebra. Tata Mc.Graw-Hill.*
- *Vivek Sahai Vikas Bist (2001). Linear Algebra Narosa Publishing House.*

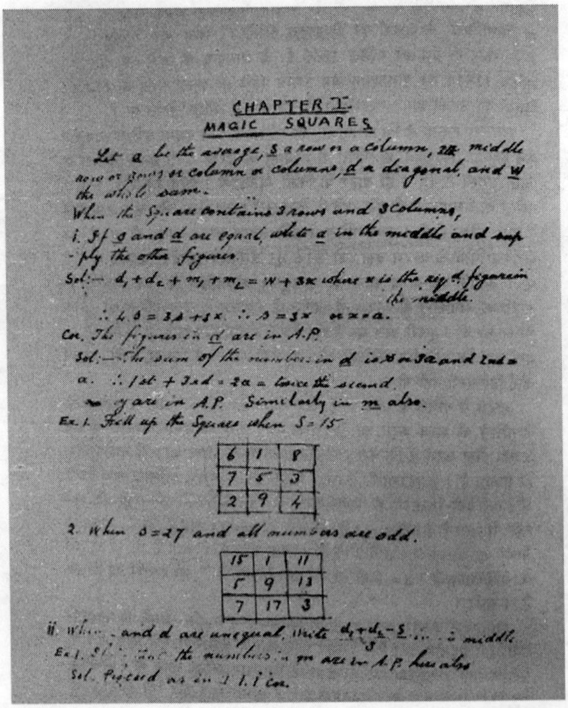

CHAPTER I.
MAGIC SQUARES

Let a be the average, s a row or a column, m the middle row or [illegible] or column or columns, d a diagonal, and w the whole sum.

When the Square contains 3 rows and 3 columns,

i. If s and d are equal, write a in the middle and supply the other figures.

Sol:— $d_1 + d_2 + m_1 + m_2 = w + 3x$ where x is the req. figure in the middle.

∴ 4 s = 3 s + 3 x ∴ s = 3 x or x = a.

Cor. The figures in d are in A.P.

Sol:— The sum of the numbers in d is s or 3a and 2nd = a. ∴ 1st + 3rd = 2a = twice the second.

∴ they are in A.P. Similarly in m also.

Ex. 1. Fill up the Square when S = 15

6	1	8
7	5	3
2	9	4

2. When s = 27 and all numbers are odd.

15	1	11
5	9	13
7	17	3

ii. When [illegible] and d are unequal, write $\frac{d_1 + d_2 - s}{3}$ [illegible] middle.

Ex. 1. [illegible] the numbers in m are in A.P. here also

Sol. Proceed as in I. 1. i Cor.

ভারতীয় গণিতবিদ শ্রীনিবাস রামানুজন (1887-1920) যিনি অনন্তকে জানতেন বলে পরিচিত সেই তিনি স্বাধীনভাবে প্রায় 3,900 টি ফলাফল সংকলন করেছেন এবং তার প্রায় সব দাবিই সঠিক প্রমাণিত হয়েছে!

তার নোটবুক থেকে একটি অংশ উপরে দেওয়া হয়েছে।

সূত্র 'সংসার কে মহান গণিতজ্ঞ' মূলে গুনাকার (1992), রাজকামাল প্রকাশন

2 সমাকলন বিদ্যা

ইউনিট-2 এর বিষয়বস্তু

এই ইউনিটে আমরা নিম্নলিখিত বিষয়ের উপর একটি বিস্তারিত স্ব -ব্যাখ্যামূলক তত্ত্ব দিয়েছি - অন্তর্কলনের বিপরীত হিসেবে সমাকলন; অংশ এবং আংশিক ভগ্নাংশ দ্বারা প্রতিস্থাপন পদ্ধতিতে সহজ সমাকলন (শুধুমাত্র রৈখিক উপাদানগুলির জন্য); $\int_0^{\pi/2} sin^n xdx$, $\int_0^{\pi/2} cos^n xdx$ এবং $\int_0^{\pi/2} \sin^m x\cos^n x\,dx$ এই সমীকরণগুলির ব্যবহার। সমাকলনের ব্যবহার করে একটা বক্ররেখা এবং অক্ষের দ্বারা সীমাবদ্ধ অঞ্চলের ক্ষেত্রফল নির্ণয়; একটা ক্ষেত্র দ্বারা একটা অক্ষের চারিদিকে ঘূর্ণনের ফলে তৈরী অঞ্চলের আয়তন নির্ণয় (সাধারণ সমস্যা)।

সূচনা

ক্যালকুলাস হল ইঞ্জিনিয়ার, বিজ্ঞানী, কারিগরি পেশাজীবী ইত্যাদির গাণিতিক ভাষা। আমাদের ফ্রিজ, মোবাইল, টিভি এবং যানবাহন থেকে শুরু করে ওযুধ, রোবটিক্স, জাতীয় নিরাপত্তা সহ বিভিন্ন ক্ষেত্রে আমাদের জীবনে এই সমস্ত ব্যাক্তিদের কার্যকলাপ অনেক প্রভাব ফেলে। দৈর্ঘ্য, এলাকা এবং আয়তনের মতো অধ্যয়নের অধীনে বস্তুর সমষ্টি বা মোট আকার বা মান নির্ধারণে সমাকলন বিদ্যা সহায়তা করে। উদাহরণস্বরূপ, যখন আমরা একটি বেগ অপেক্ষক সমাকলন করি তখন আমরা একটি দূরত্ব রাশি পাই, যা আমাদেরকে সময়ের ব্যবধানে একটি বস্তু দ্বারা ভ্রমণ করা দূরত্ব গণনা করতে সাহায্য করে। এখানে উল্লেখ করা গুরুত্বপূর্ণ যে ক্যালকুলাসের মৌলিক উপপাদ্য সমাকলনের সাথে অন্তরকলনের সম্পর্ক তৈরি করে।

পূর্ব প্রয়োজনীয় জ্ঞান

- অবকলনের ভিত

বীজগণিত, ত্রিকোণমিতিক এবং সূচকীয় রাশি সহ মৌলিক ক্রিয়াকলাপগুলির জ্ঞান।

ইউনিট-2 সমাকলন	ইউনিটের ফলাফল (UO) *শিক্ষার্থীরা শিখবে*
U2-O1	অন্তরকলনের বিপরীত হিসাবে সমাকলন ব্যবহার কর।
U2-O2	সমকোলন এর ম্যান ,এদের বিশ্লেশন এবং এই সংক্রান্ত সমস্যা সমাধানের জন্য সমকোলন এর বিভিন্ন্য পদ্ধতি প্রয়োগ কারো ।
U2-O3	$\int_0^{\frac{\pi}{2}} \sin^n xdx$, $\int_0^{\frac{\pi}{2}} \cos^n xdx$ and $\int_0^{\frac{\pi}{2}} \sin^m x\cos^n x\,dx$ এই সূত্র প্রয়োগ করে সমস্যা সমাধান কর।

U2-O4	সমাকলন এবং ক্ষেত্র মধ্যে একটি ধারণাগত সম্পর্ক গড়ে তোল । বিশেষ করে একটি বক্ররেখা এবং অক্ষ দ্বারা আবদ্ধ ক্ষেত্রের সহজ সমস্যার মূল্যায়ন কর।
U2-O5	আবর্তন দ্বারা গঠিত কঠিন পদার্থের আয়তনের সাথে সম্পর্কিত বিশেষ করে সমাকলনের সাথে অক্ষের বিষয়ে সমস্যাগুলি গণনা কর ।

CO-UO ম্যাপিং

ইউনিট-2 ফলাফল	কোর্সের ফলাফলের সঙ্গে প্রত্যাশিত ম্যাপিং (1-দুর্বল সংশ্লেষন; 2 - মাঝারি সংশ্লেষন; 3- গভীর সম্পর্ক)				
	CO-1	CO-2	CO-3	CO-4	CO-5
U2-O1	-	3	-	2	1
U2-O2	-	3	-	1	1
U2-O3	-	1	-	-	1
U2-O4	-	3	-	-	1
U2-O5	-	3	-	-	1

2.1 ভূমিকা

এই ইউনিটে আমরা সমাকলনের ধারণা অধ্যয়ন করব, যা অ্যান্টিডেরিভেটিভস (সমকল) বার করার ধারণার উপর ভিত্তি করে গড়ে উঠেছে। দৈর্ঘ্যের অন্তরকলন এবং অন্তরকলন এর ধারণা নিয়ে তোমরা পূর্ববর্তী ষান্মাসিকে পড়াশোনা করেছ। যখন একটা অন্তরকলজ দেওয়া থাকে তখন তার অপেক্ষক বার করার কৌতূহল আমাদেরকে সমাকলনের বিস্তারিত অধ্যয়নের দিকে পরিচালিত করে।

সমাকলন বিদ্যা দুটো অংশে ভাগ করে পড়াশোনা করা যেতে পারে -

1. অনির্দিষ্ট সমাকলন
2. নির্দিষ্ট সমাকলন

এই ইউনিটে, প্রথমে আমরা সমাকলন অধ্যয়ন করব যা তাদের অন্তরকলজ থেকে অপেক্ষক বার করতে সাহায্য করে। তারপরে, আমরা সংক্ষিপ্তভাবে নির্দিষ্ট সমাকলনের ধারণাটি বুঝতে পারব যাতে সেগুলি ক্ষেত্রফল এবং আয়তনের পরিমাপের জন্য প্রয়োগ করা যায়।

2.1.1 সমাকলন হয় অবকলনের বিপরী (Integration as an Inverse Operation of Differentiation)

আমরা অন্তরকলনের বিপরীত প্রক্রিয়া বিবেচনা করি। অর্থাৎ, আমরা একটি অপেক্ষক $f(x)$ নেব এবং সমস্ত সম্ভাব্য অপেক্ষক $F(x)$ দেখি যাদের অন্তরকলজ $f(x)$ হবে। এই গুরুত্বপূর্ণ চিন্তাধারাটি অ্যান্টিডেরিভেটিভ এবং সমাকলনের ধারণার দিকে নিয়ে যায়। এখন পর্যন্ত, তোমরা ইতিমধ্যে জানো কিভাবে অন্তরকলজ বার করতে হয়। সুতরাং, ধরা যাক $F(x) = 4x^3 + 9x + 11$ এখন $F(x)$ কে অন্তরকলজ করে আমরা পাই, $f(x) = F'(x) = 12x^2 + 9$, অর্থাৎ রূপকভাবে (চিত্র 2.1) এটা

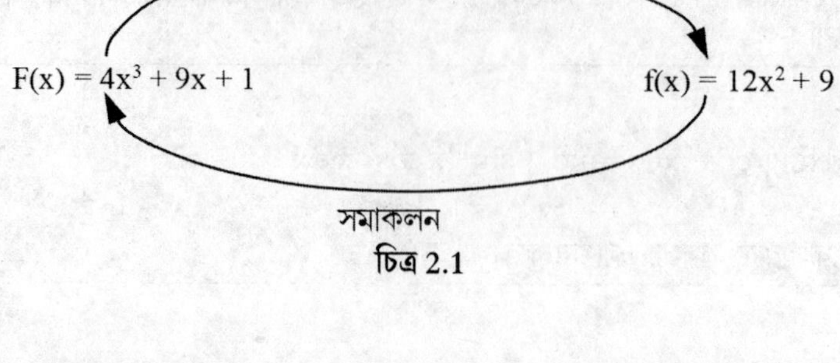

চিত্র 2.1

কিন্তু এখন প্রশ্ন উঠছে যে উপরে দেখানো হিসাবে f (x) এর অ্যান্টি-ডেরিভেটিভ (সমাকল) অনন্য কি? দেখা যাক! ধর এরা অন্যান্য অপেক্ষক যেমন- $4x^3+9x+20,\ 4x^3+9x+200,\ 4x^3+9x$ ইত্যাদি যাদের অন্তরকলজ $f(x)=12x^2+9$। এর কারণ এই যে যখন আমরা অন্তরকলন করি প্রতিটা অপেক্ষেকের ধ্রুবক পদটা সেই মুহূর্তে অদৃশ্য হয়ে যায়। সুতরাং, এগুলো সবই $12x^2+9$ এর অ্যান্টি-ডেরিভেটিভ (সমকল)। অন্য কথায়, যদি F(x) হয় f(x) -এর অ্যান্টরিভেটিভ, তাহলে F(x) + c (যেকোনো ধ্রুবক c- এর জন্য) হয় f(x) -এরও অ্যান্টি-ডেরিভেটিভ। এখান থেকে আসে অনির্দিষ্ট সমাকলনের সংজ্ঞা।

2.2 অনির্দিষ্ট সমাকলন (Indefinite Integrals) (∫ এই চিহ্ন দ্বারা প্রকাশ করা হয়)

যদি f & F হয় x এর অপেক্ষক যেখানে F '(x) = f (x), তাহলে F অপেক্ষককে x এর সাপেক্ষে f(x) এর অ্যান্টি-ডেরিভেটিভ বা প্রিমিটিভ বা সমাকলন বলা হয়। প্রতীকীভাবে, এটা লেখা হয়

$$\boxed{\int f(x)dx = F(x)+c}$$

$$\Leftrightarrow \quad \frac{d}{dx}[F(x)+c] = f(x),$$

যেখানে c কে সমাকলন ধ্রুবক বলা হয়, এবং f(x) কে সমাকল্য (integrand) বলা হয়।

দ্রষ্টব্য: $\int f(x)dx = F(x)+c$ একটা বক্ররেখার পরিবার বোঝায়। এখানে c এর বিভিন্ন মানের জন্য এই পরিবারের বিভিন্ন সদস্যদের বোঝায় এবং যে কোন একটি বক্ররেখাকে তার নিজের সমান্তরালে সরিয়ে নিয়ে এই সদস্যদের পাওয়া যেতে পারে। উপরন্তু, যদি আমরা x = a সরলরেখা এবং বক্ররেখাগুলির ছেদবিন্দু কে নিই, ছেদবিন্দুগুলিতে বক্ররেখাগুলির স্পর্শকগুলি সমান্তরাল হয়। এটি অনির্দিষ্ট সমাকলনের জ্যামিতিক ব্যাখ্যা।

অনির্দিষ্ট সমাকলনের ধর্ম (Properties of Indefinite Integrals)

1. $\int af(x)dx = a\int f(x)dx$ ('a' হয় ধ্রুবক)
2. যোগফলের সমাকলন সমাকলনের যোগফলের সমান হয়
   $\int (f(x)+g(x))dx = \int f(x)dx + \int g(x)dx$
3. যদি $\int f(y)dy = F(y)+c$, তাহলে $\int f(ax+b)dx = \frac{1}{a}F(ax+b)+c, a \neq 0$.

প্রমাণ ফলাফল (Standard Results)

1. $\int (ax+b)^n dx = \frac{(ax+b)^{n+1}}{a(n+1)}+c; n \neq -1.$
2. $\int \frac{dx}{ax+b} = \frac{1}{a}\log|ax+b|+c$
3. $\int e^{ax+b}dx = \frac{1}{a}e^{ax+b}+c$
4. $\int a^{px+q}dx = \frac{1}{p}\frac{a^{px+q}}{\log a}+c, (a>0)$
5. $\int \sin(ax+b)dx = -\frac{1}{a}\cos(ax+b)+c$
6. $\int \cos(ax+b)dx = \frac{1}{a}\sin(ax+b)+c$

7. $\int \tan(ax+b)dx = \frac{1}{a}\log|\sec(ax+b)|+c$

8. $\int \cot(ax+b)dx = \frac{1}{a}\log|\sin(ax+b)|+c$

9. $\int \sec^2(ax+b)dx = \frac{1}{a}\tan(ax+b)+c$

10. $\int \operatorname{cosec}^2(ax+b)dx = -\frac{1}{a}\cot(ax+b)+c$

11. $\int \operatorname{cosec}(ax+b).\cot(ax+b)dx = -\frac{1}{a}\operatorname{cosec}(ax+b)+c$

12. $\int \sec(ax+b).\tan(ax+b)dx = \frac{1}{a}\sec(ax+b)+c$

13. $\int \sec x\, dx = \log|\sec x+\tan x|+c = \log\left|\tan\left(\frac{\pi}{2}+\frac{x}{2}\right)\right|+c$

14. $\int \operatorname{cosec} x\, dx = \log|\operatorname{cosec} x-\cot x|+c = \log\left|\tan\frac{x}{2}\right|+c$

15. $\int \frac{dx}{\sqrt{a^2-x^2}} = \sin^{-1}\frac{x}{a}+c$

16. $\int \frac{dx}{a^2+x^2} = \frac{1}{a}\tan^{-1}\frac{x}{a}+c$

17. $\int \frac{dx}{x\sqrt{x^2-a^2}} = \frac{1}{a}\sec^{-1}\frac{x}{a}+c$

18. $\int \frac{dx}{\sqrt{x^2+a^2}} = \log\left[x+\sqrt{x^2+a^2}\right]+c$

19. $\int \frac{dx}{\sqrt{x^2-a^2}} = \log\left[x+\sqrt{x^2-a^2}\right]+c$

20. $\int \frac{dx}{a^2-x^2} = \frac{1}{2a}\log\left|\frac{a+x}{a-x}\right|+c$

21. $\int \frac{dx}{x^2-a^2} = \frac{1}{2a}\log\left|\frac{x-a}{x+a}\right|+c$

22. $\int \sqrt{a^2-x^2}\,dx = \frac{x}{2}\sqrt{a^2-x^2}+\frac{a^2}{2}\sin^{-1}\frac{x}{a}+c$

23. $\int \sqrt{x^2+a^2}\,dx = \frac{x}{2}\sqrt{x^2+a^2}+\frac{a^2}{2}\log\left(x+\sqrt{x^2+a^2}\right)+c$

24. $\int \sqrt{x^2-a^2}\,dx = \frac{x}{2}\sqrt{x^2-a^2}-\frac{a^2}{2}\log\left(x+\sqrt{x^2-a^2}\right)+c$

25. $\int e^{ax}.\sin bx\ dx = \frac{e^{ax}}{a^2+b^2}(a\sin bx - b\cos bx) + c$

26. $\int e^{ax}.\cos bx\ dx = \frac{e^{ax}}{a^2+b^2}(a\cos bx + b\sin bx) + c$

অন্তরকলনের বিপরীত ক্রিয়াকলাপ হিসাবে সমাকলনের উদাহরণগুলি সমাধান

উদাহরণ 1: মান নির্ণয় কর, $I = 2\int e^{2x}(\cos 2x - \sin 2x)dx.$

সমাধান: এখানে, $2e^{2x}(\cos 2x - \sin 2x)$ হয় $e^{2x}\cos 2x$ এর অন্তরকলজ

$\Rightarrow\ I = e^{2x}\cos 2x + c.$ উত্তর:

উদাহরণ 2: মান নির্ণয় কর, $I = \int \frac{2dx}{\sin^2 x \cdot \cos^2 x}$

সমাধান: নিম্নলিখিত উপায়ে সমাকল্যকে রূপান্তরিত কর।

$$\frac{1}{\sin^2 x\cos^2 x} = \frac{\sin^2 x + \cos^2 x}{\sin^2 x\cos^2 x} = \sec^2 x + \operatorname{cosec}^2 x = \frac{d}{dx}[\tan x - \cot x]$$

অতএব, $1 = 2\int(\sec^2 x + \operatorname{cosec}^2 x)dx = 2\tan x - 2\cot x + c$ উত্তর:

প্রমান ফলাফলের উপর ভিত্তি করে সমাধান করা উদাহরণ
নিম্নলিখিতগুলোর মান নির্ণয় কর:

1. $\int x^4\,dx = \frac{x^{4+1}}{4+1} + c = \frac{x^5}{5} + c$

2. $\int(3x^2 - 10x + 7)dx = 3\int x^2 dx - 10\int x dx + 7\int dx = \frac{3.x^3}{3} - \frac{10.x^2}{2} + 7x = x^3 - 5x^2 + 7x + c$

3. $\int \frac{dx}{(x+7)}dx = \log|x+7| + c$

4. $\int \frac{dx}{9x-7} = \frac{1}{9}\int \frac{dt}{t} = \frac{1}{9}\log|t| + c$ (যেখানে $t = 9x - 7$ and $dt = 9dx$) $= \frac{1}{9}\log|9x-7| + c$

5. $\int e^{5x}dx = \frac{1}{5}\int e^{5x}(5dx) = \frac{e^{5x}}{5} + c$

6. $\int a^{9x}dx = \frac{1}{9}\int a^{9x}(9dx) = \frac{a^{9x}}{9\log a} + c$

7. $\int \cos 4x \, dx = \frac{1}{4}\int \cos 4x.(4dx) = \frac{1}{4}\sin 4x + c$

8. $\int \sin\frac{x}{3}dx = 3\int \sin\frac{x}{3}\cdot\left(\frac{1}{3}dx\right) = -3\cos\frac{x}{3} + c$

9. $\int \tan 9x \, dx = \frac{1}{9}\int \tan 9x \cdot 9dx = \frac{1}{9}\log|\sec 9x| + c$

10. $\int x^2 \cot x^3 dx = \frac{1}{3}\int \cot x^3 (3x^2 dx) = \frac{1}{3}\int \frac{\cos x^3}{\sin x^3}\cdot(3x^2 dx) = \frac{1}{3}\log|\sin x^3| + c$

11. $\int \sec x \, dx = \int \frac{\sec x(\sec x + \tan x)}{(\sec x + \tan x)}dx = \int \frac{(\sec^2 x + \sec x + \tan x)}{(\sec x + \tan x)}dx = \log|\sec x + \tan x| + c$

[প্রতিস্থাপন করে $(\sec x + \tan x) = t$ আমরা পাই $(\sec^2 x + \sec x \tan x)dx = dt$]

12. $\int \frac{dx}{1+\cos x} = \int \frac{(1-\cos x)}{(1-\cos^2 x)}dx = \int \frac{(1-\cos x)}{\sin^2 x}dx = \int \left[\text{cosec}^2 x - \cot x \, \text{cosec}\, x\right]dx$

$= \cot x + \text{cosec}\, x + c$

13. $\int \text{cosec} x \, dx = \int \frac{dx}{\sin x} = \int \frac{dx}{2\sin\frac{x}{2}\cos\frac{x}{2}} = \int \frac{\sec^2\frac{x}{2}\cdot\frac{1}{2}dx}{\tan\frac{x}{2}} = \log|\tan\frac{x}{2}| + c$

14. $\int \frac{dx}{\sqrt{9-x^2}} = \sin^{-1}\frac{x}{3} + c$

15. $\int \frac{dx}{16+x^2} = \frac{1}{4}\tan^{-1}\frac{x}{4} + c$

16. $\int \frac{dx}{x\sqrt{9x^2-25}} = \int \frac{3dx}{3x\sqrt{(3x)^2-5^2}}$

$= \frac{1}{5}\sec^{-1}\frac{3x}{5} + c$

সংকেতের উৎস

জার্মান গণিতবিদ গটফ্রিয়েড উইলহেল্ম লেইবিনিজ সপ্তদশ শতাব্দীতে সমাকলনের সংকেতের সূত্রপাত করেছিলেন। তিনি সমাকলনের সংকেত f (s এর বাঁকা রূপ), যা ল্যাটিন শব্দ 'sum' থেকে এসেছে যার অর্থ 'সর্বমোট', থেকে ∫ করেছিলেন।

17. $\int \frac{(x+5)}{\sqrt{7-3x-x^2}}\cdot dx$

$= \frac{-1}{2}\int \frac{(-2x-10)dx}{\sqrt{7-4x-x^2}}$

$= \frac{-1}{2}\int \frac{(-2x-4)-6}{\sqrt{7-4x-x^2}}.dx = \frac{-1}{2}\int \frac{(-2x-4)}{\sqrt{7-4x-x^2}}dx + \frac{6}{2}\int \frac{dx}{\sqrt{7-4x-x^2}}$

$$= -\sqrt{7-4x-x^2} + 3\int \frac{dx}{\sqrt{11-(x+2)^2}}$$

$$= -\sqrt{7-4x-x^2} + 3\sin^{-1}\left(\frac{x+2}{\sqrt{11}}\right) + c$$

18. $\int \frac{dx}{(x^2-1)} = \frac{1}{2}\log\left|\frac{x-1}{x+1}\right| + c$

17. $\int \frac{dx}{(1-x^2)} = \frac{1}{2}\log\left|\frac{1+x}{1-x}\right| + c$

18. $\int \frac{dx}{\sqrt{x^2-1}} = \log|x+\sqrt{x^2-1}| + c$

19. $\int \frac{dx}{\sqrt{x^2+1}} = \log|x+\sqrt{x^2+1}| + c$

20. $\int \frac{dx}{\sqrt{4x^2+25}} = \frac{1}{2}\int \frac{2dx}{\sqrt{(2x)^2+5^2}} = \frac{1}{2}\log(2x+\sqrt{4x^2+25}) + c$

21. $\int \sqrt{4-x^2 dx} = \frac{x}{2}\sqrt{4-x^2} + \frac{4}{2}\sin^{-1}\frac{x}{2} + c$

$$= \frac{x}{2}\sqrt{4-x^2} + 2\sin^{-1}\frac{x}{2} + c$$

22. $\int \sqrt{x^2-9}\, dx = \frac{x}{2}\sqrt{x^2-9} - \frac{9}{2}\log|x+\sqrt{x^2-9}| + c$

23. $\int \sqrt{7x^2+11}\, dx = \frac{1}{\sqrt{7}}\int \sqrt{7x^2+11}.\sqrt{7}dx = \frac{1}{\sqrt{7}}\left[\frac{\sqrt{7}}{2}x\sqrt{7x^2+11} + \frac{11}{2}\log\left\{\sqrt{7}x+\sqrt{7x^2+11}\right\}\right] + c$

$$= \frac{x}{2}\sqrt{7x^2+11} + \frac{11}{2\sqrt{7}}\log\left(\sqrt{7}x+\sqrt{7x^2+11}\right) + c$$

2.3 সমাকলনের গুরুত্বপূর্ণ পদ্ধতি (Methods of Integration)

যদি সমাকল্য একটা পরিচিত অপেক্ষকের অন্তর্কলজ না হয়, তাহলে সংশ্লিষ্ট সমাকল গুলি সরাসরি পাওয়া যাবে না। এই ধরনের সমস্যাগুলির মধ্যে সমাকলগুলি খুঁজে পেতে, সমাকলন প্রধান তিনটি নিয়ম অনুসরণ করা হয়:

নিয়ম 1: প্রতিস্থাপনের মাধ্যমে সমাকলন (অর্থাৎ চলরাশির পরিবর্তন করে)

নিয়ম 2: আংশিক সমাকলন।

নিয়ম 3: আংশিক ভগ্নাংশ দ্বারা সমাকলন।

নিয়ম 1: প্রতিস্থাপন দ্বারা সমাকলন (অর্থাৎ চলরাশির পরিবর্তন করে)

যদি $f(x)$ *একটা অবিচ্ছিন্ন* অন্তরকলজযোগ্য অপেক্ষক *হয়, তাহলে* $\int \phi(f(x))f'(x)dx$, এই রুপ সমাকলনের মূল্যায়ন করতে, আমরা $f(x) = t$ এবং $f'(x)\,dx = dt$ প্রতিস্থাপন করি

অতএব $I = \int \phi(f(x)f'(x)dx = \int \phi(t)dt$ যা আরও সহজে সমাকলন করা যায়। একইভাবে, $\int [Q(x)]^n Q'(x)dx$ অথবা

$\int \frac{Q'(x)}{\sqrt{Q(x)}}dx$ অথবা $\int \frac{Q'(x)}{[Q(x)]^n}dx$, এই ধরণের সমাকলনের ক্ষেত্রে আমরা প্রতিস্থাপন করি $Q(x) = t$ এবং সমাধান করি।

দ্রষ্টব্য: প্রতিস্থাপন পদ্ধতির ক্ষেত্রে গুরুত্বপূর্ণ হলো প্রথমে প্রশ্নটি ভালভাৱে পর্যবেক্ষণ করা এবং তারপরে একটা অপেক্ষকের জন্যএকটি প্রতিস্থাপক বাছাই করা যার অন্তর্কলজ এবং সমাকল্য এর অন্তর্কলজ একই হয়।

উদাহরণমালা

উদাহরণ 1: মান নির্ণয় কর $\int \frac{\cos(\log x)}{x}dx$

সমাধান: ধরা যাক $\log x = t$ [যেমন $\log x$ এর অন্তর্কলজ হয়]

তাহলে $dt = \frac{1}{x}dx$, এটা দেওয়া অন্তর্কলজের মধ্যে প্রতিস্থাপন করে, আমরা পাই

$$\Rightarrow \quad I = \int \cos t\, dt = \sin t + c$$

$$\Rightarrow \quad I = \sin(\log x) + c$$

উত্তর

উদাহরণ 2: মান নির্ণয় কর $\int \frac{(1+\log x)^3}{x}dx$

সমাধান: ধরা যাক $I = \int \frac{(1+\log x)^3}{x}dx$

$(1 + \log x) = z$ প্রতিস্থাপন করে, আমরা পাই $\frac{1}{x}dx = dz$

$$\Rightarrow \quad I = \int z^3 dz = \frac{z^4}{4} + c, \text{ as } z = 1 + \log x$$

$$\Rightarrow \quad I = \frac{(1+\log x)^4}{4} + c$$

উত্তর

উদাহরণ 3.মান নির্ণয় কর

সমাধান: $\int e^x \cos e^x dx = \int \cos e^x \cdot e^x dx$

$e^x = t$ বসিয়ে পাই

$$I = \int \cos t\, dt$$

$$\Rightarrow \quad I = \sin t + c$$

$$\Rightarrow \quad I = \sin e^x + c$$

নিয়ম 2. আংশিক সমাকলন (Integration by Parts)

যদি u এবং v হয় x এর অবকলনযোগ্য অপেক্ষক হয়, তখন

$$\int u.v dx = u\int v dx - \int [u'.\int v dx]dx \quad ....(1)$$

যেখানে $u' = \frac{du}{dx}$

প্রদত্ত সমাকলনের মধ্যে সমীকরণ (1) কে দুটি অংশে বিভক্ত করতে হবে, একটি অংশ (প্রথম অপেক্ষক) হয় u এবং অন্য অংশ (দ্বিতীয় অপেক্ষক) হয় v *[এই কারণে এটিকে আংশিকসমাকলন বলা হয়]।*

আমরা সাধারণত আংশিক সমাকলন করার জন্য নীচের নিয়মগুলি অনুসরণ কর-

(i) এমন ভাবে u এবং v নির্বাচন কর যাতে $\int v dx$ এবং $\int [u'\int v dx]dx$ সমাকলন করা সহজ হয়।

(ii) যদি সমাকল্যে শুধুমাত্র একটি অপেক্ষক থাকে, তাহলে আমরা একক 1 কে দ্বিতীয় অপেক্ষক হিসাবে ধরি। উদাহরণস্বরূপ, $\int \sin^{-1} x dx, \sin^{-1} x$ কে প্রথম অপেক্ষক (u) হিসাবে এবং 1 কে দ্বিতীয় অপেক্ষক (v) হিসাবে নেওয়া হয়।

(iii) সাধারণত, আমরা অপেক্ষক হিসেবে প্রথম অপেক্ষক (u) নির্বাচন করি যা ILATE শব্দে প্রথম আসে, যেখানে I বিপরীত অপেক্ষক জন্য; L মানে লগারিদমিক অপেক্ষক; বীজগণিত অপেক্ষক জন্য A; T মানে ত্রিকোণমিতিক অপেক্ষক; সূচকীয় অপেক্ষক এর জন্য Eনেওয়া হয়। উদাহরণস্বরূপ, এর ক্ষেত্রে x^2 কে প্রথম অপেক্ষক (u) এবং cos x কে দ্বিতীয় অপেক্ষক (v) হিসাবে নেওয়া হয়।

উদাহরণমালা:

উদাহরণ 1: মান নির্ণয় কর $\int \sec^3\theta \ \ do$

সমাধান: ধরা যাক $I = \int \sec\theta.\sec^2\theta \ do$

$$\Rightarrow \quad I = \sec\theta\int \sec^2\theta \ do - \int \tan\theta(\sec\theta\tan\theta)do$$

$$\Rightarrow \quad I = \sec\theta\tan\theta - \int(\sec^2\theta - 1)\sec\theta \, d\theta$$

$$\Rightarrow \quad I = \sec\theta\tan\theta - \int \sec^3\theta \, d\theta + \log|\sec\theta + \tan\theta| + c_1$$

$$\Rightarrow \quad 2I = \sec\theta\tan\theta + \log|\sec\theta + \tan\theta| + c_1$$

$$\Rightarrow \quad I = \frac{1}{2}\sec\theta\tan\theta + \frac{1}{2}\log|\sec\theta + \tan\theta| + c \quad \left(c = \frac{c_1}{2}\right)$$

উদাহরণ 2: মান নির্ণয় কর $\int \log x \, dx$

সমাধান: যেহেতু প্রদত্ত সমকল্যে শুধুমাত্র একটি অপেক্ষক আছে আমরা দ্বিতীয় অপেক্ষক 1 কে ধরি

যদি $I = \int 1.\log x \, dx$

তাহলে $$I = \log x\int 1dx - \int\left[\left[\frac{d}{dx}(\log x)\right] \times \int 1.dx\right]dx + c$$

$$\Rightarrow \quad I = x\log x - \int \frac{1}{x}\cdot x \, dx + c \ \Rightarrow \ I = x\log x - x + c$$

উত্তর:

উদাহরণ 3: মান নির্ণয় কর $\int e^x \sin x\, dx$

সমাধান: ধরা যাক $I = \int e^x \sin x dx$

আংশিক সমাকলন করে এবং $\sin x$ কে প্রথম অপেক্ষক ধরে এবং e^x কে দ্বিতীয় অপেক্ষক ধরে আমরা পাই

$$I = \sin x \int e^x dx - \int e^x (\cos x) dx + c$$

$$\Rightarrow \quad I = e^x \sin x - \left[e^x \cos x - \int e^x (-\sin x) dx \right] + c \qquad \text{(পুনরায় আংশিক সমাকলন করে পাই)}$$

$$\Rightarrow \quad I = e^x \sin x - e^x \cos x - \int e^x \sin x dx + c \qquad \text{(যেহেতু)}$$

$$\Rightarrow \quad 2I = e^x \sin x - e^x \cos x + c$$

$$\Rightarrow \quad I = \frac{1}{2}\left[e^x \sin x - e^x \cos x \right] + c$$

নিয়ম 3: আংশিক ভগ্নাংশ দ্বারা সমাকলন (Integration By Partial Fraction)

$\frac{f(x)}{g(x)}$ এটা হয় একটি অপেক্ষকের রূপ, যেখানে $f(x)$ এবং $g(x)$ হয় বহুপদী,যাদেরকে মূলদ ভগ্নাংশ বলে।

যদি $f(x)$ এর ডিগ্রী $g(x)$ এর ডিগ্রির চেয়ে কম হয়, তখন একে উপযুক্ত মূলদ ভগ্নাংশ (proper rational fraction) বলা হয়, অন্যথায় তাকে অনুপযুক্ত মূলদ ভগ্নাংশ (improper rational fraction) বলা হয়। একটি অনুপযুক্ত মূলদ ভগ্নাংশকে একটি বহুপদী যোগফল হিসেবে প্রকাশ করা যেতে পারে এবং একটি উপযুক্ত মূলদ ভগ্নাংশ (এর জন্য দীর্ঘ বিভাজন প্রক্রিয়া ব্যবহার করা যেতে পারে)। প্রতিটি উপযুক্ত মূলদ ভগ্নাংশকে সরল ভগ্নাংশের (simpler fractions) সমষ্টি হিসাবে প্রকাশ করা যায়, যাকে আংশিক ভগ্নাংশ বলে। এখানে, আমরা আমাদের অধ্যয়নকে আংশিক ভগ্নাংশের হরের রৈখিক ভগ্নাংশের মধ্যে সীমাবদ্ধ রাখব এবং এই ক্ষেত্রে যা কিছুর উদ্ভব হয়, টেবিল 2.1 তালিকায় তালিকাভুক্ত করেছি, যেখানে A_1, A_2, A_3 সেই অনুযায়ী নির্ধারিত ধ্রুবক।

ক্র.স.	উপযুক্ত মূলদ ভগ্নাংশ	আংশিক ভগ্নাংশ
1.	$\frac{px+q}{(ax+b)(cx+d)}$	$\frac{A_1}{ax+b}+\frac{A_2}{cx+d}$
2.	$\frac{px+q}{(ax+b)^2(cx+d)}$	$\frac{A_1}{ax+b}+\frac{A_2}{(ax+b)^2}+\frac{A_3}{(cx+d)}$
3.	$\frac{px^2+qx+r}{(ax+b)(cx+d)(ex+f)}$	$\frac{A_1}{ax+b}+\frac{A_2}{cx+d}+\frac{A_3}{ex+f}$
4.	$\frac{px^2+qx+r}{(ax+b)^2(cx+d)}$	$\frac{A_1}{(ax+b)}+\frac{A_2}{(ax+b)^2}+\frac{A_3}{(cx+d)}$

স্মরণ কর: *x এর একটি বহুপদী রূপ হয়* $a_0x^n + a_1x^{n-1} + \ldots + a_{n-1}x + a_n$ *এই অপেক্ষকটি যেখানে a_i ধ্রুবক, সব i এর জন্য,* $a_0 \neq 0$ *এবং n হল শূন্য সহ একটি ধনাত্মক পূর্ণসংখ্যা*

উদাহরণমালা:

উদাহরণ 1. $I=\int\frac{(3x+1)}{(x+1)(x-2)}dx$

সমাধান: এখানে সমাকল্য হয় একটি উপযুক্ত মূলদ ভগ্নাংশ। সুতরাং এটিকে আংশিক ভগ্নাংশে আরও সরলীকরণ করে, আমরা পাই

$$\frac{3x+1}{(x+1)(x-2)}=\frac{A_1}{x+1}+\frac{A_2}{x-2}$$

$$\Rightarrow \quad (3x+1)=A_1(x-2)+A_2(x+1) \qquad ....(1)$$

এখন, সমীকরণ (1) এর মধ্যে $x=2$ বসিয়ে আমরা পাই $7=3A_2\Rightarrow A_2=\frac{7}{3}$ এবং

$x=-1$ বসিয়ে পাই $-2=-3A_1\Rightarrow A_1=\frac{2}{3}$

$$\therefore \quad I=\frac{2}{3}\int\frac{dx}{x+1}+\frac{7}{3}\int\frac{dx}{x-2}\Rightarrow I=\frac{2}{3}\log|x+1|+\frac{7}{3}\log|x-2|+c$$

উত্তর:

উদাহরণ 2.মান নির্ণয় কর $\int\frac{(3x-4)}{(x-1)^2(x+1)}dx$

সমাধান: ধরা যাক $I=\int\frac{(3x-4)}{(x-1)^2(x+1)}dx$

সমাকল্যটি একটা যথাযথ মূলদ ভগ্নাংশ এবং তাই এটাকে আংশিক ভগ্নাংশ ব্যবহার করে আরও সহজ করলে, আমরা পাই

$$\frac{3x-4}{(x-1)^2(x+1)}=\frac{A_1}{(x-1)}+\frac{A_2}{(x-1)^2}+\frac{A_3}{x+1}$$

$$\Rightarrow \quad (3x-4)=A_1(x-1)(x+1)+A_2(x+1)+A_3(x-1)^2 \qquad ...(2)$$

এখন, সমীকরণ (1) এর মধ্যে $x=1$ বসিয়ে আমরা পাই

$$-1=2A_2\Rightarrow \boxed{A_2=\frac{-1}{2}}$$

পুনরায়, সমীকরণ (1) এর মধ্যে $x=1$ বসিয়ে আমরা পা

$$-7=4A_3\Rightarrow \boxed{A_3=-\frac{7}{4}}$$

এখন সমীকরণ (1) এর উভয় পাশের ধ্রুবক পদগুলো সমান করে, আমরা পাই

$$-4=-A_1+A_2+A_3$$

$$\Rightarrow \quad A_1=4+A_2+A_3$$

$$\Rightarrow \quad A_1=4-\frac{1}{2}-\frac{7}{4}$$

$$\Rightarrow \quad \boxed{A_1 = \frac{7}{4}}$$

$$I = \frac{7}{4}\int\frac{dx}{x-1} - \frac{1}{2}\int\frac{dx}{(x-1)^2} \frac{-7}{4}\int\frac{dx}{x+1}$$

$$\Rightarrow \quad I = \frac{7}{4}\log|x-1| + \frac{1}{2(x-1)} - \frac{7}{4}\log|x+1| + c$$

$$I = \frac{7}{4}\log\left|\frac{x-1}{x+1}\right| + \frac{1}{2(x-1)} + c$$

2.4 নির্দিষ্ট সমাকলন (Definite Integrals)

বদ্ধ ব্যবধানে (closed interval) [a, b] সংজ্ঞায়িত একটা অবিচ্ছিন্ন অপেক্ষক f(x) এর নির্দিষ্ট সমাকলন নিম্নলিখিত সমীকরণ দ্বারা প্রকাশকরা হয়

$\int_a^b f(x)dx = [F(x)]_a^b = F(b) - F(a)$; যেখানে F(x) হল f- এর সমাকলন, 'a' কে বলা হয় সমাকলনের নিম্ন সীমা এবং 'b' কে বলা হয় সমাকলনের উর্ধ সীমা। নির্দিষ্ট সমাকলনের একটি **অনন্য মান** আছে।

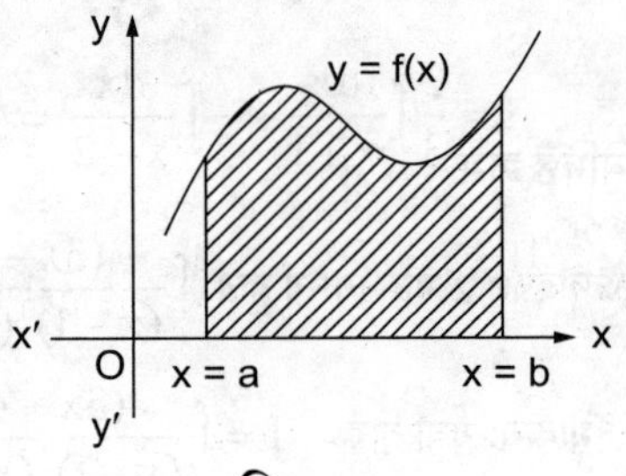

চিত্র. 2.2

জ্যামিতিকভাবে, $\int_a^b f(x)dx$ এই নির্দিষ্ট সমাকলন ক্ষেত্রফলকে বোঝায় যা $y = f(x)$ বক্ররেখা, $x = a, x = b$ এবং x- অক্ষ দ্বারা আবদ্ধ এলাকাকে নির্দেশ করে। (চিত্র.2.2 দেখ)

মন্তব্য:

1. $\int_a^b f(x)dx = 0 \Rightarrow$ এই সমীকরণটি কমপক্ষে একটি মূল (a, b) এর মধ্যে থাকলে f একটি অবিচ্ছিন্ন অপেক্ষককে নির্দেশ করে (a, b) সীমার মধ্যে

2. $\int_a^a f(x)dx = 0$ (যখন নিম্ন সীমা = উর্ধ সীমা)

উদাহরণ 1: মান নির্ণয় কর:-

(i) $\int_0^2 x^3dx$ (ii) $\int_0^{\pi/4} \sin^4 2t\cos 2t\, dt$

সমাধান:

(i) ধরা যাক, $I = \int_0^2 x^3dx$

যেমনটা আমরা জানি যে $\int x^3dx = \frac{x^4}{4} = F(x)$

$$I = F(2) - F(0) = \frac{16}{4} - 0 = 4$$ উত্তর:

(ii) ধরা যাক $I = \int_0^{\pi/4} \sin^4 2t \cos 2t\,dt$

তাহলে $\int \sin^4 2t \cos 2t\,dt$

$= \frac{1}{2}\int z^4 \cdot dz$ $\quad [\sin 2t = z \Rightarrow 2\cos 2t\,dt = dz]$ বসাও

$= \frac{z^5}{10} = \frac{(\sin 2t)^5}{10} = F(t)$ $\quad$ Then $I = F\left(\frac{\pi}{4}\right) - F(0) = \frac{1}{10}\left[\sin\frac{\pi}{2} - \sin 0\right]$

$\Rightarrow \quad I = \frac{1}{10}$

নির্দিষ্ট সমাকলনের কিছু সাধারণ বৈশিষ্ট্য:

1. দেওয়া আছে f সমান।

2. $\int_a^b f(x)dx = -\int_b^a f(x)dx$

3. $\int_a^b f(x)dx = \int_a^c f(x)dx + \int_c^b f(x)dx$, যেখানে [a, b] ব্যবধানের ভিতরে বা বাইরে c থাকতে পারে। এই ধর্ম ব্যবহার করা হয় যখন f মান বিচ্ছিন্ন হয় (a, b)। মধ্যে

4. $\int_{-a}^{a} f(x)dx = \int_0^a [f(x) + f(-x)]dx = \begin{cases} 0; & \text{যদি } f(x) \text{ বিজোড় সংখ্যা হয়} \\ 2\int_0^a f(x)dx; & \text{যদি } f(x) \text{ জোড় সংখ্যা হয়} \end{cases}$

5. $\int_a^b f(x)dx = \int_a^b f(a+b-x)dx$, **নির্দিষ্টভাবে** $\int_0^a f(x)dx = \int_0^a f(a-x)dx$

6. $\int_0^{2a} f(x)dx = \int_0^a f(x)dx + \int_0^a f(2a-x)dx = \begin{cases} 2\int_0^a f(x)dx; & \text{if } f(2a-x) = f(x) \\ 0; & \text{if } f(2a-x) = -f(x) \end{cases}$

7. $\int_0^{nT} f(x)dx = n\int_0^T f(x)dx, (n \in I)$; যেখানে 'T' অপেক্ষকের সময়কাল অর্থাৎ $f(T+x) = f(x)$

উল্লেখ্য যে: $\int_0^{T+x} f(t)\,dt$ এর উপর নির্ভরশীল নয় এবং $\int_0^T f(t)\,dt$ এর সমান

উদাহরণমালা:

উৎসাহব্যঞ্জক উপমা
অন্তরকলন : অন্তরকল :: সমাকলন : সমাকলন

উদাহরণ 1: মান নির্ণয় কর $\int_0^2 f(x)dx$, if

$$f(x)=\begin{cases} x^3 & 0<x<1 \\ 2x+1 & 1\le x<2 \end{cases}$$

সমাধান: $\int_0^2 f(x)dx=\int_0^1 f(x)dx+\int_1^2 f(x)dx = \int_0^1 x^3dx+\int_1^2 (2x+1)dx = \left[\frac{x^4}{4}\right]_0^1+\left[x^2+x\right]_1^2$

$= \frac{1}{4}+\left[4+2-2\right] = \frac{1}{4}+4=\frac{17}{4}$ উত্তর:

উদাহরণ 2: মান নির্ণয় $I=\int_0^{\pi/2}\frac{\sqrt{\cos x}}{\sqrt{\cos x}+\sqrt{\sin x}}\cdot dx$

সমাধান: ধরা যাক $I=\int_0^{\pi/2}\frac{\sqrt{\cos x}}{\sqrt{\cos x}+\sqrt{\sin x}}\cdot dx$ ....(1)

$$\Rightarrow \quad I=\int_0^{\pi/2}\frac{\sqrt{\cos\left(\frac{\pi}{2}-x\right)}}{\sqrt{\cos\left(\frac{\pi}{2}-x\right)}+\sqrt{\sin\left(\frac{\pi}{2}-x\right)}}dx$$

$$I=\int_0^{\pi/2}\frac{\sqrt{\sin x}}{\sqrt{\sin x}+\sqrt{\cos x}}\cdot dx \quad ....(2)$$

(1) এবং (2) থেকে আমরা পাই

$$2I=\int_0^{\pi/2}\frac{\left(\sqrt{\sin x}+\sqrt{\cos x}\right)}{\left(\sqrt{\sin x}+\sqrt{\cos x}\right)}dx \Rightarrow I=\frac{1}{2}\int_0^{\pi/2}dx$$

$$\Rightarrow \quad I=\frac{1}{2}[x]_0^{\pi/2}=\frac{1}{2}\left[\frac{\pi}{2}\right] \Rightarrow I=\frac{\pi}{4}$$ উত্তর:

2.5 ওয়ালির সমাকলন সূত্রের ব্যবহার (Use of Walli's Integral Formula) $\left(\int_0^{\pi/2}\sin^m x\cos^n x\,dx\right)$

এই সূত্রটি ইংরেজ গণিতবিদ জন ওয়ালিস (1616-1703) এ উদ্ভাবন করেন। এর প্রমাণ হ্রাস সূত্রের ভিত্তি করে। আমরা নিম্নলিখিত দুটি ক্ষেত্রের উপর পড়াশোনা করব:-

ক্ষেত্র I. $\int_0^{\pi/2}\sin^m x\cos^n x\,dx$. *এই ত্রিকোণমিতিক সমাকল্য এর ক্ষেত্রে এই নির্দিষ্ট* সমাকলনের **মান সহজেই ওয়ালির** সমাকলনের *সূত্র ব্যবহার করে পাওয়া যাবে যেমন ভাবে নিচে দেখানো হলো*

যদি m, n উভয় ধনাত্মক পূর্ণসংখ্যা হয়, তাহলে

$$\int_0^{\pi/2} \sin^m x \cos^n x\,dx = \int_0^{\pi/2} \sin^n x \cos^m x\,dx$$

$$\begin{cases} = \dfrac{(m-1)(m-3)...(1 \text{ or } 2)\cdot(n-1)(n-3)...(1 \text{ or } 2)}{(m+n)(m+n-2)...(1 \text{ or } 2)}\cdot\dfrac{\pi}{2}, & \text{যদি } m \text{ এবং } n \text{ উভয়ই জোড় পূর্ণসংখ্যা হয়} \\ = \dfrac{(m-1)(m-3)...(1 \text{ or } 2)\cdot(n-1)(n-3)...(1 \text{ or } 2)}{(m+n)(m+n-2)...(1 \text{ or } 2)}\cdot 1, & \text{অন্যথায়} \end{cases}$$

ক্ষেত্র II. যদি n একটি ধনাত্মক পূর্ণসংখ্যা হয়, তাহলে

$$\int_0^{\pi/2} \sin^n x\,dx = \int_0^{\pi/2} \cos^n x\,dx$$

$$= \begin{cases} \dfrac{(n-1)(n-3)(n-5)...3\cdot 1}{n(n-2)(n-4)...4\cdot 2}\cdot\dfrac{\pi}{2}; & \text{যদি } n \text{ জোড় সংখ্যা হয়} \\ \dfrac{(n-1)(n-3)(n-5)...4\cdot 2}{n(n-2)(n-4)...5\cdot 3}\cdot 1; & \text{যদি } n \text{ বিজোড় সংখ্যা হয়} \end{cases}$$

এটা ওয়ালির সমাকলনের সূত্রের বিশেষ ব্যবহার

উদাহরণ: মান নির্ণয় $\int_0^{\pi/2} \sin^6 x \cos^2 x dx$

সমাধান: ওয়ালির সমাকলনের সূত্র ব্যবহার করে আমরা পাই

$$\int_0^{\pi/2} \sin^6 x \cos^2 x dx = \frac{(6-1)(6-3)(6-5)\cdot(2-1)}{(6+2)(6+2-2)(6+2-4)(6+2-6)}\cdot\frac{\pi}{2}$$

(যেহেতু 6 এবং 2 উভয়ই জোড় পূর্ণসংখ্যা)

$$= \frac{5.3.1.1}{8.6.4.2}\cdot\frac{\pi}{2} = \frac{15}{384}\cdot\frac{\pi}{2} = \frac{15}{768}\cdot\pi$$

উদাহরণমালা: *নিম্নলিখিতগুলির মান নির্ণয় কর-*

1. $I = \int_{-\pi/2}^{\pi/2} \sin^4 x \cos^6 x\,dx \Rightarrow I = 2\int_0^{\pi/2} \sin^4 x \cos^6 x\,dx$ *(যেহেতু সমাকল্যটি একটা জোড় অপেক্ষক)*

$$\Rightarrow \quad I = \frac{2\cdot(3\cdot1)(5\cdot3\cdot1)}{10\cdot8\cdot6\cdot4\cdot2}\cdot\frac{\pi}{2} = \frac{3\pi}{256}$$ **উত্তর:**

2. $I = \int_0^{\pi/2} \cos^7 x\,dx$ *ওয়ালির সূত্র ব্যবহার করে, যেহেতু সূচকটা বিজোড়, তাই আমরা পাই.*

$$I = \frac{6\times4\times2}{7\times5\times3} = \frac{16}{35}$$ **উত্তর:**

3. $I = \int_0^{\pi/2} \sin^8 x\,dx$. *ওয়ালির সূত্র ব্যবহার করে এবং যেহেতু সূচকটা জোড় আমরা পাই,*

$$I = \frac{7\times5\times3\times1}{8\times6\times4\times2}\times\frac{\pi}{2} \Rightarrow I = \frac{35\pi}{256}$$ **উত্তর:**

2.6 সমাকলনের ব্যবহার (Applications of Integration)

ভৌতবিজ্ঞান, অর্থনীতি ইত্যাদি অনেক ক্ষেত্রে সমাকলন প্রয়োগ করা হয়। এছাড়া ও এটা ব্যাবহৃত হয় আয়তন, পৃষ্ঠতলের ক্ষেত্রফল, চাপের দৈর্ঘ্য (arc length), অপেক্ষকের গড় মান নির্ণয় ইত্যাদি ক্ষেত্রে৷ জ্যামিতির প্রচলিত পদ্ধতিগুলি ক্ষেত্রফল, আয়তন ইত্যাদি গণনায় আমাদের সাহায্য করে। কিন্তু এই প্রচলিত পদ্ধতিগুলি বক্ররেখা দ্বারা আবদ্ধ এলাকা, আয়তন ইত্যাদি গণনার জন্য ব্যবহার করা যাবে না। এখানেই, সমাকলনের ধারণা আমাদের সাহায্য করে।

এই বিভাগে, আমরা একটা বক্ররেখা এবং অক্ষ দ্বারা আবদ্ধ এলাকার ক্ষেত্রফল নির্ণয় সম্পর্কিত সহজ সমস্যার সমাধান করতে শিখব। এর বাইরে আমরা অক্ষের স্বাপেক্ষে একটা অঞ্চলের ঘূর্ণন দ্বারা গঠিত কঠিন বস্তুর আয়তন গণনা করতে শিখব (কেবল সাধারণ সমস্যা)।

(I) একটা বক্ররেখা এবং অক্ষ দ্বারা আবদ্ধ এলাকা (Area Bounded by a Curve and Axes)

আমরা শিখেছি যে ক্ষেত্রফলের মান বের করতে নির্দিষ্ট সমাকলন আমাদের সাহায্য করে। যখন আমরা একটা বক্ররেখা এবং অক্ষের মধ্যে ক্ষেত্রফল পাই তখন নিম্নলিখিত দুটি ক্ষেত্রে উদ্ভব হয়:-

ক্ষেত্র I: যখন আমরা বক্ররেখা $y = f(x)$, x - অক্ষ এবং $x = a$ এবং $x = b$ রেখা দ্বারা আবদ্ধ ক্ষেত্রের ক্ষেত্রফল A বার করি যা (চিত্র.2.3) এ দেখানো হয়েছে।এক্ষেত্রে আমাদেরকে ABCD বদ্ধ অঞ্চলটির ক্ষেত্রফল বের করতে হবে। এই অঞ্চলটি অনেক পাতলা উল্লম্ব ফালা /আয়তক্ষেত্র দ্বারা গঠিত বলে বিবেচিত হয়। আমরা উচ্চতা y এবং প্রস্থ dx এর যেকোনো একটা ফালা বিবেচনা করি। এই ফালার ক্ষেত্রফল জন্য $dA = y\,dx$। (এখানে $y = f(x)$)। এই ক্ষেত্রফলকে *প্রাথমিক ক্ষেত্রফল* (*elementary area*) বলা হয়। আমরা $x = a$ থেকে $x = b$ (ABDCA মধ্যে) পর্যন্ত সমাকলনের মাধ্যমেএই ধরনের সমস্ত প্রাথমিক ক্ষেত্রের সমষ্টি নির্ণয় করি এবং বক্ররেখা $y = f(x)$, x- অক্ষ এবং রেখা $x = a$, $x =$ দ্বারা আবদ্ধ মোট ক্ষেত্রটির মোট ক্ষেত্রফল পাই যেমন নিচে দেখানো হয়েছে:

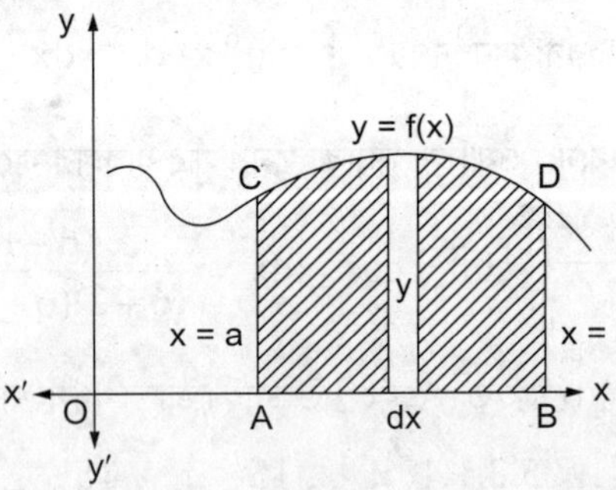

চিত্র 2.3

$$A = \int_a^b dA = \int_a^b y\,dx = \int_a^b f(x)dx \text{ অর্থাৎ } \boxed{A = \int_a^b f(x)dx}$$

ক্ষেত্র II: যখন আমরা বক্ররেখা $x = g(y)$, y - অক্ষ এবং $y = c$, $y = d$ দ্বারা আবদ্ধ অঞ্চলটির ক্ষেত্রফল A যেমন দেখানো হয়েছে (চিত্র 2.4) - নির্ণয় করতে চাই। এক্ষেত্রে আমাদের PQRSP- এর মধ্যে থাকা অঞ্চলটির ক্ষেত্রফল বের করতে হবে। এখানে, আমরা PQRSP অঞ্চলটিকে খুব পাতলা অনুভূমিক ফালা / আয়তক্ষেত্র যার দৈর্ঘ্য x এবং প্রস্থ dy এর আয়তক্ষেত্র নিয়ে গঠিত হিসাবে বিবেচনা করি $\boxed{A = \int_c^d g(y)dy}$

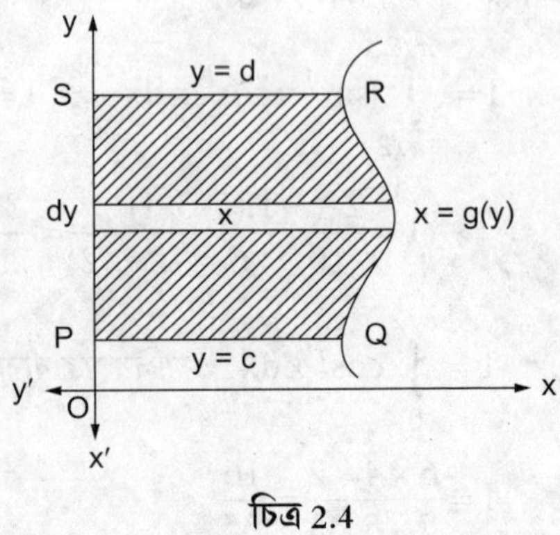

চিত্র 2.4

মনেরাখতে হবে:

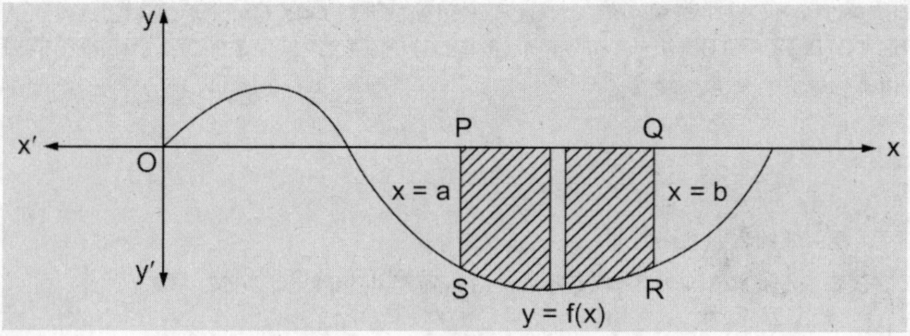

চিত্র 2.5

1. এটি এমন ঘটতে পারে যে ক্ষেত্রফল A এর মান ঋনাত্বক। কিন্তু, এই ধরনের ক্ষেত্রে আমাদের শুধুমাত্র ক্ষেত্রফলের সাংখ্যমান বিবেচনা করতে হবে, অর্থাৎ এর পরম মান $|A|$।

   উদাহরণস্বরূপ: প্রদত্ত বক্ররেখাটি বিবেচনা কর (চিত্র 2.5)। এই বক্ররেখায়, ক্ষেত্রফল A এর বিবেচনাধীন অঞ্চল হল PQRSP, যা ঋনাত্বক যেহেতু x- অক্ষের নিচে এবং $y = f(x) < 0$।

   অর্থাৎ

   $$|A| = \left|\int_a^b f(x)dx\right|$$

2. X-অক্ষের সমীকরণ $y = 0$ দ্বারা দেওয়া হয়

   Y-অক্ষের সমীকরণ $x = 0$ দ্বারা দেওয়া হয়

উদাহরণ: $x^2 + y^2 = 1$ বৃত্তটির একটি পাদ দ্বারা সীমাবদ্ধ ক্ষেত্রের ক্ষেত্রফল নির্ণয় কর| এভাবে প্রদত্ত বৃত্ত দ্বারা সীমাবদ্ধ মোট ক্ষেত্রের ক্ষেত্রফল নির্ণয় কর।

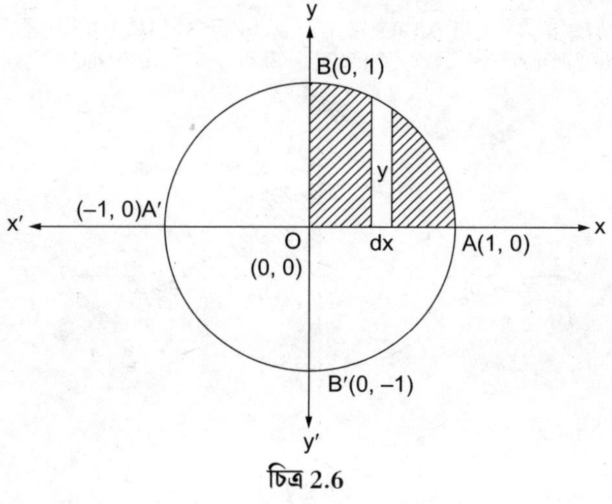

চিত্র 2.6

সমাধান: বিবেচনাধীন বৃত্তটি হলো $x^2 + y^2 = 1$ .....(1)

যেহেতু বৃত্তটি উভয় অক্ষের সাথে প্রতিসম এবং x-axis সাথে সমীকরণ (1) এর ছেদ বিন্দু A (1, 0) এবং A' (-1, 0) এবং উভয় y-অক্ষের সাথে B (0, 1) এবং B' (0, -1) যা আমরা (চিত্র 2.6) থেকে পাই। সমস্ত পাদের ক্ষেত্রফল সমান হওয়ায় আমরা OABO দ্বারা সীমাবদ্ধ ক্ষেত্রটির ক্ষেত্রফল পাই,

অর্থাৎ $Q_1 = \int_0^1 y\,dx$

উল্লম্ব ফালা গ্রহণ করে, আমরা পাই,

(যেহেতু y = এবং যেহেতু OABO প্রথম পদে আছে সুতরাং (1) থেকে ধনাত্মক চিহ্ন নিয়ে)

$$\Rightarrow \quad Q_1 = \left[\frac{x}{2}\sqrt{1-x^2} + \frac{1}{2}\sin^{-1}\frac{x}{1}\right]_0^1$$

$$\Rightarrow \quad Q_1 = \left[\frac{1}{2}\sin^{-1}1\right]$$ (*যেহেতু* $\sin^{-1}1 = \frac{\pi}{2}$)

$$\Rightarrow \quad Q_1 = \frac{\pi}{4}$$ **উত্তর**

আবার, বৃত্ত দ্বারা সীমাবদ্ধ ক্ষেত্রফল A = $4 \times Q_1$

$$\Rightarrow \quad A = 4 \times \frac{\pi}{4}$$

$$\Rightarrow \quad \boxed{A = \pi}$$ বর্গ একক **উত্তর**

বিকল্প সমাধান : তুমি ধনাত্মক পাদের অনুভূমিক রেখাগুলি ব্যবহার করেও এই প্রশ্নের সমাধান করতে পার। চেষ্টাকরো!

উদাহরণ: $\frac{x^2}{a^2} + \frac{y^2}{b^2} = 1$ উপবৃত্ত দ্বারা সীমাবদ্ধ ক্ষেত্রটির ক্ষেত্রফল নির্ণয় কর।

সমাধান: উপবৃত্তের সমীকরণ $\frac{x^2}{a^2} + \frac{y^2}{b^2} = 1$ ....(1)

x-axis এবং y-axis এর সাথে (1) এর ছেদ বিন্দু A (a, 0); A '(- a, 0) এবং B (0, b); যথাক্রমে B '(0, b)। আবার উপবৃত্ত উভয় অক্ষের সাথে প্রতিসম। তাই প্রথম পাদের উল্লম্ব রেখাগুলি নিয়ে যা 2.7 চিত্রে দেখানো হয়েছে আমরা পাই,

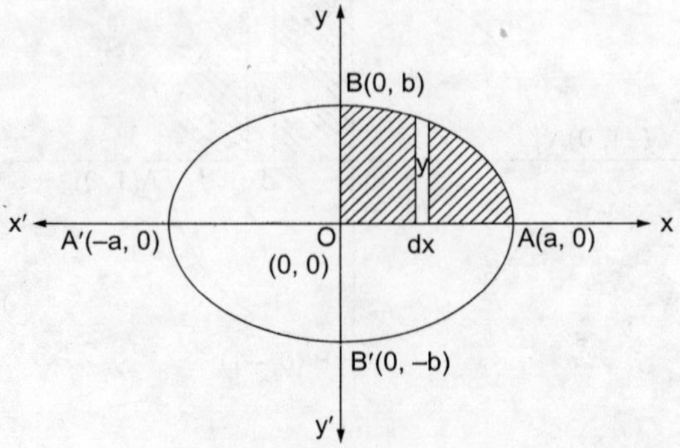

চিত্র 2.7

উপবৃত্তের ক্ষেত্রফল = 4

$\Rightarrow$ 4 × (**উপবৃত্ত,** x- **অক্ষ এবং রেখা** x = 0, x = a **দ্বারা আবদ্ধ প্রথম পাদের** OABO **অঞ্চলের ক্ষেত্রফল)**

$$= 4\times\int_0^a y\,dx = 4\times\int_0^a \frac{b}{a}\sqrt{a^2-x^2}\,dx \qquad \left[\text{যেহেতু } \frac{x^2}{a^2}+\frac{y^2}{b^2}=1 \Rightarrow y \pm \frac{b}{a}\sqrt{a^2-x^2}\right.$$

কিন্তু যেহেতু OABO ***প্রথম পাদের মধ্যে রয়েছে তাই ধনাত্মক চিহ্ন গ্রহণ করে,*** $y=\frac{b}{a}\sqrt{a^2-x^2}$

আমরা পাই, $A=\frac{4b}{a}\int_0^a \sqrt{a^2-x^2}\,dx$

$$\Rightarrow \quad A=\frac{4b}{a}\left[\frac{x}{2}\sqrt{a^2-x^2}+\frac{a^2}{2}\sin^{-1}\frac{x}{a}\right]_0^a$$

$$\Rightarrow \quad A=\frac{4b}{a}\left[\frac{a^2}{2}\sin^{-1}\frac{a}{a}\right]=\frac{4b}{a}\left[\frac{a^2}{2}\sin^{-1}1\right]$$

$$A = \cancel{2}ba\cdot\frac{\pi}{\cancel{2}}=\pi ab \qquad \left[\text{যেহেতু } \sin^{-1}1=\frac{\pi}{2}\right]$$

অর্থাৎ, A = πab বর্গ একক **উত্তর**

II. অক্ষের স্বাপেক্ষে একটি ক্ষেত্রের ঘূর্ণনের ফলে গঠিত একটি কঠিনের আয়োতন (চাকতি পদ্ধতি ব্যবহার করে)

সমাকলনের একটি গুরুত্বপূর্ণ এবং সহজ প্রয়োগ হল ঘূর্ণনের ফলে গঠিত কঠিনের আয়োতন নির্ণয় করা। নিম্নলিখিত দুটি ঘটনা দেখা যায়:

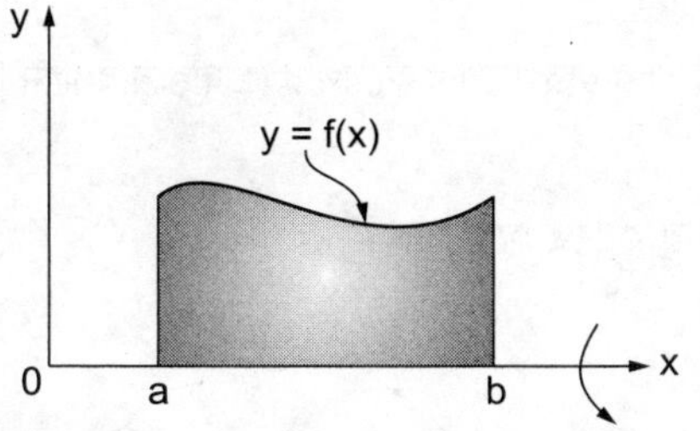

চিত্র 2.8

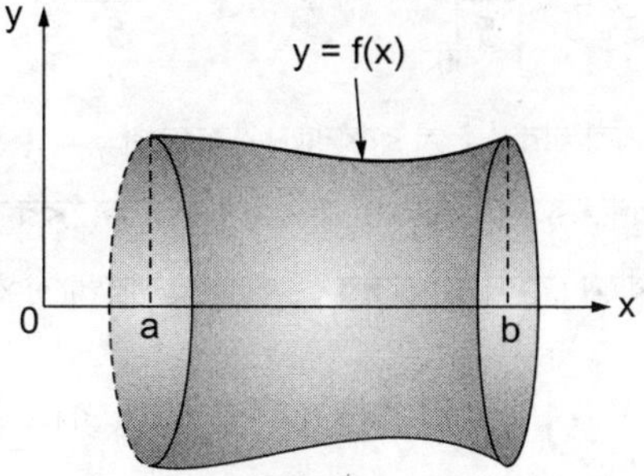

চিত্র 2.9

ক্ষেত্র I: X-অক্ষের স্বাপেক্ষে ঘূর্ণন: X-অক্ষের স্বাপেক্ষে একটি ক্ষেত্রের ঘূর্ণনের ফলে গঠিত কঠিন বস্তুর আয়তন, যা বক্ররেখা y = f (x) দ্বারা আবদ্ধ, x = a, x = b এবং x-অক্ষকে নির্দেশ করে দ্বারা আবদ্ধ, (চিত্র 2.8 এবং (চিত্র 2.9)

ক্ষেত্র II: Y- অক্ষের স্বাপেক্ষে ঘূর্ণন : Y- অক্ষের স্বাপেক্ষে একটি ক্ষেত্রের ঘূর্ণনের ফলে উৎপন্ন কঠিনের আয়তন, যা বক্ররেখা x = f (y), লাইন y = c, y = d এবং Y- অক্ষ দ্বারা আবদ্ধ হল,

$$\boxed{V = \int_c^d \pi x^2\, dy}$$ (চিত্র 2.10 & চিত্র.2.11)

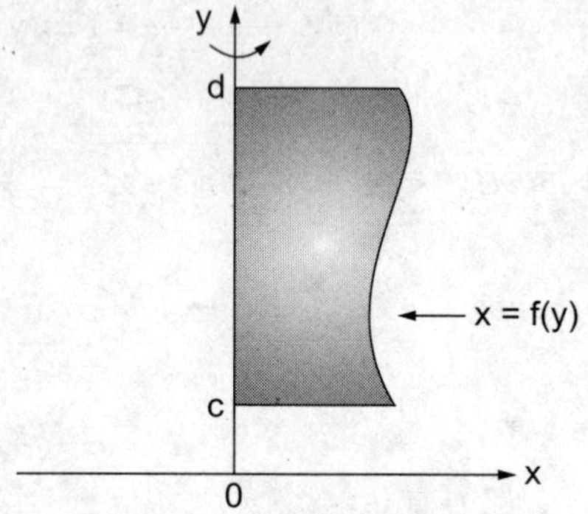

চিত্র 2.10

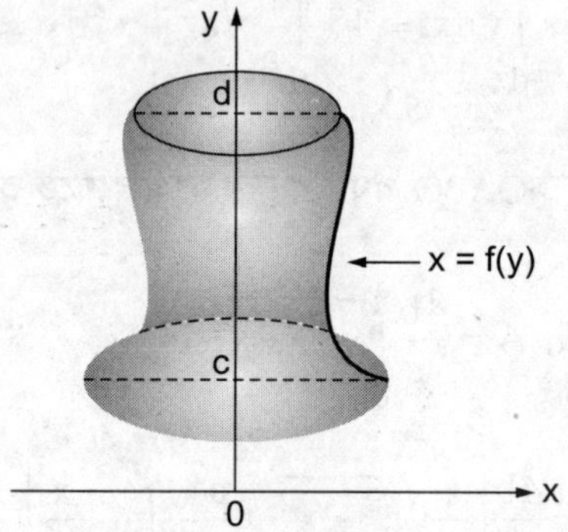

চিত্র 2.11

উদাহরণ 1: ধরা যাক [0, 2] ব্যবধানের মধ্যবর্তী বক্ররেখা $y = f(x) = x^2$। X- অক্ষের চারপাশে প্রদত্ত ব্যবধানে বক্ররেখার মধ্যবর্তী ক্ষেত্রের ঘূর্ণনের ফলে উৎপন্ন কঠিনের আয়তন বের কর।

সমাধান: আমরা জানি যে [a, b] ব্যাবধানে X- অক্ষের চারপাশে ঘূর্ণনের ফলে উৎপন্ন ***কঠিনের*** আয়তন ($y = f(x)$ এর জন্য),

$$V = \int_a^b \pi y^2 dx \text{ অর্থাৎ, } V = \int_0^2 \pi \left(x^2\right)^2 dx$$

$$\Rightarrow \quad V = \pi \int_0^2 x^4 dx$$

$$\Rightarrow \quad V = \pi \left|\frac{x^5}{5}\right|_0^2 \qquad \Rightarrow \quad V = \frac{32\pi}{5}$$ উত্তর

উদাহরণ 2: ধরা যাক [0, 2] ব্যাবধানে বক্ররেখা $y = f(x) = x^2$। Y- অক্ষের চারপাশে বক্ররেখার (প্রদত্ত ব্যবধানে [0, 2]) মধ্যে অঞ্চলটির ঘূর্ণনের ফলে উৎপন্ন ***কঠিনের*** আয়তন বের করতে হবে।

সমাধান: এখানে যেমন আমাদের y- অক্ষের চারপাশে ঘূর্ণনের মান নির্নয় করতে হবে,

$$\therefore \quad V = \int_a^b \pi x^2 dy$$ সূত্র ব্যবহার করা হবে।

এখানে, $y = x^2 \qquad \Rightarrow \quad x^2 = y$ [0, 2] এর মধ্যে

$$\therefore \quad V = \pi \int_0^2 y\, dy \qquad \Rightarrow \quad V = \pi \left[\frac{y^2}{2}\right]_0^2$$

$$\Rightarrow \quad V = 2\pi$$ উত্তর

উদাহরণ 3: একটি উপবৃত্ত তার উপাক্ষের সাপেক্ষে (Y-অক্ষ) ঘূর্ণনের ফলে উৎপন্ন কঠিন বস্তুর আয়তন নির্ণয় $\frac{x^2}{a^2}+\frac{y^2}{b^2}=1$

সমাধান: উপবৃত্তের উপাক্ষ (Y-axis)

$$\frac{x^2}{a^2}+\frac{y^2}{b^2}=1\ (b<a)\ \text{Y- অক্ষ}$$

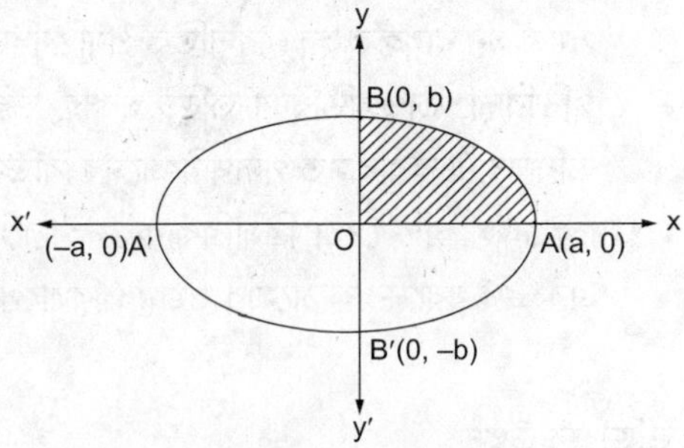

চিত্র 2.12

∴ আমরা Y- অক্ষের চারপাশে ঘূর্ণনের সূত্র ব্যবহার করি

$$V=\int_a^b \pi x^2 dy\ \ [a, b]\ \text{ব্যাবধানে}$$

এখন, $\frac{x^2}{a^2}+\frac{y^2}{b^2}=1$

$$\Rightarrow\ x^2=\frac{a^2}{b^2}\left(b^2-y^2\right)$$

∴ উপাক্ষের সাপেক্ষে (Y- অক্ষ) উপবৃত্তের আয়তন

= Y-অক্ষের সাপেক্ষে B'AB চাপের ঘূর্ণনের ফলে উৎপন্ন আয়তন (চিত্র 2.12)

= Y-অক্ষের সাপেক্ষে BA চাপের ঘূর্ণনের ফলে উৎপন্ন আয়তনের দ্বিগুন (যেহেতু উপবৃত্ত X- অক্ষের সাপেক্ষে প্রাতিসম) | কিন্তু চাপ BA, y = 0 থেকে y = b এর মধ্যে পরিববর্তির্ত হয়

∴ প্রয়োজনীয় আয়তন = $2\int_0^b \pi x^2 dy$

$$\Rightarrow\ V=2\pi\int_0^b \frac{a^2}{b^2}\left(b^2-y^2\right)dy$$

$$\Rightarrow\ V=2\pi\frac{a^2}{b^2}\int_0^b (b^2-y^2)dy$$

$$\Rightarrow\ V=\frac{2\pi a^2}{b^2}\left[b^2y-\frac{y^3}{3}\right]_o^b$$

$$\Rightarrow\ V=\frac{2\pi a^2}{b^2}\left[b^3-\frac{b^3}{3}\right]\ \Rightarrow\ \boxed{V=\frac{4\pi a^2 b}{3}}$$ **উত্তর**

সমাকলনের বিবিধ প্রয়োগ

(ভাখরা বাঁধ)

এটার বেশিরভাগ প্রয়োগ পেশাগত/ক্ষেত্রগুলিতে হয় এবং তাই প্রতিদিন আমাদের জীবনকে অসংখ্য উপায়ে স্পর্শ করে।এমনই কিছু নিচে দেওয়া হল-

- বাঁধগুলি (বিশেষত ভারতের ভাখরা বাঁধের মতো) প্রযুক্তিবিদ্যার বিস্ময়। যখন বাঁধের পিছনের জলাশয় পূর্ণ হয়ে যায়, তখন বাঁধগুলি প্রচুর শক্তি সঞ্চয় করে রাখে৷ জলাধার পূর্ণ হলে যে

জলশক্তি জনিত বলের উদ্ভব ঘটে তা নির্দিষ্ট সমাকলনের সাহায্যে নির্ণয়করা যায়। জলাশয়ের জলের স্তরের পরিবর্তন এই বলকে কীভাবে প্রভাবিত করে তাও আমরা নির্ণয় করতে পারি।

- বহুমাইল দূরে থাকা বৈদ্যুতিক শাখা কেন্দ্রের সহিত সংযোগ করার জন্য প্রয়োজনীয় তারের সঠিক দৈর্ঘ্য নির্ণয় করতে সমাকলন ব্যবহৃত হয় (বৈদ্যুতিক প্রযুক্তিবিদ্যা)।
- গতিবিদ্যা, তাপগতিবিদ্যা তড়িচ্চুম্বকত্ব, ভরকেন্দ্র, ভারকেন্দ্র, স্থিতিজাড্য,বল, কৃতকার্য, গ্রহের বেগ, অবস্থান ইত্যাদির ভবিষ্যদ্বাণী করার মত পদার্থবিজ্ঞানের বিভিন্ন ধারণায় ব্যাপকভাবে ব্যবহৃত হয়।
- ক্ষেত্রফল, চাপ, দৈর্ঘ্য, ত্রিমাত্রিক কঠিন পদার্থের আয়তন ইত্যাদি নির্ণয় করতে ব্যাবহৃত হয়। বক্র আকৃতির কাঠামো নির্মাণ এবং এই ধরনের কাঠামোর ওজন পরিমাপের জন্য, স্থপতিরা সমাকলন ব্যবহার করেন।

ভিডিওর উৎস

Properties of definite Integrals

Applications of Integrals: Introduction

Application of Integrals: Area under the Curve

Application of Integrals: Area Between Two Curves

Application of Integrals: Problems

গভীর অধ্যয়ন

একটি মেধাপরীক্ষায়, শিক্ষার্থীরা যে হারে গণিতের চিহ্নগুলি মুখস্থ করে, তা নীচে দেওয়া হলো

$F'(t) = \frac{t}{10} - \frac{3t^2}{1000}$ যেখানে $F(t)$, t মিনিটের মধ্যে মুখস্থ করা প্রতীকের সংখ্যা।

উপরের তথ্যের উপর ভিত্তি করে নিচের প্রশ্নের উত্তর দাও –

1. $F(T)$ এর মান নির্ণয় করো, যেখানে, $F(0) = 0$
2. একজন শিক্ষার্থী 10 মিনিটে (প্রায়) কতগুলো চিহ্ন মুখস্থ করতে পারে ?

সারসংক্ষেপ

1. $\boxed{\int f(x)dx = F(x)+c}$, যেখানে F & F হল X এর অপেক্ষক যেমন F'(X) = F(X)

2. সমাকলনের গুরুত্বপূর্ণ কৌশল:

2.1. প্রতিস্থাপনের মাধ্যমে সমাকলন নিম্নলিখিত সমীকরণের মান নির্ণয় করো

$\int \phi(f(x))f'(x)dx$, আমরা F(X) = T এবং F'(X) DX = DT প্রতিস্থাপন করি

2.2. আংশিক সমাকলন: যদি u এবং v, x এর অন্তর্কলনযোগ্য অপেক্ষক হয়, তখন

$$\int u.vdx = u\int vdx - \int[u'.\int vdx]dx \quad \text{where,}\ u' = \frac{du}{dx}$$

[সাধারণত, আমরা ILATE শব্দে যা প্রথম আসে, তাকে অপেক্ষক হিসেবে প্রথম অপেক্ষক (U) বেছে নিই যেখানে I মানে বিপরীত অপেক্ষক; L মানে লগারিদমিক অপেক্ষক; A মানে বীজগণিত অপেক্ষক; T মানে ত্রিকোণমিতিক অপেক্ষক; ই মানে সূচকীয় অপেক্ষক।)

2.3. আংশিক ভগ্নাংশ দ্বারা সমাকলন: $\frac{f(x)}{g(x)}$ আকারের একটি অপেক্ষক, যেখানে f (x) এবং g(x) বহুপদী, তাকে মূলদ ভগ্নাংশ বলে। প্রতিটি সঠিক মূলদ ভগ্নাংশকে (proper rational fraction) সরল ভগ্নাংশের সমষ্টি হিসাবে প্রকাশ করা যেতে পারে, যাকে আংশিক ভগ্নাংশ বলা হয় এবং তারপর সে অনুযায়ী তাকে সমাকলন করা যেতে পারে।

3. নির্দিষ্ট সমাকলন : $\int_a^b f(x)dx = [F(x)]_a^b = F(b) - F(a)$; যেখানে f এফ-এর সমাকলন F(x), 'a' কে সমাকলনের নিম্ন সীমা বলা হয় এবং 'b' কে সমাকলনের উপরের সীমা বলা হয়।

4. ওয়ালির সমাকলন সূত্র: যদি m, n উভয় ধনাত্মক পূর্ণসংখ্যা হয়, তাহলে

$$\int_0^{\pi/2} \sin^m x \cos^n x\,dx = \int_0^{\pi/2} \sin^n x \cos^m x\,dx$$

5. যদি n একটি ধনাত্মক পূর্ণসংখ্যা হয়, (ওয়ালির সমাকলন সূত্রের বিশেষ ক্ষেত্রে) তাহলে

$$\int_0^{\pi/2} \sin^n x\,dx = \int_0^{\pi/2} \cos^n x\,dx$$

6. y = f (x) বক্ররেখা, x - অক্ষ x = a এবং x = b রেখাদ্বারা আবদ্ধ ক্ষেত্রফল A, $\boxed{A = \int_a^b f(x)dx}$

7. x = g (y) বক্ররেখা, y - অক্ষ y = c এবং y = d রেখাদ্বারা আবদ্ধ ক্ষেত্রফল A, $\boxed{A = \int_c^d g(y)dy}$

8. একটা ক্ষেত্রের X-অক্ষের চারিদিকে ঘূর্ণনের ফলে তৈরী এবং বক্ররেখা $y = f(x)$, $x = a$, $x = b$ এবং x- অক্ষ দ্বারা আবদ্ধ কঠিনের আয়তন হবে $V = \int_a^b \pi y^2 \, dx$

9. একটা ক্ষেত্রের Y-অক্ষের চারিদিকে ঘূর্ণনের ফলে তৈরী এবং বক্ররেখা $x = f(y)$, $y = c$, $y = d$ এবং x- অক্ষ দ্বারা আবদ্ধ কঠিনের আয়তন হবে $V = \int_c^d \pi x^2 \, dy$

অনুশীলন

বিষয়গত প্রশ্ন

Q.1 সমাধান: $\int \sqrt{\frac{1-x}{1+x}} dx$ [Hint; put $x=\cos\theta$] [উত্তর: $\sqrt{1-x^2} - \cos^{-1} x + c$]

Q.2 মান নির্ণয় কর: (a) $\int \tan^{-1} x \, dx$ (b) $\int \sin(\log x) dx$

Q.3 প্রমাণ কর যে $\int_0^{\frac{\pi}{4}} \log(1+\tan x) dx = \frac{\pi}{8} \log 2$

উদ্দেশ্যমূলক প্রশ্ন

Q.1 যদি $f'(x) = \dfrac{1}{(2\sin x + 3\cos x)^2}$ তাহলে f(x) হবে ____ [সূত্র: $(2\tan x + 3) = t$: বসাও]

[hint : put $(2\tan x + 3) = t$; Ans.: $\dfrac{-1}{2(2\tan x + 3)} + c$]

Q.2 $\int \dfrac{dx}{\sqrt{x + x\sqrt{x}}}$ = _______________ [Hint : put $\sqrt{x} = t$ Ans. : $4\sqrt{1+\sqrt{x}} + c$]

Q.3 $\int 4dx$ = _______________ [উত্তর: $4x + c$]

Q.4 $\int 5e^x dx$ = ________ [উত্তর: $5e^x + c$]

নিচেরগুলো মেলাও :

Q.5 এর সমাকলন –

তালিকা 2.2

স্তম্ভ I		স্তম্ভ II	
(A)	$(n+1)x^n$	(i)	$\log\|\sin x\| + c$
(B)	$\cos x$	(ii)	$x^{n+1} + c$
(C)	$\cot x$	(iii)	$\tan x + c$
(D)	$\sec^2 x$	(iv)	$\sin x + c$

A $\rightarrow$ (ii); B $\rightarrow$ (iv); C $\rightarrow$ (i); D $\rightarrow$ (iii)]

ছোট প্রকল্প (Mini Project): পাঁচজন শিক্ষার্থীর দল গঠন কর। প্রতিটি দলকে 50 টি সমাকলন এবং সংশ্লিষ্ট অন্তর্কলনের একটি তালিকা তৈরি করতে হবে। অন্য দলের সাথে তুলনা করে দেখ কতগুলি একই রকম সমাকলন (এর জন্যও একটি টেবিল তৈরি করুন)। তোমার শিক্ষককে দেখাও।

ক্রিয়াকলাপ: একটা জমির যেকোনো একটা অংশ (আকৃতি যেন বহুভুজ না হয়) বেছে নাও যার সাথে তুমি সহজেই যোগাযোগ রাখতে পারবে। ভূমির যেকোনো এলোমেলো অংশ বেছে নিন যা আপনার কাছে সহজেই অ্যাক্সেসযোগ্য (কিন্তু আকারে বহুভুজ নয়)। নির্দিষ্ট সমাকলন ব্যবহার করে এর ক্ষেত্রফল বের করার চেষ্টা কর। তারপরে ফিতে দিয়ে এর ক্ষেত্রফল মেপে দেখো। তোমার উত্তর তুলনা কর এবং বিশ্লেষণ কর। তোমার শিক্ষককে দেখাও।

আরো জানো : অনেকগুলি সমাকলন গণনার ক্ষেত্রে আমাদের পরপর কয়েকবার আংশিক সমাকলন ব্যবহার করতে হয়েছিল। আংশিক সমাকলনের জন্য সাধারণীকৃত সূত্র ব্যবহার করে ফলাফল আরও দ্রুত পাওয়া যেতে পারে।

$$\int u(x)v(x)dx = u(x)v_1(x) - u'(x)v_2(x) + u''(x)v_3(x) - ...... + (-1)^{n-1}u^{n-1}(x)v_n(x) - (-1)^{n-1}\int u^n(x)v_n(x)dx$$

যেখানে, $v_1(x) = \int v(x)dx, v_2(x) = \int v_1(x)dx......, v_n(x) = \int v_{n-1}(x)dx$

এখানে আমরা ধরে নেবো যে যতরকমের অন্তর্কলন এবং সমাকলন আসবে সবগুলোর অস্তিত্ব আছে। সাধারণীকৃত সূত্র বিশেষ ভাবে ব্যবহার যোগ্য যখন আমরা এর মান নির্ণয় করব, যেখানে হয় একটা n ডিগ্রির বহুপদী অপেক্ষক এবং উপাদানটা এমন যাতে এটাকে পরপর $(n + 1)$ বার সমাকলন করা যাবে।

তথ্যসূত্র ও প্রস্তাবিত পাঠ্য

- ***NCERT,*** Mathematics Text Book for Class XII Part II.
- Narayan Shanti (1942) Integral Calculus, S. Chand & Co.
- Ayres Frank (1981), Calculus, Schaum's outline series.

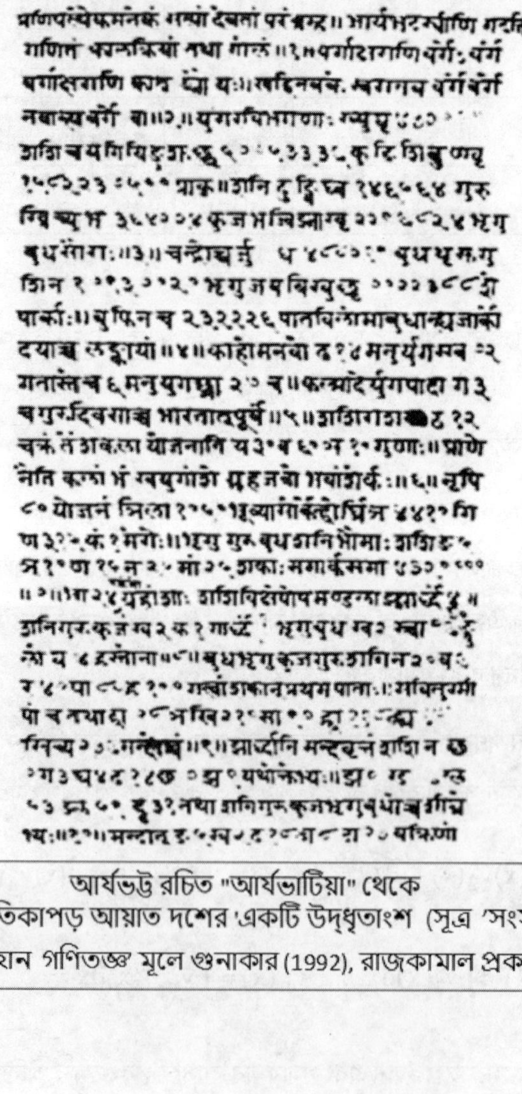

আর্যভট্ট রচিত "আর্যভাটিয়া" থেকে
'দশগীতিকাপড় আয়াত দশের একটি উদ্‌ধৃতাংশ (সূত্র 'সংসার
কে মহান গণিতজ্ঞ মূলে গুনাকার (1992), রাজকামাল প্রকাশন)

3 স্থানাঙ্ক জ্যামিতি

ইউনিট-3 এর বিষয়বস্তু

এই ইউনিটে আমরা নিম্নলিখিত বিষয়ের উপর একটি বিস্তারিত স্ব -ব্যাখ্যামূলক তত্ত্ব দিয়েছি - অন্তর্কলনের বিপরীত হিসেবে সমাকলন; অংশ এবং আংশিক ভগ্নাংশ দ্বারা প্রতিস্থাপন পদ্ধতিতে সহজ সমাকলন (শুধুমাত্র রৈখিক উপাদানগুলির জন্য); $\int_0^{\pi/2} sin^n xdx$, $\int_0^{\pi/2} cos^n xdx$ এবং $\int_0^{\pi/2} \sin^m x \cos^n x\, dx$ এই সমীকরণগুলির ব্যবহার।

সমাকলনের ব্যবহার করে একটা বক্ররেখা এবং অক্ষের দ্বারা সীমাবদ্ধ অঞ্চলের ক্ষেত্রফল নির্ণয়; একটা ক্ষেত্র দ্বারা একটা অক্ষের চারিদিকে ঘূর্ণনের ফলে তৈরী অঞ্চলের আয়তন নির্ণয় (সাধারণ সমস্যা)।

সূচনা

যেভাবে পৃথিবীর প্রত্যেক ব্যক্তির একটা বাড়ির ঠিকানা থাকে, একইভাবে প্রতিটি বিন্দুর একটা ঠিকানা থাকে যা তার স্থানাঙ্ক (যা অনন্য) নামে পরিচিত। এটি শুধুমাত্র উচ্চতর গণিতের জন্য একটা সিঁড়ি নয় বরং বিভিন্ন কাঠামোর চাক্ষুষ দিকগুলি বোঝার একটা চাবিকাঠি। বর্তমান মহাকাশ অনুসন্ধান এবং পারমাণবিক কণার আচরণগত অধ্যয়নের জন্য এটা একটা গুরুত্বপূর্ণ শাখা। আবার, নিউইয়র্ক শহরের ঠিকানা পদ্ধতিতে (address system) স্থানাঙ্ক জ্যামিতির ধারণা ব্যবহৃত হয় যা সনাতন পদ্ধতির তুলনায় ঠিকানা খুঁজে পাওয়া সহজ করে। অতএব, স্থানাঙ্ক জ্যামিতি খুবই গুরুত্বপূর্ণ কারণ এটা বহুমুখীভাবে ব্যবহৃত হয় যেমন- পদার্থবিজ্ঞান, জিপিএস, মানচিত্র, কম্পিউটার গ্রাফিক্স এবং বিভিন্ন বেশে অন্যান্য বিভিন্ন ক্ষেত্রে।

পূর্ব প্রয়োজনীয় জ্ঞান

- জ্যামিতির মৌলিক বিষয় যেমন রেখা, কোণ ইত্যাদি।
- একটা সমীকরণ সমাধান সম্পর্কিত জ্ঞান।
- দূরত্বের সূত্র।
- ভুজ /কোটি (abscissa/ordinate) সম্পর্কিত জ্ঞান।

ইউনিট-3 স্থানাঙ্ক জ্যামিতি	ইউনিট ফলাফল (UO) শিক্ষার্থীরা শিখবে
U3-O1	বিভিন্ন আকারে সরলরেখার সমীকরণ লেখ; দুটো লাইনের মধ্যে কোণ বার করে উপযুক্ত সূত্র ব্যবহার করে দুই লাইনের মধ্যে লম্ব দূরত্ব নির্ণয় কর।
U3-O2	দুটি সরলরেখার মধ্যে ছেদবিন্দু নির্ধারণ কর; সমান্তরাল এবং লম্ব রেখার ধারণা বোঝো।
U3-O3	বৃত্তের সমীকরণ লেখ এবং সেই অনুযায়ী তার বৈশিষ্ট্যগুলি বর্ণনা কর ।
U3-O4	লম্ব বৃত্তাকার শঙ্কুর (right circular cone) উল্লেখ সহ কনিক্সের ধারণা বোঝো ।
U3-O5	অধিবৃত্ত, উপবৃত্ত এবং পরাবৃত্ত এর উপর ভিত্তি করে সমস্যার সমাধান কর যখন তাদের কেন্দ্রবিন্দু, ডিরেক্টরি বা শীর্ষবিন্দু দেওয়া থাকে।

কোর্সের ফলাফল (CO)- ইউনিট ফলাফল (UO) ম্যাপিং

ইউনিট-3 ফলাফল	কোর্সের ফলাফলের সঙ্গে প্রত্যাশিত ম্যাপিং (1-দুর্বল সংশ্লেষন; 2 - মাঝারি সংশ্লেষন; 3- গভীর সম্পর্ক)				
	CO-1	CO-2	CO-3	CO-4	CO-5
U3-O1	-	-	3	1	2
U3-O2	-	-	3	1	2
U3-O3	-	-	3	1	2
U3-O4	-	-	3	1	2
U3-O5	-	-	3	1	2

3.1 স্থানাঙ্ক জ্যামিতির ধারণা (Concept of Coordinate Geometry)

বীজগণিত এবং জ্যামিতির গাণিতিক সূত্রগুলি স্থানাঙ্ক জ্যামিতি হিসাবে মনোনীত। গণিতের ইতিহাসে প্রথমবারের জন্য তৎকালীন মহান ফরাসি গণিতবিদ রেনে দেকার্তেস একই সাথে বীজগণিত এবং জ্যামিতির ব্যবহার করেন।

বিশ্লেষণ এবং জ্যামিতির বীজগাণিতিক সমন্বয়কে বিশ্লেষণাত্মক জ্যামিতি (analytical geometry)

স্থানাঙ্ক জ্যামিতির উৎস

ফরাসি গণিতবিদ রেনে দেকার্তেস তার বইতে 'লা জিওমেট্রি' (1637 সনে প্রকাশিত) একই সাথে বীজগণিত এবং জ্যামিতির ব্যবহার করেন। তার নাম অনুসারে আধুনিক স্থানাঙ্ক (বিশ্লেষণমূলক) জ্যামিতিকে 'কার্টেসিয়ান বলা হয়।

কার্টেশিয়ান স্থানাঙ্ক পদ্ধতি (Cartesian Co-ordinates system) বলা হয়।

কার্টেশিয়ান স্থানাঙ্ক পদ্ধতির ধারণার জন্য আমরা জ্যামিতিক স্থান বিবেচনা করি। একটা সমতল XY বিবেচনা কর, যেখানে দুটো মাত্রা রয়েছে। একটাকে x – অক্ষ এবং অন্যটাকে বলা হয় y – অক্ষ। যেহেতু এই জ্যামিতিক স্থানে দুটি অক্ষ (লম্ব) রয়েছে সেজন্য এটাকে দ্বিমাত্রিক আয়তক্ষেত্রাকার স্থানাঙ্ক পদ্ধতি বলা হয়। অনুভূমিক রেখাকে X – অক্ষ এবং উল্লম্ব রেখাটাকে Y-অক্ষ হিসাবে চিহ্নিত করা হয়। এই পর্যায়ে আমরা স্পষ্ট করে বলতে পারি যে X – অক্ষটা স্বতন্ত্র চলরাশি হিসাবে চিহ্নিত এবং Y- অক্ষ নির্ভরশীল চলরাশি হিসাবে চিহ্নিত। চিত্র 3.1 এ অনুভূমিকভাবে, X – অক্ষ এবং উল্লম্বভাবে, Y – অক্ষ নেওয়া হয়। কার্টেশিয়ান পদ্ধতিতে এটা লক্ষ করা যায় যে, একটা বিন্দুর স্থানাঙ্ক (x, y) হিসাবে লেখা হয়, যেখানে, প্রথম স্থানটা বিশেষভাবে বোঝানো হয় X – অক্ষের জন্য এবং দ্বিতীয় স্থানটা Y – অক্ষের জন্য। X – অক্ষ এবং Y – অক্ষের মধ্যে ছেদ বিন্দু হল O (0, 0)।

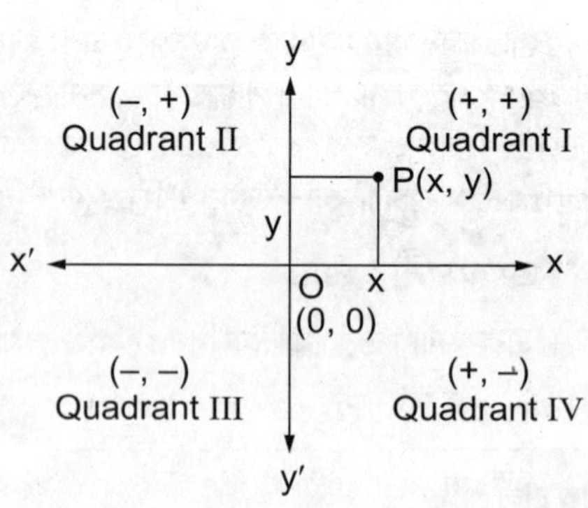

3.2 সরলরেখা (Straight Line)

ধরি একটি জ্যামিতিক স্থানের দুটি শীর্ষবিন্দু হল P এবং Q। P এবং Q দুটি শীর্ষবিন্দুর মধ্যে সর্বনিম্ন দূরত্বকে সরলরেখা বলে। যে কোন সরলরেখাকে বক্রতা ছাড়া বক্ররেখা হিসেবে দেখা যায়।

যদি P এবং Q যেকোনো দুটো শীর্ষবিন্দু P (X_1, Y_1) এবং Q (X_2, Y_2) দ্বারা চিহ্নিত হয়, তাহলে P এবং Q মধ্যে দূরত্ব হল,

$PQ = \sqrt{(x_2 - x_1)^2 + (y_2 - y_1)^2}$।

যদি দুটি শীর্ষবিন্দু একে অপরের উপর সমাপিত হয় তাহলে PQ = 0

উদাহরণ 1: X অক্ষের উপর শীর্ষবিন্দু যেগুলো আর একটা শীর্ষবিন্দু Q(3, 4)থেকে a(a < 4) দূরত্বে আছে তাদের সংখ্যা হল,

(1) 2 (2) 3 (3) 4 (4) অসঙ্গত

সমাধান: ধারা যাক x – অক্ষের উপর একটি শীর্ষবিন্দু হল $(x_1, 0)$, এই শীর্ষবিন্দুর থেকে D (3, 4) এর দূরত্ব হল

$$a = \sqrt{(x_1 - 3)^2 + (0-4)^2}$$

$$\Rightarrow \quad a = \sqrt{(x_1 - 3)^2 + 16}$$

$$\Rightarrow \quad a^2 = (x_1 - 3)^2 + 16 \qquad \Rightarrow \quad (x_1 - 3)^2 = a^2 - 16$$

$$\Rightarrow \quad x_1 - 3 = \pm\sqrt{a^2 - 16} \qquad \Rightarrow \quad x_1 = 3 \pm \sqrt{a^2 - 16}$$

$$\Rightarrow \quad x_1 = 3 \pm \sqrt{a^2 - 16}$$

যেখানে a < 4, সুতারং, x_1 হয় অসঙ্গত। **উত্তর** (4)

মন্তব্য: প্রতিটি বিন্দুর স্থানাঙ্ককে সিদ্ধ করে x এবং y এর মধ্যে যে সম্পর্ক তৈরী হয় তাকে সরলরেখার সমীকরণ বলা হয়। এটা $ax + by + c = 0$ এইভাবে লেখা হয় (a এবং b $\neq$ 0) সমীকরণ বলা হয়।

উল্লম্ব রেখার (Vertical lines) সমীকরণ

(1) Y- অক্ষের সমীকরণ হল x = 0

(2) a একক দূরত্বে Y অক্ষের সমান্তরাল সমীকরণ গুলি হয় X = a অথবা x = −a। (চিত্র 3.2)

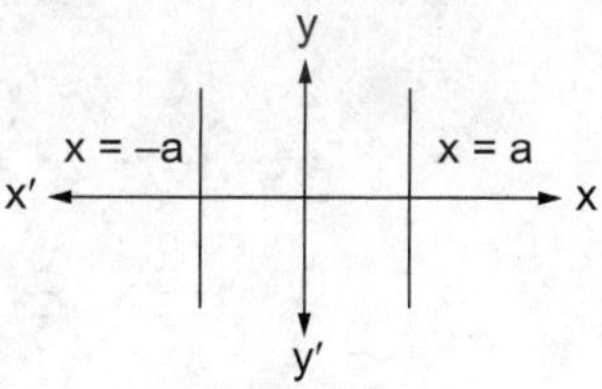

চিত্র 3.2

অনুভূমিক রেখার সমীকরণ -

(1) X- অক্ষ সমীকরণ হয় y = 0

(2) b একক দূরত্বে X অক্ষের সমান্তরাল সমীকরণ গুলি হয় y = b অথবা y = −b (চিত্র 3.3)

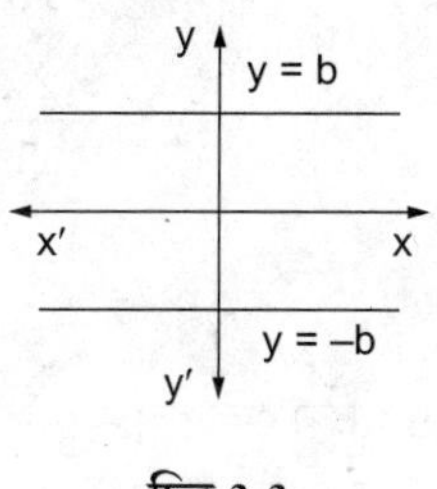

চিত্র 3.3

সমান্তরাল রেখাসমূহ (Parallel lines): দুটি রেখাকে সমান্তরাল বলা হয় যদি তাদের কোন ছেদ বিন্দু না থাকে অর্থাৎ রেখাদুটো কখনো মেলেনা।

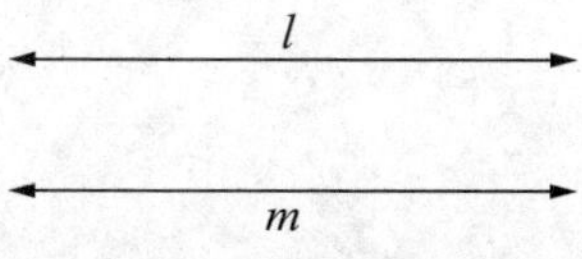

(l এবং m সমান্তরাল রেখা)

মন্তব্য : $ax + by + c = 0$ এই রেখার সমান্তরাল রেখার সমীকরণ হবে $ax + by + \lambda = 0$ (λ–স্থিতিমাপ) হয়।

লম্ব রেখাসমূহ (Perpendicular lines)

দুটো রেখাকে পরস্পরের লম্ব বলা হয় যদি তারা 90° কোণে ছেদ করে।
$ax + by + c = 0$
এই রেখার লম্ব রেখার সমীকরণ হবে $bx - ay + \lambda_1 = 0$

(λ_1–স্থিতিমাপ)। **উদাহরণ:** স্থানাঙ্ক অক্ষগুলো পরস্পরের লম্ব (চিত্র 3.4)।

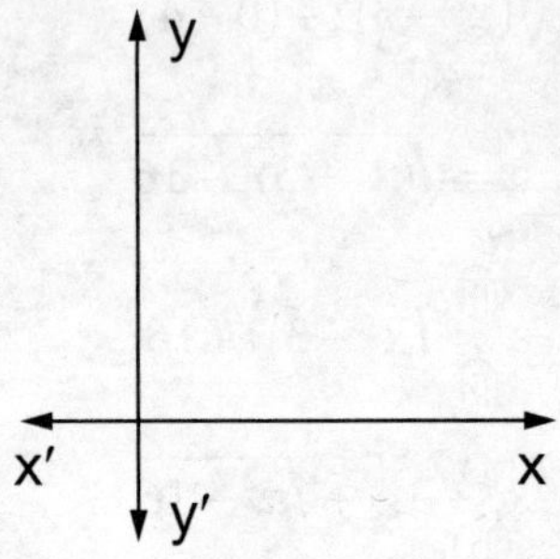

চিত্র 3.4

সমাপতিত রেখাসমূহ (Coincident lines): দুটো রেখাকে সমাপতিত বলা হবে যদি তারা একে অন্যের উপর চেপে থাকে।
উল্লেখ্য যে, যখন দুটো লাইন (সমান্তরাল) একই দিকে অগ্রসর হয়, তখন তারা একটি শীর্ষবিন্দুতে (বিন্দু) মিলিত হবে যা অসীম দূরত্বে অবস্থিত।কিন্তু জ্যামিতিকভাবে এটা নির্মাণ করা সম্ভব নয়।

উদাহরণ 2: লাইনগুলি প্রমাণ কর

(a) $2x + 5y + c = 0;\ 4x + 10y + 2c_1 = 0$ একে অপরের সমান্তরাল।

(b) $3x + 4y + 7 = 0;\ 4x - 3y + 1 = 0$ একে অপরের লম্ব

সমাধান: (a) ধরি $2x + 5y + c = 0$ ...(1)

$4x + 10y + 2c_1 = 0$ ...(2)

(1)... $\Rightarrow$ $y = -\frac{2}{5}x - \frac{c}{5}$

(2)... $\Rightarrow$ $y = -\frac{4}{10}x - \frac{2c_1}{10}$

$\Rightarrow$ $y = -\frac{2x}{5} - \frac{c_1}{5}$

$m_2 = \frac{-2}{5} = m_1$ অতএব (1) এবং (2) সমান্তরাল রেখা। **উত্তর**

(b) প্রদত্ত লাইনগুলি হল
$3x + 4y + 7 = 0$ এবং $4x - 3y + 1 = 0$

অর্থাৎ $y = \frac{-3}{4}x - \frac{7}{4}$ এবং $y = \frac{4}{3}x + \frac{1}{3}$

অর্থাৎ $m_1 = -\frac{3}{4}$ এবং $m_2 = \frac{4}{3}$

অতএব $m_1 m_2 = \left(\frac{-3}{4}\right) \times \left(\frac{4}{3}\right) = -1$ অতএব লাইনগুলি একে অপরের সাথে লম্ব। **উত্তর**

3.2.1 একটি রেখার প্রবণতা (Slope of a Line)

ধর একটি রেখা PQ X – অক্ষ এর ডান দিকে সাথে একটি কোণ $\phi\,(0^o \le \phi < 180^o, \phi = 90^o)$ তৈরি করে, তাহলে এই রেখার প্রবণতা দ্বারা প্রকাশ করা হবে $\tan\phi$ এবং এর প্রতীক m দ্বারা চিহ্নিত করা হয়, অতএব $m = \tan\phi$. যদি $P(x_1, y_1)$ এবং $Q(x_2, y_2)$ দুটো বিন্দু হয় যাতে, $x_1 \neq x_2$, তাহলে PQ রেখার প্রবণতা হবে = $\dfrac{y_2 - y_1}{x_2 - x_1}$

মন্তব্য :

(i) যদি $\phi = 90^o$, তাহলে m এর প্রবণতা বিদ্যমান নেই এবং লাইনটা Y – অক্ষের সাথে মিলবেনা।

(ii) যদি $\phi = 0$ তাহলে $m = 0$ এবং লাইনটি X – অক্ষের সাথে মিলবেনা।

(iii) (a) যদি লাইনগুলো একে অপরের সাথে মিলিত না হয় তবে $m_1 = m_2$ এবং এর কথাও সত্য।

(b) যদি লাইনগুলো একে অপরের সাথে লম্ব হয়, তাহলে $m_1 - m_2 = -1$ এবং এর কথাও সত্য।

3.2.2 বিভিন্ন প্রমান আকারে (Standard forms) সরলরেখার সমীকরণ

(i) ছেদিতাংশ আকারে প্রবণতা (Slope intercept form): ধর একটা রেখার প্রবণতা m এবং এটা Y- অক্ষের উপর c বিন্দুতে ছেদ করে। তখন এই ধরনের সরলরেখার সমীকরণগুলো হবে

$$y = mx + c \qquad \ldots(1)$$

যেখানে x এবং y যথাক্রমে নির্ভরশীল এবং স্বতন্ত্র চলরাশি। যদি এই সমীকরণে আমরা $c = 0$ বসাই, তখন সমীকরণ (1) $y = mx$ এ হ্রাস পায়।

(ii) বিন্দু আকারে প্রবণতা (Point slope from): যদি একটি সরলরেখার প্রবণতা m হয় যেটা (x_1, y_1), বিন্দুর মধ্য দিয়ে যায়, তাহলে এর সমীকরণ

হবে $y - y_1 = m(x - x_1)$

(iii) ছেদিতাংশ আকারে প্রবণতা (Intercept form): ধরা যাক একটা সরলরেখা দ্বারা প্রাপ্ত দুটি ছেদিতাংশ c_1 হয় X -অক্ষের উপর এবং c_2 হয় Y - অক্ষের উপর, তখন সমীকরণ হিসাবে লেখা হয় $\dfrac{x}{c_1} + \dfrac{y}{c_2} = 1$

দ্রষ্টব্য : (i) ছেদিতাংশের অক্ষের মধ্যবর্তী রেখার অন্তরের দূরত্ব = $\sqrt{c_1^2 + c_2^2}$

(ii) ত্রিভুজের ক্ষেত্রফল OPQ= $\dfrac{1}{2}PO \cdot QO = \left|\dfrac{1}{2}c_1 \cdot c_2\right|$

(iii) **দুটো বিন্দু আকারে প্রবণতা (Two point form):** দুটি বিন্দু (x_1, y_1) এবং (x_2, y_2) দিয়ে যাওয়া একটা লাইনের সমীকরণ নিম্নরূপে প্রকাশ করা হয়

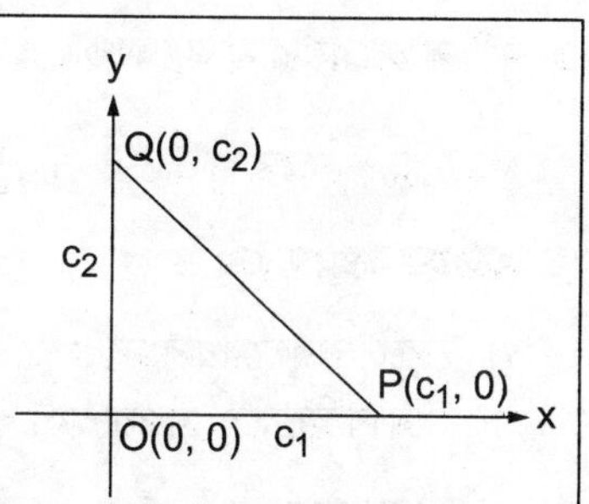

চিত্র 3.5

$$y - y_1 = \frac{y_2 - y_1}{x_2 - x_1}(x - x_1) \text{ or } \begin{vmatrix} x & y & 1 \\ x_1 & y_1 & 1 \\ x_2 & y_2 & 1 \end{vmatrix} = 0$$ যেখানে x এর ডিটার্মিন্যান্ট | x |

উদাহরণ 3: (0, 0) এবং (2, 2) এর মধ্য দিয়ে যাওয়া লাইনের সমীকরণ নির্ণয় কর

সমাধান: সূত্র ব্যবহার করে

$$y - y_1 = \left(\frac{y_2 - y_1}{x_2 - x_1}\right)(x - x_1), \text{ আমরা পাই } y - 0 = \left(\frac{2-0}{2-0}\right)(x - 0)$$

$\Rightarrow$ 2y = 2x

$\Rightarrow$ y = x

উত্তর

(iv) স্বাভাবিক আকার (Normal form): যদি কোনো সরলরেখার ওপর মূলবিন্দু থেকে অঙ্কিত লম্বের দৈর্ঘ্য p এবং লম্বটি X- অক্ষের ধনাত্মক দিকের সঙ্গে θ কোণ করে, তাহলে এই সরলরেখার সমীকরণ প্রকাশ প্রকাশ করা হয় $x\cos\theta + y\sin\theta = p$ (p সবসময় 0 এর থেকে বড় হয়) যেখানে $0 \le \theta \le 2\pi$

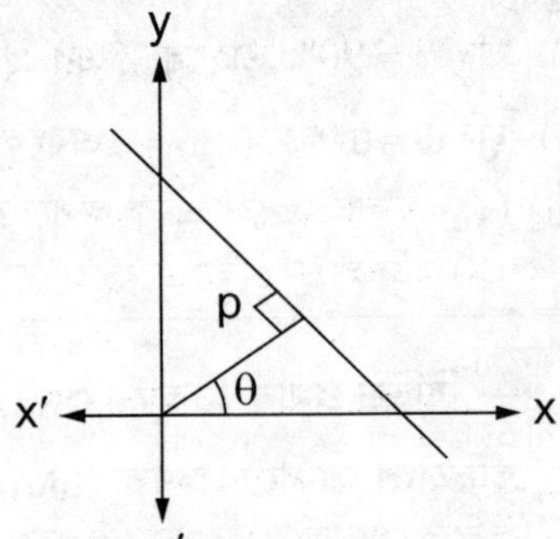

চিত্র 3.6

(v) সাধারণ আকার (General form): দুটে চলরাশি বিবেচনা কর x এবং y এবং তিনটে ধ্রুবক a, b, c। x এবং y চলরাশির রৈখিক বা প্রথম ডিগ্রী সমীকরণ হয়

ax + by + c = 0 ....(1)

এটা একটা সরলরেখার সমীকরণ। (1) এ প্রদত্ত বীজগণিত কাঠামো একটা সরলরেখার সাধারণ রূপ। এখন আমরা (1) থেকে নিম্নলিখিতগুলি পাই –

(i) রেখার প্রবণতা = $\frac{-a}{b} = \frac{\text{এর}\,x\,\text{গুণাঙ্ক}}{\text{এর}\,y\,\text{গুণাঙ্ক}}$

(ii) এই রেখা দ্বারা X – অক্ষের উপর ছেদিতাংশ = $-\frac{c}{a}$ এবং এই রেখা দ্বারা Y – অক্ষের উপর ছেদিতাংশ = $-\frac{c}{b}$ ।

সাধারণ আকার থেকে স্বাভাবিক আকারে পরিবর্তন করতে আমরা সমীকরণ (1) এর ডানদিকে c নেবো এবং এটাকে ধনাত্মক রাশিতে রূপান্তরিত করবো, তারপর গোটা সমীকরণকে $\sqrt{a^2 + b^2}$ দিয়ে ভাগ করবো।

3.2.3 দুটো রেখার মধ্যে কোণ (Angle Between two Lines)

(a) দুটি সরলরেখার মধ্যে কোণ ϕ হয় (ধর)

$y = a_1 x + c_1$ এবং $y = a_2 x + c_2$, তাহলে $\tan\phi = \pm\left(\frac{a_1 - a_2}{1 + a_1 a_2}\right)$

এটা হয় উল্লেখ্য যে:

i) দুটো সরলরেখার মধ্যে দুটো কোণ উৎপন্ন হয় কিন্তু সাধারণত দুটি রেখার মধ্যবর্তী ক্ষুদ্র কোণকে (acute angle) কোণ হিসেবে নেওয়া হয়। অতএব tan ϕ এর মান শুধুমাত্র ϕ এর ধনাত্মক মান বিবেচনা করে নির্ধারণ করা হয়।

ii) ধারা যাক $L_1 = 0$; $L_2 = 0$; $L_3 = 0$, সরলরেখা তিনটের প্রবণতা হবে a_1, a_2, a, যেখানে $a_1 > a_2 > a_3$ তাহলে সমীকরণগুলো দিয়ে গঠিত যেকোনো ত্রিভুজের (ΔEFG) অভ্যন্তরীণ কোণগুলো হবে,

$$\tan E = \frac{a_1 - a_2}{1 + a_1 a_2}, \tan F = \frac{a_2 - a_3}{1 + a_2 a_3}, \tan G = \frac{a_3 - a_1}{1 + a_3 a_1}$$

(b) ধর দুটি সরলরেখার সমীকরণ -

$$a_1x + b_1y + c_1 = 0$$

$$a_2x + b_2y + c_2 = 0$$

তাহলে এই সরলরেখাগুলো যদি হয়

(i) সমান্তরাল $\Leftrightarrow$ $\dfrac{a_1}{a_2} = \dfrac{b_1}{b_2} \neq \dfrac{c_1}{c_2}$

(ii) লম্ব $\Leftrightarrow$ $a_1a_2 + b_1b_2 = 0$ $(\because a_1a_2 = -1)$

(iii) সমাপতিত $\Leftrightarrow$ $\dfrac{a_1}{a_2} = \dfrac{b_1}{b_2} = \dfrac{c_1}{c_2}$

মন্তব্য: একটা সরলরেখার সাথেনির্দিষ্ট কোণ করে একটা সরলরেখা তৈরি করা - একটা বিন্দু যার স্থানাঙ্ক হয় (x_1, y_1) দিয়ে যাওয়া সরলরেখা যেটা অন্য একটা সরলরেখা যার রৈখিক সমীকরণ $y = mx + c$ কি, যার সাথে কোণ α (ধর) তৈরী করে, তার রৈখিক সমীকরণ লেখা হয়

$$y - y_1 = \frac{m \pm \tan\alpha}{1 \mp m\tan\alpha}(x - x_1)$$

উদাহরণ 4: নিচের কোনটা সঠিক মান, যদি দুটো লম্ব রেখার সমীকরণ হয় $3x + 4y - 5 = 0$ এবং $2x + ky + 6 = 0$

(1) $-\dfrac{3}{2}$ (2) $\dfrac{3}{2}$ (3) 3 (4) 4

সমাধান: প্রথম রেখার প্রবণতা = $\dfrac{x \text{ এর গুণাঙ্ক}}{y \text{ এর গুণাঙ্ক}}$

ধরি সমীকরণ, $3x + 4y - 5 = 0$, আমরা পাই

$$m_1 = \frac{-3}{4}$$

$2x + ky + 6 = 0$, এই সমীকরণ থেকে, আমরা পাই

$$m_2 = \frac{-2}{k}$$

যদি $m_1 m_2 = -1$, দুটি সরলরেখা হয় $\perp$ এবং আমরা পাই

$$m_1 = \frac{-3}{4},\ m_2 = \frac{-2}{k}$$

$$\therefore \quad m_1m_2 = -1, \Rightarrow -\frac{-3}{4} \times \frac{-2}{k} = -1$$

$$\frac{3}{2k} = -1 \Rightarrow 3 = -2k \Rightarrow k = \frac{-3}{2}$$

উত্তর (1)

উদাহরণ 5: একটা সমদ্বিবাহু সমকোণী ত্রিভুজের বাহুগুলির সমীকরণ বার কর, যার অতিভুজের সমীকরণ হয় $5x + 6y = 6$ এবং বিপরীত শীর্ষবিন্দু হল $P(3, 3)$।

সমাধান: প্রদত্ত বিন্দু (3, 3) দিয়ে যাওয়া প্রদত্ত সরলরেখার $5x + 6y = 6$ বা $5x + 6y - 6 = 0$ সাথে 45° এর সমান কোণ তৈরি করা সরলরেখার সমীকরণ বার। $5x + 6y - 6 = 0$ এই সরলরেখার প্রবণতা হয়

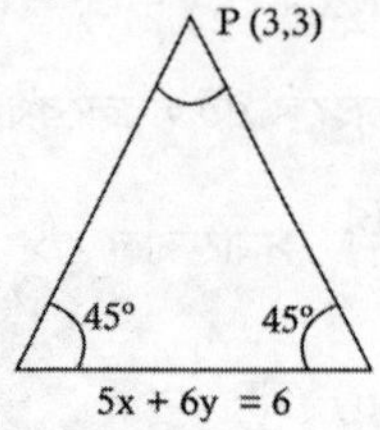

চিত্র 3.7

$$m_1 = \frac{x \text{ এর গুণাঙ্ক}}{y \text{ এর গুণাঙ্ক}} = -\frac{5}{6}$$

$$\tan 45° = \pm\frac{m - m_1}{1 + mm_1}$$

বা $$1 = \pm\frac{m - m_1}{1 + mm_1} = +\frac{m + \frac{5}{6}}{1 + m\left(\frac{-5}{6}\right)} = +\frac{6m + \frac{5}{6}}{6 - 5\frac{m}{6}} \qquad (\because \tan 45° = 1)$$

$$1 = +\frac{6m + 5}{6 - 5m} \Rightarrow 6 - 5m = 6m + 5 \quad \text{বা} \quad m_A = \frac{1}{11},$$

এখন বিবেচনা কর $1 = -\frac{6m + 5}{6 - 5m} \Rightarrow 6 - 5m - 6m - 5$

বা $6 + 5 = -6m + 5m$ বা $11 = -m$ বা $m_B = -11$

অতএব দুটো সরলরেখার প্রয়োজনীয় সমীকরণ হল

$$y - 3 = m_A(x - 3)$$

$$\Rightarrow \quad y - 3 = \frac{1}{11}(x - 3) \qquad \Rightarrow x - 11y + 30 = 0$$

এবং, $y - 3 = m_B(x - 3)$

$$\Rightarrow \quad y - 3 = -11(x - 3) \qquad \Rightarrow 11x + y - 36 = 0$$

3.2.4 একটা বিন্দু থেকে একটা রেখার ওপর লম্ব দূরত্ব (Distance of Perpendicular from a Point on a Line)

একটা সরলরেখা বিবেচনা করি যার সমীকরণ, $ax + by + c = 0$, তারপর $P(x_1, y_1)$ এই বিন্দু থেকে লম্বের দূরত্ব হয় $\left|\frac{ax_1 + by_1 + c}{\sqrt{a^2 + b^2}}\right|$, বিশেষ ক্ষেত্রে, $a + by + c = 0$ এই রেখার ওপর কেন্দ্র (0, 0) থেকে লম্বের দূরত্ব হয়, $p = \frac{|c|}{\sqrt{a^2 + b^2}}$, (যেহেতু $x = 0,\ y = 0$)

উদাহরণ 6: যাচাই কর যে (4, − 6) এই বিন্দু দিয়ে কোন রেখা টানা যায় কিনা যাতে (− 2, 3) বিন্দু থেকে রেখার দূরত্ব 10 হয়।

সমাধান: P (4, −6) বিন্দুগামী সরলরেখাগুলোর সমীকরণ ধরা যাক যাতে (−2, 3) বিন্দু থেকে দূরত্ব 10 হয়। আমরা জানি যে P (4, −6) বিন্দুগামী m প্রবণতার সমীকরণ হয়

$$y - y_1 = \frac{y_2 - y_1}{x_2 - x_1}(x - x_1)$$

আমরা পাই, $y + 6 = m(x - 4)$

$\Rightarrow \quad y + 6 = mx - 4m$

$\Rightarrow \quad mx - y - 4m - 6 = 0$

তারপর $\dfrac{|m(-2) - 3 - 4m - 6|}{\sqrt{m^2+1}} = 10$

$$\frac{|-6m - 9|}{\sqrt{m^2+1}} = 10$$

$\Rightarrow \quad \dfrac{6m+9}{\sqrt{m^2+1}} = 10 \text{ or } 6m - 9 = 10\sqrt{m^2+1}$

উভয় পক্ষের বর্গ করে, আমরা পাই

$$6m + 9 = 10\sqrt{m^2+1}$$

$$(6m + 9)^2 = 100(m^2 + 1)$$

$\Rightarrow \quad 36m^2 + 108m + 81 = 100m^2 + 100$

$\Rightarrow \quad 64m^2 - 108m + 19 = 0$

এখন, বৈষম্যমূলক (Discriminant) $b^2 - 4ac$ হয়

$(108)^2 - 4(64)(19) = 11664 - 4864$ এটা ধনাত্মক।

সুতরাং এই ধরনের লাইন সম্ভব।

3.2.5 দুটো সমান্তরাল রেখার মধ্যে দূরত্ব (Distance between two Parallel Lines)

(i) $ax + by + c_1 = 0$ এবং $ax + by + c_2 = 0$ এই দুটো বিচ্ছিন্ন (সমান্তরাল) রেখার মধ্যে দূরত্ব হয় $D = \dfrac{|c_1 - c_2|}{\sqrt{a^2+b^2}}$ মনে রাখতে হবে যে, সমান্তরাল (বিচ্ছিন্ন) রেখার ক্ষেত্রে উভয় সমীকরণে x এবং y এর গুণাঙ্ক একই হতে হবে।

(ii) সামন্তরিকের ক্ষেত্রফল = $\dfrac{q_1 q_2}{\sin\theta}$, যেখানে q_1 এবং q_2 হল দু জোড়া বিপরীত প্রান্তের মধ্যে দৈর্ঘ্য এবং যে কোন দুটো সংলগ্ন প্রান্তের মধ্যে কোণ θ হয়। এটা লক্ষণীয় যে নীচের দেওয়া চারটি সরলরেখা

$y = m_1x + c_1$ ...(i)

$y = m_1x + c_2$ ...(ii)

$y = m_2x + d_1$ ...(iii)

$y = m_2x + d_2$ ...(iv)

দ্বারা আবদ্ধ সামন্তরিকের ক্ষেত্রফল হয় $z = \left|\dfrac{(c_1 - c_2)(d_1 - d_2)}{m_1 - m_2}\right|$

উদাহরণ 7: 3 টে বহু রেখার রেখার প্রদত্ত সমীকরণগুলো হয়

$$x + 2y + 3 = 0 \quad ...(1)$$

$$x + 2y - 8 = 0 \quad ...(2)$$

$$3x - y - 5 = 0 \quad ...(3)$$

দুটো বর্গক্ষেত্রের 3 টে দিক গঠন কর। এই বর্গক্ষেত্রের অবশিষ্ট বাহুগুলোর সমীকরণ লেখ।

সমাধান: আমরা দুটো সমান্তরাল রেখার মধ্যের দূরত্ব বার করার জন্য নীচের সূত্রটি ব্যবহার করি

$$D = \frac{|c_1 - c_2|}{\sqrt{a^2 + b^2}}$$

যেখানে x এর গুণাঙ্ক হয় a এবং y এর গুণাঙ্ক হয় b। এখানে c_1, c_2 ধ্রুবক।

(1) এবং (2) সমীকরণগুলো বিবেচনা করে D এর মান বের করে, আমরা পাই

$$D = \frac{|8 + 3|}{\sqrt{5}} = \frac{11}{\sqrt{5}}$$

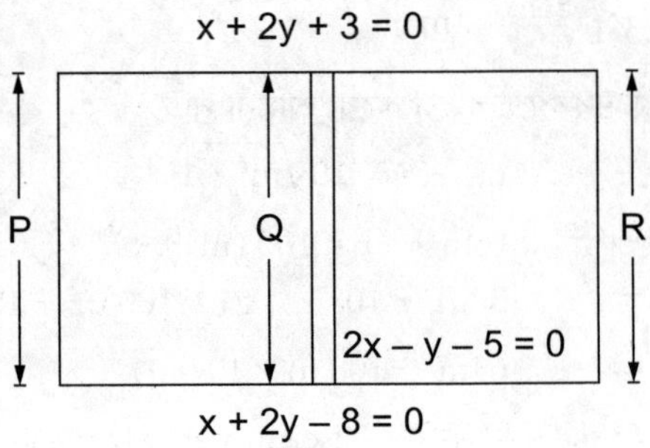

চিত্র 3.8

P এবং R বাহুর সমীকরণগুলোর আকার হয়,

$$2x - y + k = 0$$

যেহেতু, P এবং Q বাহুর মধ্যের দূরত্ব = Q এবং R বাহুর মধ্যের দূরত্ব

$$\frac{|k - (-5)|}{\sqrt{5}} = \frac{11}{\sqrt{5}}$$

$$\Rightarrow \quad \frac{k + 5}{\sqrt{5}} = \frac{11}{\sqrt{5}} \text{ or } k + 5 = 11$$

বা $\quad k = 11 - 5 = 6$

এবং $\quad \frac{k + 5}{\sqrt{5}} = -\frac{11}{\sqrt{5}}$ বা $k + 5 = -11$ বা $k = -11 - 5 = -16$

এই ভাবে দুটো বর্গক্ষেত্রের চতুর্থ দিকের সমীকরণগুলো হয়

(i) $2x - y + 6 = 0$ এবং

(ii) $2x - y - 16 = 0$

বৃত্ত (Circle)

3.3 বৃত্তের ধারণা (Concept of Circle)

একটা বৃত্ত হল একটি বদ্ধ দুই -মাত্রিক বৃত্তাকার চিত্র যাতে সমতলের সমস্ত বিন্দুর সেট একটি নির্দিষ্ট স্থির বিন্দু থেকে সমান দূরত্বে অবস্থিতথাকে যাকে বৃত্তের "কেন্দ্র" বলা হয় এবং নির্দিষ্ট ধ্রুব দূরত্বকে বৃত্তের ব্যাসার্ধ বলে।

একটা বৃত্তের ব্যাস (PQ) = $2 \times r = 2r$

একটা বৃত্তের পরিধি = C = $2\pi r$। এটা বৃত্তের সীমানার দৈর্ঘ্য। একটা বৃত্তের ক্ষেত্রফল পরিধি দ্বারা আবদ্ধ হয়

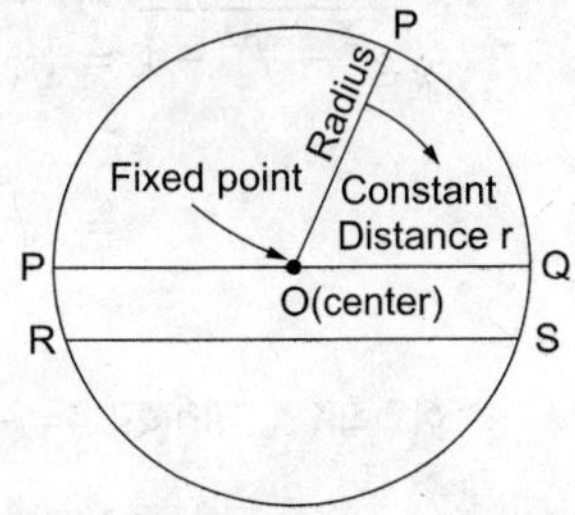

এবং নিম্নলিখিত সূত্র ব্যবহার করে গণনা করা হয়, অর্থাৎ

ক্ষেত্রফল $(A) = \pi r^2$

যেখানে π হয় একটা ধ্রুবক এবংএর মান হয় $\frac{22}{7}$

অথবা $\pi = 3.14$ এবং r বৃত্তের ব্যাসার্ধ।

পরিধির যে কোন দুটো বিন্দুতে সংযোগকারী রেখাটিকে জ্যা বলা হয়। যদি জ্যা কেন্দ্রের মধ্য দিয়ে যায় তাহলে তাকে ব্যাস বলে। চিত্র (3.9) এর মধ্যে, RS = জ্যা, PQ = ব্যাস, O = কেন্দ্র

দ্রষ্টব্য: একটা বিশেষ ক্ষেত্রে দেখা যায় একটা উপবৃত্ত হয় একটা বৃত্ত (কনিক সেকশন)।

3.3.1 বৃত্তের সাধারণ সমীকরণ (General Equation of Circle)

ধরা যাক বৃত্তের সাধারণ সমীকরণের গাণিতিক সূত্র হল

$$x^2 + y^2 + 2gx + 2fy + c = 0 \qquad ...(1)$$

যেখানে x, y হল চলরাশি, g, f এবং c হল ধ্রুব রাশি এবং কেন্দ্র, (–g, –f) অর্থাৎ

$$\left(-\frac{x \text{ এর গুণাঙ্ক}}{2}, -\frac{y \text{ এর গুণাঙ্ক}}{2}\right) \text{ এবং ব্যাসার্ধ, } r = \sqrt{g^2 + f^2 - c}$$

দ্রষ্টব্য: যদি একটা বৃত্তের ব্যাসার্ধ r বাস্তব হয় তাহলে বৃত্তটিকে বলা হবে প্রকৃত বৃত্ত; যদি ব্যাসার্ধ r = 0 হয় তাহলে বৃত্তটি একটি বিন্দু/ শীর্ষবিন্দু বৃত্ত (vertex circle); যদি ব্যাসার্ধ r কাল্পনিক হয় তবে বৃত্তটিও কাল্পনিক।

উদাহরণ 8: বৃত্তের কেন্দ্র এবং ব্যাসার্ধ বার কর -

(a) $2x^2 + 2y^2 - 6x - 8y + 2 = 0$

(b) $x^2 + y^2 + 2x\sin\theta + 2y\cos\theta - 10 = 0$

(c) $2x^2 + \lambda xy + 2y^2 + (\lambda - 2)x + 4y - 6 = 0$; λ এর কোন মানের জন্য।

সমাধান:

(a) আমরা প্রদত্ত সমীকরণগুলিকে পুনর্গঠন করে পাই,

$$x^2 + y^2 - \frac{6}{2}x - \frac{8}{2}y + \frac{2}{2} = 0$$

$$\Rightarrow \quad x^2 + y^2 - 3x - 4y + 1 = 0 \qquad ...(1)$$

আমরা সমীকরণ (1) থেকে g, f এবং c এর মান পাই, যেখানে g = – 3/2, f = –4/2, c = 1

সুতরাং কেন্দ্র (3/2, 2) এবং ব্যাসার্ধ হবে

$$\sqrt{g^2+f^2-1} = \sqrt{(3/2)^2+2^2-1}$$

$$= \sqrt{21/4} = \frac{\sqrt{21}}{2}$$

অতএব ব্যাসার্ধ হয় $r = \dfrac{\sqrt{21}}{2}$

(b) ধরা যাক সমীকরণটি $x^2+y^2+2x\sin\theta+2y\cos\theta-10=0$

এই বৃত্তের কেন্দ্র হয় $(-\sin\theta, -\cos\theta)$

অতএব, ব্যাসার্ধ = $\sqrt{-(\sin\theta)^2+(-\cos\theta)^2+10}$

$$= \sqrt{\sin^2\theta+\cos^2\theta+10} = \sqrt{1+10} \qquad (\because \sin^2\theta+\cos^2\theta=1)$$

$\therefore \quad r = 3.3$

(c) বৃত্তের প্রদত্ত সমীকরণ

$$2x^2+\lambda xy+2y^2+(\lambda-2)x+4y-4=0 \qquad \text{....(ii)}$$

আমরা প্রদত্ত সমীকরণকে x^2 এর গুণাঙ্ক অর্থাৎ 2 দিয়ে ভাগ করার পর সমীকরণটি পুনরায় লিখে পাই

$$\frac{2x^2}{2}+\frac{\lambda xy}{2}+\frac{2y^2}{2}+\frac{(\lambda-2)\cdot x}{2}+\frac{4y}{2}-\frac{4}{2}=0$$

বা $\quad x^2+\dfrac{\lambda}{2}\cdot xy+y^2+\dfrac{(\lambda-2)}{2}\cdot x+2y-2=0 \qquad$ ....(iii)

একটা বৃত্তের সাধারণ সমীকরণে, xy এর কোন পদ নেই কিন্তু আমাদের সমীকরণে (ii), xy এর একটা পদ আছে যার গুণাঙ্ক $\dfrac{\lambda}{2}$, অর্থাৎ

$\therefore \quad \dfrac{\lambda}{2}=0 \Rightarrow \lambda=0$

সুতরাং সমীকরণ (iii) হ্রাস পেয়ে হবে

$$x^2+y^2-x+2y-2=0 \qquad \text{....(iv)}$$

এভাবে কেন্দ্রবিন্দু হবে, $\left(\dfrac{1}{2}, -1\right)$ অর্থাৎ $\left(-\dfrac{\text{x এর গুণাঙ্ক}}{2}, -\dfrac{\text{y এর গুণাঙ্ক}}{2}\right)$

ব্যাসার্ধ = $\sqrt{g^2+f^2-c} = \sqrt{\left(-\dfrac{1}{2}\right)^2+1^2+2} = \dfrac{\sqrt{13}}{2}$

3.3.2 একটি বৃত্তের বৈশিষ্ট্য (Characteristics of a Circle)

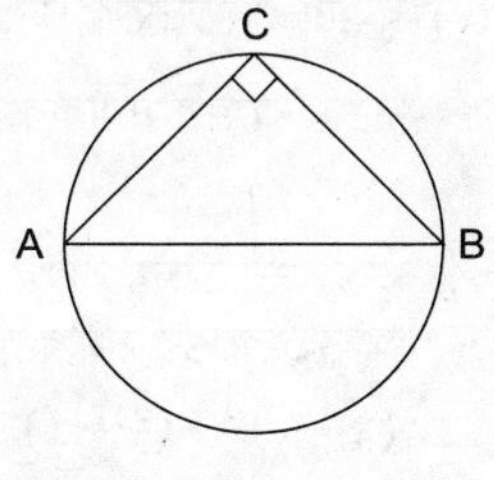

চিত্র 3.10

(i) ব্যাস হল বৃত্তের দীর্ঘতম জ্যা এবং বৃত্তকে দুটো সমান অর্ধেক অংশে ভাগ করে।

(ii) বৃত্তের কেন্দ্র থেকে জ্যা এর ওপর যে লম্ব অঙ্কন করা যায় তা জ্যা কে সমদ্বিখণ্ডিত করে। (লম্ব দ্বিখন্ডক)

(iii) কোনো একটা প্রদত্ত পরিসীমার জন্য বিভিন্ন আকৃতি মধ্যে বৃত্তের ক্ষেত্রফল সর্ববৃহৎ।

(iv) বৃত্তরা সর্বসম হয় যদি তাদের ব্যাসার্ধ সমান হয়।

(v) অর্ধ – বৃত্তের কোণ সর্বদা 90° হয়। (চিত্র 3.10 এ ABC কোণ)

(vi) ব্যাসার্ধ বা ব্যাসের পরিমাপ নির্বিশেষে সমস্ত বৃত্তরাই অনুরূপ।

(vii) সমান দৈর্ঘ্যের জ্যা বৃত্তের কেন্দ্রে সমান কোণ উৎপন্ন করে।

দ্রষ্টব্য:-

1. বৃত্তের সমীকরণ $x^2 + y^2 + 2gx + 2fy + c = 0$ এর তিনটে ধ্রুবক আছে, অতএব বৃত্তের সাধারণ সমীকরণ পেতে কমপক্ষে তিনটি শর্ত জানা প্রয়োজন, এটা বোঝায় যে একটা অনন্য বৃত্ত তিনটে অসমরৈখিক বিন্দু দিয়ে যায়।
2. x এবং y এর একটা সাধারণ দ্বিতীয় ডিগ্রীর সমীকরণ হয় $ax^2 + by^3 + 2hxy + 2gx + 2fy + c = 0$ যেখানে h, g, f, c ধ্রুবক হিসাবে লেখা হয়. এটা বৃত্ত বোঝায় যদি -
   - x^2 এর গুণাঙ্ক = y^2 এর গুণাঙ্ক বা $a = b \neq 0$
   - xy এর গুণাঙ্ক = 0 বোঝায় যে $h = 0$
   - $(g^2 + f^2 - c) \geq 0$ (এটা একটা বাস্তব বৃত্তের জন্য)

উদাহরণ 9: একটা পিজার ব্যাস 10 ইঞ্চি। পিজার ব্যাসার্ধ কত?

সমাধান: ব্যাস = 2 × ব্যাসার্ধ

$\therefore$ ব্যাসার্ধ = $\frac{10}{2} = 5$ inches **উত্তর**

3.3.3 বৃত্তের সমীকরণ নির্ণয় কর প্রদত্ত (Find Equation of Circle Given)

I. কেন্দ্র এবং ব্যাসার্ধ।

II. তিনটে পয়েন্ট তার ওপর আছে।

III. ব্যাসের শেষ বিন্দুর স্থানাঙ্ক।

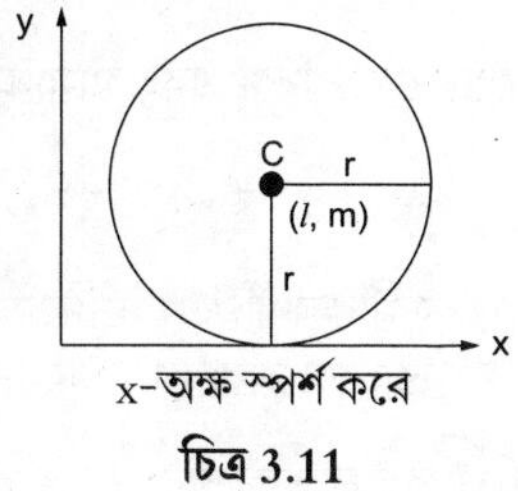

x–অক্ষ স্পর্শ করে

চিত্র 3.11

I. কেন্দ্র এবং ব্যাসার্ধ:

যদি (l, m) কেন্দ্র হয় এবং r বৃত্তের ব্যাসার্ধ হয় তাহলে এর সমীকরণ হয়

$$(x - \ell)^2 + (y - m)^2 = r^2 \quad ....(i)$$

বিশেষ ক্ষেত্রে -

(i) যদি কেন্দ্র হয় (0, 0) এবং ব্যাসার্ধ 'r' হয়, তাহলে (1) এ প্রদত্ত বৃত্তের সমীকরণ হ্রাস পেয়ে হয় $x^2 + y^2 = r^2$

(ii) যদি বৃত্তের ব্যাসার্ধ শূন্য হয়, তাহলে বৃত্তের সমীকরণ হ্রাস পেয়ে হয় $(x - l)^2 + (y - m)^2 = 0$ (শূন্য/বিন্দু বৃত্ত)

(iii) বৃত্তটা এমনভাবে আঁকা হয় যে এটা x – অক্ষকে স্পর্শ করে তখন বৃত্তের সমীকরণ হয়

$$(x - \ell)^2 + (y - m)^2 = m^2 \ (r = m)$$ (চিত্র 3.11)

(iv) বৃত্তটা এমনভাবে আঁকা হয় যে এটা y – অক্ষকে স্পর্শ করে
তখন বৃত্তের সমীকরণ হয় $(x-\ell)^2+(y-m)^2=\ell^2$
(চিত্র 3.12)

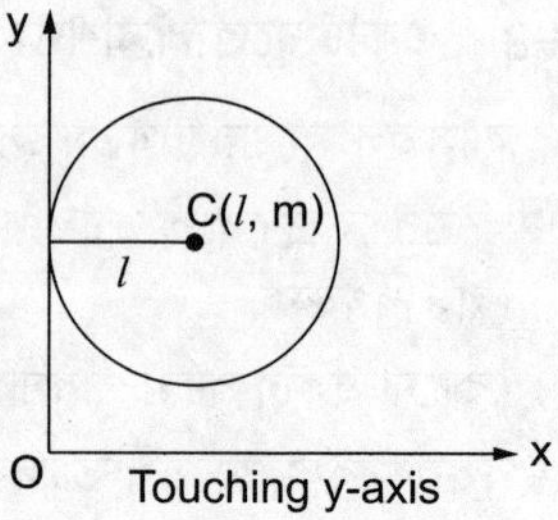

চিত্র 3.12

(v) বৃত্ত যখন উভয় অক্ষকে (x – অক্ষ এবং y -অক্ষ) স্পর্শ করে তখন অঙ্কিত বৃত্তের সমীকরণ হয়
$(x-\ell)^2+(y-\ell)^2=\ell^2$
(চিত্র 3.13)

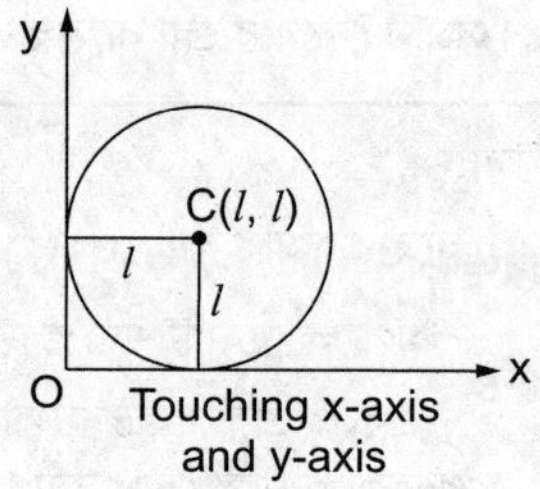

চিত্র 3.13

(vi) বৃত্তটা যখন মূল বিন্দুর মধ্য দিয়ে যায় এবং কেন্দ্র একটা নির্দিষ্ট বিন্দুতে $C(\ell,m)$ থাকে, তখন ব্যাসার্ধ হয় $(\ell^2+m^2)^{\frac{1}{2}}=r$ এবং x – অক্ষকে ছেদ করে।
$OP=2\ell$ এবং y– অক্ষকে ছেদ করে, $OQ=2m$ এবং অতএব, বৃত্তের সমীকরণ হল
$(x-\ell)^2+(y-m)^2=\ell^2+m^2$ বা
$x^2+y^2-2\ell x-2my=0$
পড়াশোনার এই পর্যায়ে লক্ষ্য করা খুবই গুরুত্বপূর্ণ যে বৃত্তের কেন্দ্র যে কোন পাদে (quadrant) থাকতে পারে, তাই সাধারণ ক্ষেত্রে $\pm$ চিহ্ন ব্যবহার করতে হবে, l এবং m এর আগে অর্থাৎ l এবং m এর গুণাঙ্ক +1 বা – 1 হবে (চিত্র 3.14)

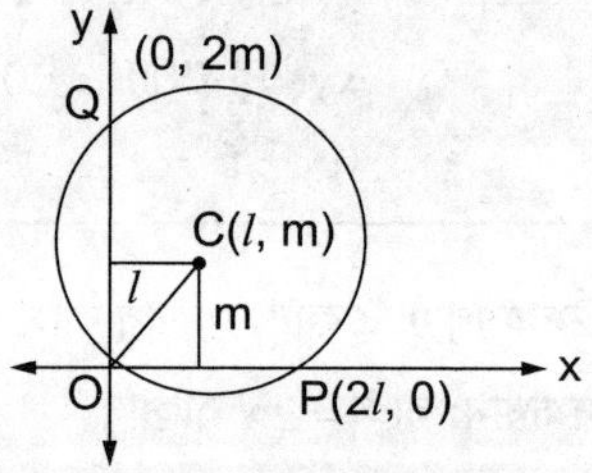

চিত্র 3.14

দ্রষ্টব্য: যখন বৃত্তের বর্ধিত রূপ দেওয়া হয় তখন আমরা এর কেন্দ্র এবং ব্যাসার্ধ বের করতে পারি।

বৃত্তের কেন্দ্র বিন্দু এবং ব্যাসার্ধ বের করার সূত্র। ধরা যাক বৃত্তের সাধারণ সমীকরণ হয়,

$$x^2+y^2+2gx+2fy+c=0$$

(i) সমীকরণটি এমন বীজগণিত আকারে লেখ যাতে x^2 এবং y^2 এর গুণাঙ্ক প্রতিটা সমীকরণে একক হয়। যদি তা না হয়, তাহলে সাধারণ সমীকরণের উভয় পক্ষকে x^2 বা y^2 এর গুণাঙ্ক দ্বারা ভাগ কর, যা বৃত্তের ক্ষেত্রে একই (সমান) হয়।

(ii) বৃত্তের কেন্দ্রের স্থানাঙ্ক হয় $\left(-\frac{1}{2}x \text{ এর গুণাঙ্ক}, -\frac{1}{2}y \text{ এর গুণাঙ্ক}\right)$

(iii) বৃত্তের ব্যাসার্ধ $=\left[\left(\frac{1}{2}x \text{ এর গুণাঙ্ক}\right)^2+\left(\frac{1}{2}y \text{ এর গুণাঙ্ক}\right)^2-\text{ধ্রুবক রাশি}\right]^{\frac{1}{2}}$ একটি বৃত্তের ব্যাসার্ধের মানগুলির ভিত্তিতে প্রাপ্ত বৃত্তের প্রকৃতি (3.4 বিভাগ দেখ)

উদাহরণ 10: $x^2 + y^2 - 4x + 2y - 10 = 0$ বৃত্তের ব্যাসের সমীকরণ বার কর যেটা মূল বিন্দুর মধ্য দিয়ে যায়।

সমাধান: প্রদত্ত বৃত্তের কেন্দ্র C এর স্থানাঙ্কগুলি দ্বারা নিম্নে দেওয়া হল $\left[-\frac{1}{2}(-4), -\frac{1}{2}(2)\right]$ or $(2, -1)$

অতএব, প্রয়োজনীয় ব্যাস হল মূল বিন্দু (0, 0) এবং কেন্দ্র C (2, -1) যুক্ত করে যে সরলরেখা পাওয়া যাবে এবং প্রয়োজনীয় সমীকরণের কাঠামো হল

$$y - y_1 = \frac{y_2 - y_1}{x_2 - x_1}(x - x_1)$$

এক্ষেত্রে $y_1 = 0, y_2 = -1, x_1 = 0, x_2 = 2,$ আমরা পাই

$$y - 0 = \frac{-1-0}{2-0}(x - 0) \quad \text{বা} \quad y = \frac{-1}{2} \cdot x \quad \text{বা} \quad 2y = -x \quad \text{বা} \quad x + 2y = 0$$ **উত্তর**

উদাহরণ 11: $(3, -8)$ এবং $(-6, 6)$ বিন্দুগামী বৃত্তের সমীকরণ বার কর এবং যার কেন্দ্র $2x - y = 7$ এর উপর আছে।

সমাধান: বৃত্তের সাধারণ সমীকরণ ধরা যাক

$$x^2 + y^2 + 2gx + 2fy + c = 0 \qquad ...(i)$$

যদি এটা (3, −8) এই বিন্দুর দিয়ে যায়, তাহলে আমরা পাই

$$(3)^2 + (-8)^2 + 2g(3) + 2f(-8) + c = 0$$

বা $9 + 64 + 6g - 16f + c = 0$

বা $73 + 6g - 16f + c = 0 \qquad ....(ii)$

যদি এটা (−6, 6) এই বিন্দুর দিয়ে যায়, তখন আমরা সমীকরণ (i) থেকে পাই

$$(-6)^2 + (6)^2 + 2g(-6) + 2f(6) + c = 0$$

$$36 + 36 - 12g + 12f + c = 0$$

$$-12g + 12f + c = -72 \qquad ....(iii)$$

যেহেতু কেন্দ্র (−g, −f) বিন্দুটা $2x - y = 7$ এই সমীকরণের ওপর পরে, সুতারং আমরা পাই

$$2(-g)-(-f) = 7 \text{ বা } -2g + f = 7 \qquad ....(iv)$$

(ii) এবং (iv) থেকে, আমরা পাই

$$-13f + c = -52 \qquad ....(v)$$

(iii) এবং (iv) থেকে, আমরা পাই

$$6f + c = -114$$

(v) থেকে (iv) বিয়োগ করে, আমরা পাই

$$\begin{array}{l} -13f + \cancel{c} = -52 \\ \underline{-6f \ \ \pm \cancel{c} = \mp 114} \\ -19f \qquad = 62 \end{array}$$

$$\Rightarrow \quad f = \frac{-62}{19} = -3.3$$

সুতারং (v) থেকে, আমরা পাই

$$c = -52 - (13 \times 3.3) = -52 - 42.9 = -94.9$$

(iv) থেকে আমরা পাই, $-2g - 3.3 = 7 \Rightarrow -2g = 7 + 3.3 = 10.3$

$$\therefore \quad g = \frac{-10.3}{2} = -5.1$$

এখন আমরা পাই, $f = -3.3,\ g = -5.1, c = -94.9$

অতএব প্রয়োজনীয় সমীকরণ হল

$$x^2 + y^2 + 2(-5.1)x + 2(-3.3)y - 94.9 = 0$$

$$x^2 + y^2 - 10.2x - 6.6y - 94.9 = 0$$ **উত্তর**

II. তিনটি প্রদত্ত বিন্দুর মাধ্যমে একটি বৃত্তের সমীকরণ (Equation of a circle through three given points)

তিনটি প্রদত্ত বিন্দুর মধ্য দিয়ে একটি বৃত্তের সমীকরণ বের করার জন্য, ধরা যাক তিনটে বিন্দু $L(x_1, y_1)$, $M(x_2, y_2)$ এবং $N(x_3, y_3)$ এবং প্রয়োজনীয় বৃত্তের সমীকরণ হবে

$$x^2 + y^2 + 2gx + 2fy + c = 0 \qquad ...(i)$$

যেহেতু তিনটে বিন্দু $L(x_1, y_1)$, $M(x_2, y_2)$ এবং $N(x_3, y_3)$ থাকে (i) ওপর, সুতারং আমরা পাই,

$$x_1^2 + y_1^2 + 2gx_1 + 2fy_1 + c = 0 \qquad ...(ii)$$

$$x_2^2 + y_2^2 + 2gx_2 + 2fy_2 + c = 0 \qquad ...(iii)$$

$$x_3^2 + y_3^2 + 2gx_3 + 2fy_3 + c = 0 \qquad ...(iv)$$

(i), (ii), (iii), এবং (iv) থেকে g, f এবং c নির্মূল করে আমরা প্রয়োজনীয় সমীকরণ পাই, যা নিম্নোক্ত কাঠামো দেওয়া আছে

$$\begin{vmatrix} x^2+y^2 & x & y & 1 \\ x_1^2+y_1^2 & x_1 & y_1 & 1 \\ x_2^2+y_2^2 & x_2 & y_2 & 1 \\ x_3^2+y_3^2 & x_3 & y_3 & 1 \end{vmatrix} = 0$$

উপসংহার: যদি চারটে বিন্দু (x_r, y_r) হয়, যেখানে $r = 1, 2, 3, 4$ একটা বৃত্তের ওপর থাকে, তাহলে

$$\begin{vmatrix} x_1^2+y_1^2 & x_1 & y_1 & 1 \\ x_2^2+y_2^2 & x_2 & y_2 & 1 \\ x_3^2+y_3^2 & x_3 & y_3 & 1 \\ x_4^2+y_4^2 & x_4 & y_4 & 1 \end{vmatrix} = 0$$

উদাহরণ 12: L (0, 1), M (1, 0) এবং N (3, 2) বিন্দুর মধ্য দিয়ে যে বৃত্তটি যায় তার সমীকরণ বার কর। এছাড়াও ব্যাসার্ধের মান এবং কেন্দ্রের স্থানাঙ্ক নির্ণয়কর।

সমাধান: ধর একটা বৃত্তের সাধারণ সমীকরণ আগের মত দেওয়া হয়েছে

$$x^2 + y^2 + 2gx + 2fy + c = 0 \quad ...(i)$$

যদি এটা L (0, 1) এই বিন্দু দিয়ে যায়, তাহলে

$$(0)^2 + (1)^2 + 2g(0) + 2f(1) + c = 0 \text{ বা } 1 + 2f + c = 0 \text{ বা } 2f + c + 1 = 0 \quad ...(ii)$$

যদি এটা M (1, 0) এই বিন্দু দিয়ে যায়, তাহলে, আমরা পাই

$$1^2 + 0^2 + 2\cdot g(1) + 2f(0) + c = 0 \text{ বা } 1 + 2g + c = 0 \text{ বা } 2g + c + 1 = 0 \quad ...(iii)$$

যদি এটা N (3, 2) এই বিন্দু দিয়ে যায়, তাহলে, আমরা পাই

$$3^2 + 2^2 + 2\cdot g\cdot(3) + 2\cdot f(2) + c = 0$$

$$9 + 4 + 6g + 4f + c = 0$$

$$6g + 4f + c + 13 = 0 \quad ...(iv)$$

ধরা যাক সমীকরণ (ii) এবং (iii)

$$2f + c + 1 = 0$$
$$2g + c + 1 = 0$$

এই দুটো সমীকরণ থেকে, আমরা পাই

$$2f = 2g \text{ বা } f = g \quad ...(v)$$

(iv) এবং (v) থেকে, আমরা পাই

$$6g + 4g + c + 13 = 0 \text{ বা } 10g + c + 13 = 0$$

(vi) থেকে (iii) বিয়োগ করে, আমরা পাই $8g = -12$ বা $g = -\frac{12}{8} = -1.5$ ...(vi)

(v) থেকে, আমরা পাই $f = g = -1.5$ এবং (ii) থেকে, আমরা পাই

$$(-1.5) + c + 1 = 0 \text{ বা } -3.0 + c + 1 = 0 \text{ বা } c = 3.0 - 1 = 2.0$$

এখন, আমাদের $f = g = -1.5$, $c = 2.0$ আছে, অতএব $f = g = -1.5$, $c = 2.0$ এই মান গুলো সমীকরণ (i) বসিয়ে আমরাপাই বৃত্তের প্রয়োজনীয় সমীকরণ,

$$x^2 + y^2 - 2(1.5)x - 2(1.5)y + 2.0 = 0$$
$$x^2 + y^2 - 3x - 3y + 2 = 0$$

এখন কেন্দ্র c এর স্থানাঙ্ক নির্ধারণ কর, যা হয় $(-g, -f)$ বা (1.5) , 1.5)

এবং ব্যাসার্ধ $= \sqrt{g^2 + f^2 - c} = \sqrt{(1.5)^2 + (1.5)^2 - 2}$

$$= \sqrt{2.25 + 2.25 - 2} = \sqrt{4.50 - 2} = \sqrt{2.50} = 1.6$$

III. ব্যাস আকারে বৃত্তের সমীকরণ (Equation of Circle in Diameter Form)

যদি $A(x_1, y_1)$ এবং $B(x_2, y_2)$ বৃত্তের ব্যাসের প্রান্তিক বিন্দু এবং P (x, y) হল পরিধির উপর A এবং B ছাড়া যেকোন বিন্দু, তাহলে, জ্যামিতিক দিক থেকে, আমরা জানি যে $\angle APB = 90^0$ এটা বোঝায় যে (PA এর প্রবণতা) × (PB এর প্রবণতা) = −1

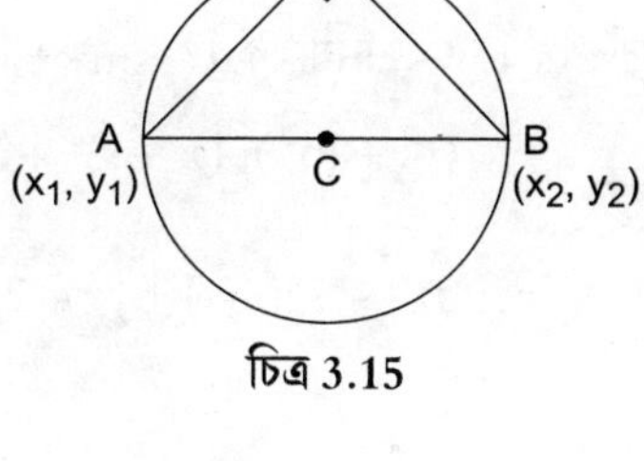

চিত্র 3.15

$$\therefore \left(\frac{y - y_1}{x - x_1}\right)\left(\frac{y - y_2}{x - x_2}\right) = -1$$

$$\Rightarrow (x - x_1)(x - x_2) + (y - y_1)(y - y_2) = 0$$

মন্তব্য: এই সমীকরণটা এমন একটা বৃত্তের যা (x_1, y_2) এবং (x_2, y_2) বিন্দুগামী বৃত্তগুলির মধ্যে সর্বনিম্ন ব্যাসার্ধ ব্যাসার্ধের।

3.4 শঙ্কুচ্ছেদ (Conic Sections)

ব্যবচ্ছেদ (বা সহজভাবে শঙ্কুচ্ছেদ) হল একটি সমতল পৃষ্ঠের ছেদ দ্বারা প্রাপ্ত ভালভাবে সংজ্ঞায়িত বক্ররেখা। মূলত তিন ধরনের কনিক আছে (i) অধিবৃত্ত (Parabola) (ii) পরাবৃত্ত (Hyperbola) (iii) উপবৃত্ত (Ellipse) (বৃত্তটি উপবৃত্তের একটি বিশেষ ঘটনা)

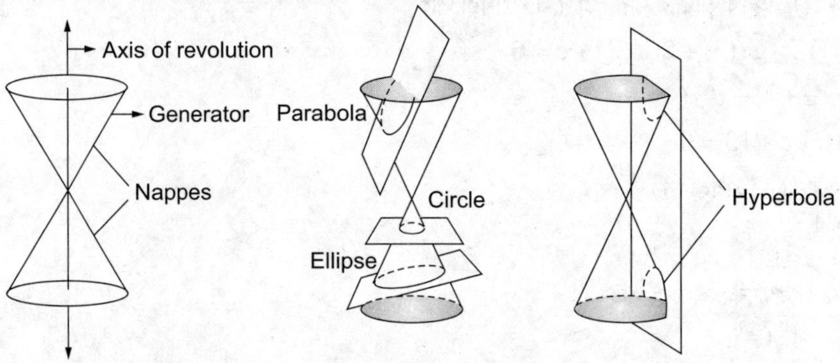

চিত্র 3.16 একটা শঙ্কু এবং তার শঙ্কুচ্ছেদগুলো

ক্রমিক	যখন ছেদক সমতল	তাহলে প্রাপ্ত শঙ্কুচ্ছেদগুলি হল-
(i)	উৎপাদক রেখার সমান্তরাল	অধিবৃত্ত
(ii)	ঘূর্ণন অক্ষের সমান্তরাল	পরাবৃত্ত
(iii)	অক্ষের সঙ্গে একটা কোণে (90° ছাড়া) বক্রতলকে ছেদ কর	উপবৃত্ত
(iv)	লম্ব (90^0 বিপ্লবঅক্ষের)	বৃত্ত

একটা শঙ্কুচ্ছেদ বা শঙ্কু হল একটা বিন্দুর সঞ্চারপথ যা একটা সমতলে চলে যাতে একটা নির্দিষ্ট বিন্দু থেকে তার দূরত্ব এবং একটা স্থির সরলরেখা থেকে তার লম্ব দূরত্ব একটা ধ্রুবক অনুপাতে থাকে এবং এই নির্দিষ্ট বিন্দুটি একটা নির্দিষ্ট রেখায় থাকে না। স্থির বিন্দুকে বলা হয় নাভি (focus)। ধ্রুব অনুপাতটি উৎকেন্দ্রতা (eccentricity) (e দ্বারা চিহ্নিত) হিসাবে পরিচিত। স্থির সরলরেখাকে নিয়ামক (directrix) বলে। তার ফোকাস এবং ডাইরেক্ট্রিক্সের লম্বের মধ্য দিয়ে যাওয়া রেখাটিকে বিপ্লবের অক্ষ বলা হয়। এবং তার বিপ্লবের অক্ষের সাথে কনিকের ছেদ বিন্দুকে একটি শিরোনাম বলে।

একটা শঙ্কুচ্ছেদের সাধারণ সমীকরণ

নাভি (s, t) এবং নিয়ামক $lx + my + n = 0$ বিশিষ্ট একটা কনিকের সাধারণ সমীকরণ হয়

$$(\ell^2 + m^2)\left[(x-s)^2 + (y-t)^2\right] = e^2(\ell x + my + n)$$

$$\Rightarrow \quad ax^2 + 2hxy + by^2 + 2gx + 2fy + c = 0$$

যদি $e > 1$ হলে, শঙ্কুচ্ছেদকে পরাবৃত্ত (hyperbola) বলা হয়।
যদি $e = 1$ হলে, শঙ্কুচ্ছেদকে অধিবৃত্ত (parabola) বলা হয়।
যদি $e < 1$ হলে, শঙ্কুচ্ছেদকে উপবৃত্ত (ellipse) বলা হয়।

3.4.1 অধিবৃত্ত (Parabola)

একটা অধিবৃত্ত এমন একটা জ্যামিতিক কাঠামো যাএকটা জ্যামিতিক সমতলে একটা বিন্দুর সঞ্চারপথ, বিন্দুটি এমনভাবে চলে যাতে একটা নির্দিষ্ট বিন্দু থেকে তার দূরত্ব সর্বদা একটা নির্দিষ্ট সরলরেখা (অর্থাৎ নিয়ামক) থেকে তার দূরত্বের সমান। একটা আদর্শ পরাবৃত্তের সমীকরণ হল $y^2 = 4ax$ ...(i)

যেখানে x এবং y চলরাশি এবং a ধ্রুবক।

পরাবৃত্তের সমীকরণ (1) থেকে, আমরা নিম্নলিখিতগুলি বার করি:

(i) শীর্ষবিন্দু (0, 0) (ii) নাভি (a, 0),

(iii) অক্ষ $y = 0$ (iv) নিয়ামক $x + a = 0$

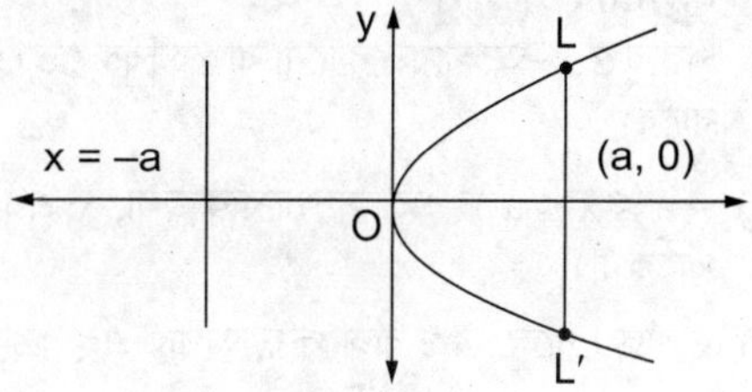

চিত্র 3.17

কিছু গুরুত্বপূর্ণ পদ-

(a) নাভি দূরত্ব (Focal distance): অধিবৃত্তের ওপর একটা বিন্দু থেকে নাভি পর্যন্ত দূরত্বকে ওই বিন্দুর নাভি দূরত্ব বলে।

(b) নাভিগামী জ্যা (Focal chord): অধিবৃত্তের নাভির মধ্যে দিয়ে যায় যে জ্যা তাকে নাভিগামী জ্যা বলা হয়।

(c) নাভিলম্ব (Latus rectum): নাভির মধ্যে দিয়ে অঙ্কিত অধিবৃত্তের দ্বিগুন কোটিকে তার নাভিলম্ব বলা হয়।

অধিবৃত্তের ক্ষেত্রে $y^2 = 4ax$, আমরা নিম্নোক্ত পদগুলি ধরি:

(i) নাভিলম্বের দৈর্ঘ্য = 4a

(ii) অর্ধেক নাভিলম্বের দৈর্ঘ্য = 2a

(iii) নাভিলম্বের শেষ প্রান্ত হল L (a, 2a) এবং L ′(a, –2a)

3.4.2 পরাবৃত্ত (Hyperbola)

শঙ্কুচ্ছেদের যখন উৎকেন্দ্রতা হয় $e > 1$ হয় তখন পরাবৃত্ত পাওয়া যায়।

সংজ্ঞা: পরাবৃত্ত হয় একটা বিন্দুর সঞ্চারপথ এমন যে একটা নির্দিষ্ট বিন্দুর (নাভি) থেকে তার দৈর্ঘ্য হবে একটা স্থির সরল রেখা (নিয়ামক বলা হয়) থেকে তার দূরত্বের e গুণিতক। অতএব পরাবৃত্ত $e > 1$ দ্বারা চিহ্নিত করা হয়। এখন আমরা নিম্নরূপ পরাবৃত্তাকার (hyperbolic) কাঠামোকে গাণিতিক সূত্রে প্রকাশ করি: নাভি S এর স্থানাঙ্ক (ae, 0) এবং নিয়ামকের সমীকরণ $x = a/e$ ধরা যাক P (x, y) পরাবৃত্তের ওপর যেকোনো বিন্দু, তাহলে আমরা পাই $SP/PM = e$ বা $SP^2 = e^2 \times PM^2$

বা $(x - ae)^2 + (y - 0)^2 = e^2 [x - (a/e)]^2$

বা $(x - ae)^2 + y^2 = (ex - a)^2$

বা $(x^2)(1 - e^2) + y^2 = a^2 (1 - e^2)$

বা $\frac{x^2}{a^2} - \frac{y^2}{a^2(e^2 - 1)} = 1$ or $\frac{x^2}{a^2} - \frac{y^2}{b^2} = 1$

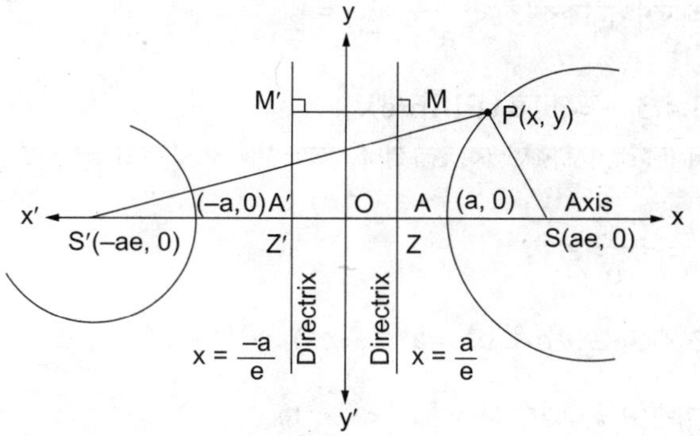

চিত্র 3.18

যেখানে $b^2 = a^2(e^2 - 1)$, যেহেতু আমাদের ক্ষেত্রে $e > 1$, অতএব $b^2 > 0$. অতএব পরাবৃত্তের সাধারণ সমীকরণ হয়

$$\boxed{\frac{x^2}{a^2} - \frac{y^2}{b^2} = 1}$$ (এটা হয় পরাবৃত্তের আদর্শ সমীকরণ)

যেখানে x এবং y হয় চলরাশি, a এবং b হয় ধ্রুবক এবং $b^2 = a^2(e^2 - 1)$। পরাবৃত্তের আদর্শ সমীকরণ বিবেচনা করে, আমরা নিম্নলিখিতগুলি পাই:

(i) যেহেতু এই সমীকরণে x এবং y এর শুধুমাত্র জোড় সূচক (even power), তাই পরাবৃত্ত উভয় অক্ষের সাপেক্ষে প্রতিসম (symmetrical)।

(ii) পরাবৃত্ত y-অক্ষকে কোনো বাস্তব বিন্দুতে ছেদ করে না কিন্তু এটা x-অক্ষকে (a, 0) বিন্দুতে এবং (− a, 0) বিন্দুতে ছেদ করে।

(iii) $-a \le x \le a$) এই সম্পর্কের জন্য, y এর মান কাল্পনিক হয়, সুতারং $x = -a$ থেকে $x = a$ এর মধ্যবর্তী এই বক্ররেখা থাকেনা।

(iv) x বৃদ্ধি পেলে, y ও বৃদ্ধি পায়, অর্থাৎ এই বক্ররেখা অসীম (infinity) পর্যন্ত প্রসারিত হয়।

(v) যদি কেন্দ্র থেকে নাভির (foci) দৈর্ঘ্য হয় c তাহলে পরাবৃত্ত হবে $c^2 = a^2 + b^2$ এবং $e = \dfrac{c}{a}$

কিছু গুরুত্বপূর্ণ সংজ্ঞা

নাভি এবং নিয়ামকগুলো (Foci and Directrices): যেহেতু বক্ররেখাটি y-অক্ষের সাপেক্ষে প্রতিসম, অতএব আরেকটা নাভি S' আছে (−ae, 0) এই বিন্দুতে। সুতরাং, এটা দেখা যায় যে পরাবৃত্তের জ্যামিতিক কাঠামোতে দুটি কেন্দ্র S (ae, 0) এবং S' (−ae, 0) রয়েছে। এই নাভিগুলির সাথে সামঞ্জস্যপূর্ণ, দুটি (directrices) রয়েছে যার সমীকরণ হয় $x = a/e$ এবং $x = -a/e$

কেন্দ্র (Centre): পরাবৃত্তের যেকোনো জ্যা O এর মধ্যে দিয়ে যায় O এর মাধ্যমে পরাবৃত্তের যেকোনো জ্যা, O বিন্দু AA' কে দ্বিখন্ডিত করে অতএব O কে পরাবৃত্তের কেন্দ্র বলা হয় (চিত্র 3.18)।

আমরা পরাবৃত্তকে সেই সমস্ত বিন্দুরর সেট (x, y) হিসাবে ব্যাখ্যা করতে পারি যাতে (x, y) থেকে নাভি পর্যন্ত দৈর্ঘ্যের পার্থক্য ধ্রুবক হয়। যদি কেন্দ্র মূলবিন্দু, শীর্ষবিন্দু $(\pm a, 0)(\pm a, 0)$ এবং সহ-শীর্ষবিন্দু $(0, \pm b)(0, \pm b)$ হয় তাহলে একটা পরাবৃত্তের আদর্শ সমীকরণ হবে $\dfrac{x^2}{a^2} - \dfrac{y^2}{b^2} = 1$

3.4.3 উপবৃত্ত (Ellipse)

সমীকরণে তার উপবৃত্তের প্রধান অক্ষ যদি স্থানাঙ্ক অক্ষ হয় তবে এর আদর্শ সমীকরণ হবে

$$\frac{x^2}{a^2} + \frac{y^2}{b^2} = 1,$$

যেখানে $a > b \;\&\; b^2 = a^2(1 - e^2) \Rightarrow a^2 - b^2 = a^2e^2$

যেখানে e = উৎকেন্দ্রতা $(0 < e < 1)$.

নাভি Foci $F \equiv (ae, 0) \;\&\; F' \equiv (-ae, 0)$

> **মজার ব্যাপার**
>
> উপবৃত্ত, পরাবৃত্ত, অধিবৃত্ত, বৃত্ত এই বক্ররেখাগুলোকে শঙ্কুছেদ বলা হয় যেহেতু এগুলো লম্ব বৃত্তাকার শঙ্কু থেকে পাওয়া যায়

(1) **শীর্ষবিন্দুগুলো (Vertices)**

$A' \equiv (-a, 0) \;\&\; A \equiv (a, 0)$

(2) **নিয়ামকগুলোর সমীকরণ** $x = \frac{a}{e}$ & $x = -\frac{a}{e}$

(3) **পরাক্ষ (Major axis):** A'A রেখাংশ যার মধ্যে নাভি F' এবং F আছে যার দৈর্ঘ্য হয় 2a তাকে উপবৃত্তের পরাক্ষ $(a > b)$ বলা হয়। নিয়ামকের সাথে পরাক্ষের ছেদ বিন্দুকে নিয়ামকের ফুট বলা হয় $\left(\pm\frac{a}{e}, 0\right)$।

(4) **উপাক্ষ (Minor Axis):** উপবৃত্তটি y- অক্ষকে $B' \equiv (0, -b)$ & $B \equiv (0, b)$ বিন্দুতে ছেদ করে। B'B রেখাংশ যার দৈর্ঘ্য হয় 2b $(b < a)$ তাকে উপবৃত্তের উপাক্ষ বলা হয়।

(5) **প্রধান অক্ষ (Principal Axes):** পরাক্ষ এবং উপাক্ষকে একসাথে উপবৃত্তের প্রধান অক্ষ বলা হয়।

(6) **কেন্দ্র (Centre):** শঙ্কুচ্ছেদের যে বিন্দু তার মধ্য দিয়ে অঙ্কিত প্রতিটি জ্যাকে দ্বিখন্ডিত করে তাকে কেন্দ্র বলে। $0 \equiv (0, 0)$. $\frac{x^2}{a^2} + \frac{y^2}{b^2} = 1$ উপবৃত্তে কেন্দ্র হয় মূলবিন্দু।

(7) **নাভিলম্ব (Latus Rectum):** নাভিবিন্দুগামী যে জ্যা পরাক্ষের ওপর লম্ব তাকে উপবৃত্তের নাভিলম্ব বলে।

(i) নাভিলম্বের দৈর্ঘ্য (LL') = $\frac{2b^2}{a}$

(ii) নাভিলম্বের সমীকরণ: $x = \pm ae$

(8) **নাভির ব্যাসার্ধ (Focal radii):** SP = a −ex & S'P = a + ex $\Rightarrow$ SP + S'P = 2a = পরাক্ষ

(9) **উৎকেন্দ্রতা (Eccentricity):** $e = \sqrt{1 - \frac{b^2}{a^2}}$

মন্তব্য (1) উপবৃত্তের যেকোনো বিন্দুর নাভি দৈর্ঘ্যের যোগফল সর্বদা পরাক্ষের সমান এবং এটা 2a এর সমান। ওপরের সব পদের জন্য চিত্র (3.19) দেখ।

দ্রষ্টব্য:

(i) যদি উপবৃত্তের কেন্দ্র থেকে নাভির দূরত্ব = C তাহল, $C = \sqrt{a^2 - b^2}$,

(ii) যদি উপবৃত্তের সমীকরণ দেওয়া হয় $\frac{x^2}{a^2} + \frac{y^2}{b^2} = 1$ & কিছুই উল্লেখ করা না থাকে, তাহলে ধরে নেওয়া হয় $a > b$

(iii) উপবৃত্ত হয় উভয় স্থানাক অক্ষের ক্ষেত্রে প্রতিসম।

(iv) নাভি (foci) সবসময় পরাক্ষের উপর থাকে।

উদাহরণ 13: একটা উপবৃত্তের সমীকরণ বার কর যার নাভি বিন্দু (-2, 2), যার নিয়ামক হয় 2x - 3y + 5 = 0 এই রেখার মধ্যে এবং যার উৎকেন্দ্রতা হয় 1/3

সমাধান: ধরা যাক উপবৃত্তের ওপর কোন বিন্দু P (x, y)। এর নাভি হয় S (-2, 2) এবং P থেকে PM নিয়ামকের 2x - 3y + 5 = 0 এর উপর লম্ব অঙ্কন করা হয় তারপর SP = e.PM বা $SP^2 = e^2 PM^2$

$$(x+2)^2 + (y-2)^2 = e^2\left[(2x - 3y + 5) / \sqrt{(2)^2 + (-3)^2}\right]^2$$

$$\Rightarrow \quad (x+2)^2+(y-2)^2=\left(\frac{1}{3}\right)^2\left[(2x-3y+5)/\sqrt{13}\right]^2=\frac{1}{(9\times 13)}(2x-3y+5)^2$$

$$\Rightarrow \quad (x+2)^2+(y-2)^2=\frac{1}{117}(2x-3y+5)^2$$

$$\Rightarrow \quad 117[x^2+4x+4+y^2-4y+4]=[4x^2+9y^2-12xy+20x-30y+25]$$

$$\Rightarrow \quad 113x^2+113y^2+12xy+448x-438y+911=0$$

এটা একটা উপবৃত্তের প্রয়োজনীয় সমীকরণ

উদাহরণ 14: যদি একটা উপবৃত্তের নাভিলম্ব তার উপাক্ষের $\frac{1}{2}$ হয়, তাহলে নিচের কোন উপকেন্দ্রতা 'e' এর মান সঠিক

(i) 5/2 (ii) 2/5 (iii) $\frac{\sqrt{3}}{2}$ (iv) $\frac{2}{\sqrt{3}}$

সমাধান: আমাদের দেওয়া আছে যে $\frac{2b^2}{a}=\frac{2b}{2}$ (অতএব উপাক্ষের মান হয় 2b)

বা $\frac{2b^2}{a}=b\Rightarrow\frac{2b^2}{b}=a$

$\Rightarrow \quad 2b=a$ ....(i)

এখন (i) এর উভয় পাশে বর্গ করে, আমরা পাই

$$4b^2=a^2\Rightarrow 4a^2(1-e^2)=a^2$$

$$\Rightarrow \quad 1-e^2=\frac{1}{4}\Rightarrow e^2=1-\frac{1}{4}=\frac{3}{4}$$

$\therefore \quad e=\sqrt{\frac{3}{4}}=\frac{\sqrt{3}}{2}$ **উত্তর** (iii)

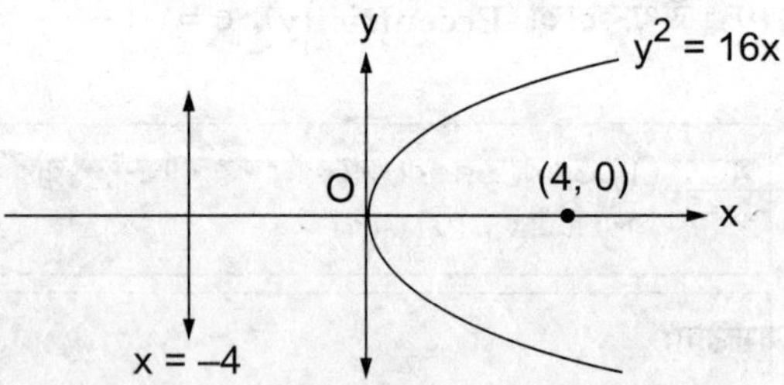

চিত্র 3.20

উদাহরণ 15: $y^2 = 16x$ এই অধিবৃত্তের অক্ষ, নাভির স্থানাঙ্ক, নিয়ামক এবং নাভিলম্বের সমীকরণ বার কর।

সমাধান: প্রদত্ত সমীকরণটিকে $y^2 = 16x$

তুলনা করে, আমরা পাই 4a = 16

$\Rightarrow \quad a = 4$

এইভাবে অধিবৃত্তের নাভি (4, 0) এবং অধিবৃত্তের নিয়ামকের সমীকরণ হল $x = -4$

অধিবৃত্তের নাভিলম্বের দৈর্ঘ্য = 4a = 4 × 4 = 16

উদাহরণ 16: নাভি (4, 0) এবং নিয়ামক x = –4 দিয়ে অধিবৃত্তের সমীকরণ বার কর।

সমাধান: অধিবৃত্তের অক্ষ হয় x- অক্ষ যেহেতু নাভি (4, 0)।

অতএব, অধিবৃত্তের সমীকরণ হয় $y^2 = 4ax$ অথবা $y^2 = -4ax$ কিন্তু এটা দেওয়া আছে যে নিয়ামক হল $x = -4$ এবং নাভি $(4, 0)$, অধিবৃত্তটি অবশ্যই হবে $y^2 = 4ax$ যেখানে $a = 4$

$\therefore$ প্রয়োজনীয় সমীকরণ হল $y^2 = 4 \times 4 \times x \Rightarrow y^2 = 16x$

উদাহরণ 17: $\frac{x^2}{9} + \frac{y^2}{4} = 1$ এই উপবৃত্তের নাভির স্থানাক, শীর্ষবিন্দু, পরাক্ষের দৈর্ঘ্য, উপাক্ষ, উৎকেন্দ্রতা এবং নাভিলম্ব নির্ণয় কর।

সমাধান: যেহেতু $9 > 4$, $\therefore$ পরাক্ষটি x- অক্ষ বরাবর।

প্রদত্ত সমীকরণের $\frac{x^2}{a^2} + \frac{y^2}{b^2} = 1$ সাথে তুলনা করে আমরা পাই

$a = 3, b = 2,$

$\therefore$ উৎকেন্দ্রতা $e = \sqrt{1 - \frac{b^2}{a^2}} = \sqrt{1 - \frac{4}{9}} = \frac{\sqrt{5}}{3}$

$c = \sqrt{a^2 - b^2} = \sqrt{9 - 4} = \sqrt{5}$

$\therefore$ নাভির স্থানাঙ্ক $\left(-\sqrt{5}, 0\right)$ এবং $\left(\sqrt{5}, 0\right)$; শীর্ষবিন্দু $(-3, 0)$ এবং $(3, 0)$; পরাক্ষের দৈর্ঘ্য

$= 2 \times a = 6$ একক

উপাক্ষের দৈর্ঘ্য $= 2b = 4$ একক

নাভিলম্ব $= \frac{2b^2}{a} = \frac{2 \times 4}{3} = \frac{8}{3}$

উদাহরণ 18: উপবৃত্তের সমীকরণ নির্ণয় কর যার শীর্ষবিন্দু $(\pm 10, 0)$ এবং নাভি $(\pm 4, 0)$।

সমাধান: যেহেতু শীর্ষবিন্দুগুলো x- অক্ষের ওপর, তাই উপবৃত্তের সমীকরণটি হবে $\frac{x^2}{a^2} + \frac{y^2}{b^2} = 1,$ যেখানে a হয় আধা-পরাক্ষ (semi- major axis)

$a = 10, c = 4$ এটা দেওয়া আছে

$\therefore$ এটা ব্যবহার করে $c^2 = a^2 - b^2$

$\Rightarrow b = \sqrt{100 - 16}$

$\Rightarrow b = \sqrt{84}$

$\therefore$ উপবৃত্তের সমীকরণ হয় $\frac{x^2}{100} + \frac{y^2}{84} = 1$

উদাহরণ 19: $\frac{x^2}{25}-\frac{y^2}{36}=1$ এই পরাবৃত্তের নাভির স্থানাক এবং শীর্ষবিন্দু, উৎকেন্দ্রতা, নাভিলম্বের দৈর্ঘ্য নির্ণয় কর।

সমাধান: দেওয়া আছে $\frac{x^2}{25}-\frac{y^2}{36}=1$ ....(1)

$\frac{x^2}{a^2}-\frac{y^2}{b^2}=1$ এটা (1) এর সঙ্গে তুলনা করেআমরা পাই $a = 5, b = 6$

এবং $c=\sqrt{a^2+b^2}=\sqrt{25+36}=\sqrt{61}$

$\therefore$ নাভির স্থানাক $\left(\pm\sqrt{61},0\right)$ এবং শীর্ষবিন্দু $(\pm 5, 0)$

উৎকেন্দ্রতাও $e=\frac{c}{a}=\frac{\sqrt{61}}{5}$

নাভিলম্ব $=\frac{2b^2}{a}=\frac{2\times 36}{5}=\frac{72}{5}$

FUN FACT
The terms 'parabola' and hyperbola' were given by Greek mathematician Apollonius more than 2000 years ago!

উদাহরণ 20: পরাবৃত্তের সমীকরণ নির্ণয় কর যেখানে নাভি $(0, \pm 2)$ এবং শীর্ষবিন্দু $(0, \pm 1)$ দেওয়া আছে।

সমাধান: যেহেতু নাভি হয় y-অক্ষের ওপর, তাই পরাবৃত্তের সমীকরণের আকার হয় $\frac{y^2}{a^2}-\frac{x^2}{b^2}=1$

যেহেতু শীর্ষবিন্দু $(0,\pm 1)$, $a = 1$

নাভি $(0,\pm 2)$, $c = 2$

$\therefore \quad b^2=c^2-a^2=4-1=3$

$b^2=3$

$\therefore$ পরাবৃত্তের সমীকরণ হয় $\frac{y^2}{1}-\frac{x^2}{9}=1$ অতএব $9y^2-x^2=9$

গভীর অধ্যয়ন

একজন কৃষক এ একটা জমি কিনেছেন যার সীমানার স্থানাঙ্ক $x^2+y^2=25$ সমীকরণকে সিদ্ধ করে। অন্য আর একজন কৃষক B যে জমি কিনেছেন তার স্থানাঙ্ক $\frac{x^2}{36}+\frac{y^2}{100}=1$ সমীকরণকে সিদ্ধ করে।

তুমি কি নিম্নলিখিত প্রশ্নগুলোর উত্তর দিতে পারবে?

1. A কৃষক যে জমি কিনেছেন তার আকৃতি কেমন?

2. তুমি কি বলতে পারবে A কৃষক যে জমি কিনেছেন তার পরিসীমা কত?
3. B কৃষক যে জমি কিনেছেন তার সীমানার স্থানাঙ্ক সিদ্ধকারী বক্ররেখার আকৃতি কেমন?
4. B কৃষক যে জমি কিনেছেন তার স্থিতিমাপ বলতে পারবে?
5. (0, 0) স্থানাকটি কি A কৃষকের জমির সীমানার উপর পড়বে?
6. ( ) স্থানাকটি কি A কৃষকের জমির সীমানার উপর পড়বে?

যাচাই কর

ম্যাটল্যাবের ফ্রি ট্রায়াল ভার্সন ডাউনলোড কর।

Math Works

যেহেতু ইউনিট ৫ শিখে গেছো তাহলে যাচাই করে দেখ যে তুমি নিম্নের শঙ্কুচ্ছেদগুলো চিত্রিত করতে পারো কিনা

1. $x^2 + y^2 = 1$ 2. $\frac{x^2}{4} + \frac{y^2}{9} = 1$ 3. $y^2 = 4ax$ 4. $\frac{x^2}{a^2} - \frac{y^2}{b^2} = 1$

স্থানাঙ্ক জ্যামিতির ব্যবহার

- বহুতল নির্মাণের নকশা স্থানাঙ্ক জ্যামিতির সাহায্যে করা হয়।
- গুগল মানচিত্র এই ধারণা ব্যবহার করে সম্ভাব্য নিকটতম দূরত্ব বলে।
- জ্যোতিষশাস্ত্রে, যেমন সূর্যের সাপেক্ষে কোনো গ্রহের অবস্থান জানতে।
- রাডার প্রযুক্তির সাথে বিমানের অবস্থান সঠিকভাবে নির্ধারণ করতে।
- অক্ষাংশ এবং দ্রাঘিমাংশ সম্পূর্ণরূপে স্থানাঙ্ক জ্যামিতির উপর ভিত্তি করে।
- সামরিক সেবা।
- মানচিত্রের অনুমান।
- জমির পরিমাপ।

ইত্যাদি

সারসংক্ষেপ

1. সরলরেখা -
   - দূরত্ব সূত্র = $\sqrt{(x_2 - x_1)^2 + (y_2 - y_1)^2}$
   - ছেদের সূত্র (Section formula) = $\left(\frac{m_1x_2 + m_2x_1}{m_1 + m_2}, \frac{m_1y_2 + m_2y_1}{m_1 + m_2}\right)$

$$= \left(\frac{x_1 + kx_2}{k+1}, \frac{y_1 + ky_2}{k+1}\right)$$

- ত্রিভুজের ক্ষেত্রফল = $\frac{1}{2}|x_1(y_2 - y_3) + x_2(y_3 - y_1) + x_3(y_1 - y_2)|$
- দুটো বিন্দু $(x_1, y_1 \; \& \; x_2, y_2)$ দেওয়া থাকলে প্রবণতা $\tan\theta = \frac{y_2 - y_1}{x_2 - x_1}$
- যদি রেখাগুলো

  (A) সমান্তরাল $\rightarrow$ $m_1 = m_2$

  (B) লম্ব $\rightarrow$ $m_1 m_2 = -1$
- দুটো রেখার মধ্যে কোণ- $\tan\theta = \frac{m_2 - m_1}{1 + m_1 m_2}$
- যদি $\frac{m_2 - m_1}{1 + m_2 m_1}$ ধনাত্বক হয় তাহলে θ সূক্ষ্য কোণ যদি ঋনাত্বক হয় তাহলে ϕ স্থুল কোণ
- (A, B, C) তিনটে বিন্দু (A, B, C) সমরেখ

  AB এর প্রবণতা = BC এর প্রবণতা

রেখার সমীকরণের আকার

- বিন্দু আকারে প্রবণতা (একটা বিন্দুর স্থানাঙ্ক + প্রবণতা দেওয়া আছে) $y - y_0 = m(x - x_0)$
- দুটো বিন্দু আকারে প্রবণতা (দুটো বিন্দুর স্থানাঙ্ক দেওয়া আছে) $\frac{y - y_1}{x - x_1} = \frac{y_2 - y_1}{x_2 - x_1}$
- ছেদিতাংশ আকারে প্রবণতা (প্রবণতা এবং ছেদিতাংশ দেওয়া আছে)

  (A) y ছেদিতাংশ C, $y = mx + c$

  (B) x ছেদিতাংশ d, $y = m(x - d)$
- ছেদিতাংশ আকারে -x ছেদিতাংশ 'a' এবং y ছেদিতাংশ 'b' প্রদত্ত তাহলে. $\frac{x}{a} + \frac{y}{b} = 1$
- লম্ব আকার (মূলবিন্দু থেকে রেখার উপরে আঁকা লম্বের দূরত্ব (P) ধনাত্বক x অক্ষের সাথে যে কোণ করে)

  $x\cos\theta + y\sin\theta = P$

  রেখার সাধারণ সমীকরণ

  $Ax + By + C = 0$
- প্রবণতা-ছেদিতাংশ আকার

  (A) $B \neq O$, $m = \frac{-A}{B}$ y - ছেদিতাংশ = $\frac{-C}{B}$

  (B) $B = O$, m = সংজ্ঞায়িত নয় x- ছেদিতাংশ = $\frac{-C}{A}$

- বিন্দু
- ছেদিতাংশ আকার

(A) $C \neq O$, x- ছেদিতাংশ = $\frac{-C}{A}$ y – ছেদিতাংশ = $\frac{-C}{B}$

(B) C = O, x-অক্ষের উপর শূন্য ছেদিতাংশ (মূল বিন্দু দিয়ে যায়)

- লম্ব আকার

$$\frac{A}{\cos\theta} = \frac{B}{\sin\theta} = \frac{-C}{P}$$

$$\cos\theta = \pm\frac{A}{\sqrt{A^2+B^2}},$$

$$\sin\theta = \pm\frac{B}{\sqrt{A^2+B^2}}, P = \pm\frac{C}{\sqrt{A^2+B^2}} (p = +ve)$$

2. **বৃত্ত:** বৃত্তের সমীকরণ হল $x^2 + y^2 + 2gx + 2xy + c = 0$ যেখানে x, y হয় চলরাশি, g, f এবং c হয় ধ্রুবক এবং কেন্দ্র (–g, –f) সুতারং

$\left(-\frac{x \text{ এর গুণাঙ্ক}}{2}, -\frac{y \text{ এর গুণাঙ্ক}}{2}\right)$ এবং ব্যাসার্ধ $r = \sqrt{g^2 + f^2 - c}$

- যদি (l, m) কেন্দ্র হয় এবং r বৃত্তের ব্যাসার্ধ হয় তাহলে এর সমীকরণ হয় $(x-\ell)^2 + (y-m)^2 = r^2$
- তিনটে বিন্দুগামী বৃত্তের সমীকরণ : $\begin{vmatrix} x^2+y^2 & x & y & 1 \\ x_1^2+y_1^2 & x_1 & y_1 & 1 \\ x_2^2+y_2^2 & x_2 & y_2 & 1 \\ x_3^2+y_3^2 & x_3 & y_3 & 1 \end{vmatrix} = 0$
- ব্যাস আকারে বৃত্তের সমীকরণ- $(x-x_1)(x-x_2) + (y-y_1)(y-y_2) = 0$

3. **অধিবৃত্ত (PARABOLA):** একটা অধিবৃত্তের আদর্শসমীকরণ হল $y^2 = 4ax$ .....(i)
যেখানে x এবং y চলরাশি এবং a ধ্রুবক।
অধিবৃত্তের সমীকরণ (1) থেকে, আমরা নিম্নলিখিতগুলি বের করি
(i) শীর্ষ (0, 0) (ii) নাভি (a, 0) (iii) অক্ষ হয় y = 0 (iv) নিয়ামক হয় x + a = 0

4. **পরাবৃত্ত (HYPERBOLA)** $\boxed{\frac{x^2}{a^2} - \frac{y^2}{b^2} = 1}$ একটা পরাবৃত্তের আদর্শসমীকরণ যেখানে x এবং y চলরাশি, a এবং b হল ধ্রুবক এবং $b^2 = a^2(e^2 - 1)$ পরাবৃত্তের আদর্শসমীকরণ বিবেচনা করে যদি c কেন্দ্র থেকে নাভির দৈর্ঘ্য হয় তাহলে $c^2 = a^2 + b^2$ হয় পরাবৃত্তের জন্য এবং $e = \frac{c}{a}$

5. **উপবৃত্ত (ELLIPSE)**: প্রধান অক্ষ যদি স্থানাঙ্ক অক্ষ হয় তাহলে উপবৃত্তের আদর্শ সমীকরণ হয় $\frac{x^2}{a^2}+\frac{y^2}{b^2}=1$, $a > b \ \& \ b^2 = a^2(1-e^2) \Rightarrow a^2 - b^2 = a^2e^2$

- নাভি (Foci) $F \equiv (ae, 0)$ এবং $F' \equiv (-ae, 0)$
- শীর্ষবিন্দু (Vertices)- $A \equiv (ae, 0)$ এবং $A' \equiv (-ae, 0)$
- নিয়ামকগুলোর সমীকরণ- $x = \frac{a}{e}$ এবং $x = -\frac{a}{e}$

  যদি উপবৃত্তের কেন্দ্র থেকে নাভির দূরত্ব = C তাহলে, $C = \sqrt{a^2 - b^2}$

অনুশীলন

বিষয়গত প্রশ্ন

1. বৃত্তের সমীকরণ বার কর যার ব্যাসার্ধ 1 এবং যেটা প্রথম পাদকে (first quadrant) উভয় অক্ষকে স্পর্শ করে

   [**উত্তর:** $x^2 + y^2 - 2x - 2y + 1 = 0$]

2. যদি দুটো সরলরেখার প্রবনতা 1/2 এবং 2 হয়, তাহলে দুটো রেখার মধ্যে ছেদ কোণটা (angle of intersection) নির্ণয় কর।

   [**উত্তর:** $\tan^{-1}\left(\frac{3}{4}\right)$]

3. ধরা যাক P (5, 3) এবং Q (10, 2) দুটো বিন্দু। PQ এর লম্বরেখার প্রবনতা নির্ণয় কর। [**উত্তর:** প্রবনতা = 5]

4. $9x^2 + 25y^2 = 225$ এই উপবৃত্তটি দেওয়া আছে। নাভি এবং উৎকেন্দ্রতা নির্ণয় কর।

   [**উত্তর:** নাভি$(+4, 0)$; $e = \frac{4}{5}$]

5. পরাবৃত্তের সমীকরণ বার কর যার উৎকেন্দ্রতা 3/2 এবং নাভি $(\pm 1, 0)$ দেওয়া আছে।

   [**উত্তর:** $\frac{9x^2}{4} - \frac{9y^2}{5} = 1$]

6. অধিবৃত্তের সমীকরণ বার কর যার নিয়ামক X = -6 এবং নাভি (6, 0) আছে।

   [**উত্তর:** $y^2 = 24x$]

উদ্দেশ্যমূলক প্রশ্নমালা

Q.1. (5, 9) এবং (-2, 5) বিন্দুগুলো দিয়ে যাওয়া রেখার প্রবনতা হয়

(a) 5 (b) 9 (c) 4/7 (d) 0 [**উত্তর** (c)]

Q.2. X- অক্ষের ধনাত্মক দিকে 45° কোণে হলে সেই রেখার প্রবণতা হয় –

(a) $\sqrt{3}$ (b) 1 (c) $\frac{\sqrt{3}}{2}$ (d) ∞ [**উত্তর** (b)]

Q.3. যদি A, B, C xy- সমতলে তিনটি বিন্দু হয় তাহলে সমরেখ হবে যদি-

(a) OA এর প্রবনতা = BC এর প্রবনতা (b) AB এর প্রবনতা = BC এর প্রবনতা

(c) OC এর প্রবনতা = AB এর প্রবনতা (d) OB এর প্রবনতা = AC এর প্রবনতা [**উত্তর** (b)]

Q.4. অক্ষের সমান্তরাল এবং (5, 8) মধ্য দিয়ে যাওয়া রেখার সমীকরণ হল

(a) $x = 2, y = 8$ (b) $x = 5, y = 3$ (c) $x = 5, y = 9$ (d) $x = 5, y = 8$ [**উত্তর** (d)]

Q.5. একটা রেখার সমীকরণ বার কর যার প্রবনতা 2 এবং (0, 1) মধ্যে দিয়ে যায়

(a) $y = 3x + 1$ (b) $2y = 2x + 1$ (c) $y = 2x + 1$ (d) $x = 3y + 1$ [**উত্তর** (c)]

Q.6. কেন্দ্র (0, 0) এবং ব্যাসার্ধ 5 বৃত্তের সমীকরণ হয়

(a) $x^2 + y^2 = 9$ (b) $(x - 3)^2 + y^2 = 10$ (c) $x^2 + y^2 = 25$ (d) $x^2 + (y - 4)^2 = 9$ [**উত্তর** (c)]

Q.7. একটা উপবৃত্ত হল সমতলে সমস্ত বিন্দুর সমষ্টি যার সমতলে দুটো স্থির বিন্দু থেকে দূরত্ব

(a) ধ্রুবক (b) পরিবর্তিত হয় (c) 0 (d) 1 একক [**উত্তর** (a)]

Q.8. উপবৃত্তের ল্যাটাস নাভি লম্বের দৈর্ঘ্য $\frac{x^2}{a^2} + \frac{y^2}{b^2} = 1$ is

(a) $\frac{a^2}{2}$ (b) $\frac{b^2}{a}$ (c) $\frac{2b^2}{a}$ (d) 0 [**উত্তর** (c)]

ছোট প্রকল্প (Mini Project)

প্রত্যেকে পাঁচজন শিক্ষার্থীর একটি দল গঠন কর। সংবাদপত্রের তৈরী দশটা লম্ব সমকোনী শঙ্কুকে ব্যবচ্ছেদ করার চেষ্টা কর। প্রত্যেক দল যতরকম/যত সংখ্যক শঙ্কুচ্ছেদ পাচ্ছ তার একটা তালিকা তৈরী করো। সেগুলোকে রঙ করে আকর্ষণীয় করার চেষ্টা কর। তোমার ফলাফলকে তুলনা কর এবং তোমার শিক্ষককে দেখাও।

কার্যকলাপ

সব ধরনের শঙ্কুচ্ছেদের খন্ডচিত্র (কাট আউট) ব্যবহার করে A3 মাপের কাগজে স্থানাঙ্ক পদ্ধতিতে তোমার স্বপ্নের বাড়ির নকশা আঁকো। রঙ করে আকর্ষণীয় করে তোলো। তোমার শিক্ষককে তোমার স্বপ্নের বাড়ির নকশা (অনলাইন/অফলাইন) সহ একটা মৌখিক উপস্থাপনা দাও যা শঙ্কুচ্ছেদের কয়েকটা বৈশিষ্ট্যও ব্যাখ্যা করে!

আরো জানো

মেরু স্থানাঙ্ক পদ্ধতি (Polar coordinate system)

ধরা যাক একটা বিন্দুর কার্টিজিয়ান স্থানাঙ্ক (x, y) যেমন চিত্র 3.21 এ দেখানো হয়েছে। এখন লেখো

$$x = r\cos\theta \qquad ....(1)$$

$$y = r\sin\theta \qquad ....(2)$$

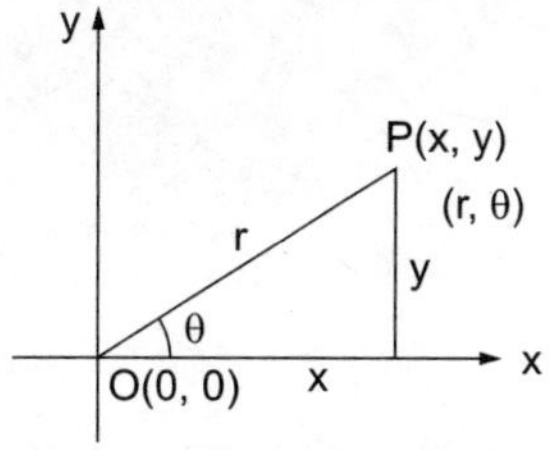

চিত্র 3.21

সমীকরণ (1) এবং (2) এর উভয় দিকে বর্গ করে পাই,

$$x^2 = r^2\cos^2\theta, \quad y^2 = r^2\sin^2\theta$$

$$x^2 + y^2 = r^2\cos^2\theta + r^2\sin^2\theta$$

$$= r^2(\cos^2\theta + \sin^2\theta) = r^2 \qquad (\because \cos^2\theta + \sin^2\theta = 1)$$

$$\therefore \quad r = \sqrt{x^2 + y^2},\ \tan\theta = \frac{\sin\theta}{\cos\theta} = \frac{y}{x}, \theta = \tan^{-1}\left(\frac{y}{x}\right)$$

তথ্যসূত্র ও প্রস্তাবিত পাঠ্য

- ***Loney S.L.(1895),*** The Elements of Coordinate Geometry part I, Cartesian coordinates, Cambridge University press.
- ***NCERT,*** Mathematics Text Book for Class XI.
- Vasishtha A.R. & Agrawal D.C. (2019) Analytical Geometry 2D, Krishna's educational Publishers.
- ***Ballabh Ram, Saran Raghunath (13th edition)*** Co-ordinate Geometry, Prakashan Kendra, Lucknow
- ***Chatteerji P.N. (1998),*** Co-ordinate Geometry, Rajhans Publication, Meerut.

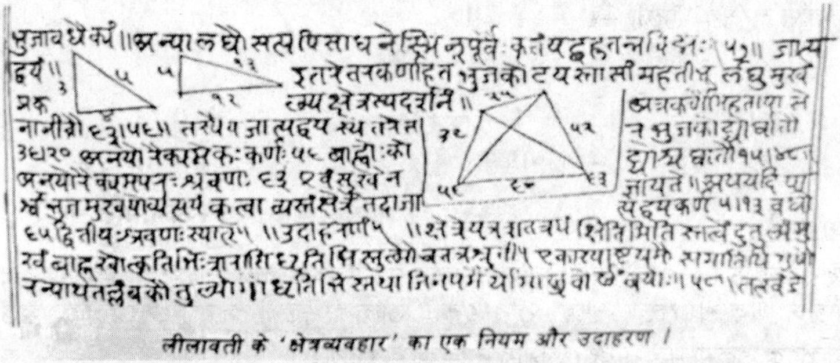

ভারতীয় গণিতবিদ ভাস্করাচার্যর " লীলাবতী" লেখার একটা অংশ।
(সূত্র 'সংসার কে মহান গণিতজ্ঞ' মূলে গুনাকার (1992), রাজকামাল প্রকাশন)

4 ভেক্টর বীজগণিত

ইউনিট - 4: ভেক্টর বীজগণিত (Vector Algebra)

সংজ্ঞা সংকেত এবং একটি ভেক্টরের আয়তক্ষেত্রাকার বিশ্লেষণ। ভেক্টরের যোগ এবং বিয়োগ। ভেক্টরেরএবং স্কেলার ভেক্টর গুণ। কাজ, মোমেন্ট এবং কৌণিক বেগ সম্পর্কিত সহজ সমস্যা।

সূচনা

ভেক্টর বীজগণিত হল নির্দিষ্ট কিছু ক্রিয়াকলাপের অধীনে (যার মাত্রা এবং দিক উভয়ই আছে) গঠিত গাণিতিক বস্তুর অধ্যয়ন। বিষয়গুলো সহজ করার জন্য এটা বহু বছর ধরে বিকশিত হয়েছে। ভেক্টর বীজগণিত জ্যামিতির তুলনায় তুলনামূলকভাবে সহজ এবং এর জন্য কম নিয়মের জ্ঞান প্রয়োজন। মৌলিক বীজগণিতের ক্ষেত্রে আমরা যেসব নিয়ম প্রয়োগ করি তার অনেকগুলো ভেক্টর বীজগণিতেও প্রয়োগ করা হয়।

এটি গণিত, পদার্থবিজ্ঞান, প্রকৌশল এবং অন্যান্য অনেক ক্ষেত্রে ব্যাপকভাবে ব্যবহৃত হয়। স্থানচ্যুতি (displacement), বেগ, ত্বরণ, বল, ওজন, বৈদ্যুতিক ক্ষেত্রের তীব্রতা, ভরবেগ ইত্যাদি ভেক্টরের কয়েকটি উদাহরণ। বল, টর্ক, বেগ, প্রজেক্টাইল, মিলিটারি, গেমিং, ক্রিকেট ইত্যাদিতে ভেক্টর ব্যাপকভাবে ব্যবহৃত হয়। অতএব, ভেক্টরের ব্যাপক প্রয়োগযোগ্যতা রয়েছে এবং অন্যান্য অনেক জটিল পদ্ধতির তুলনায় এটি পরিচালনা করা অনেক সহজ যা এগুলোকে খুব দরকারী করে তোলে!

পূর্ব প্রয়োজনীয় জ্ঞান

- মৌলিক বীজগণিতের জ্ঞান।
- কাজের মৌলিক বিষয়, মোমেন্ট এবং কৌণিক বেগ।

ইউনিট-4 ভেক্টর বীজগণিত	ইউনিট ফলাফল শিক্ষার্থীরা শিখবে
U4-O1	ভেক্টরের ধারণা, এর আয়তক্ষেত্রাকার বিশ্লেষণ কর।
U4-O2	ভেক্টরের উপর মৌলিক অপারেশন কর যেমন-যোগ, বিয়োগ, স্কেলার গুণ।
U4-O3	দুটি ভেক্টরের স্কেলার গুণ এবং ক্রস গুণ নির্ণয় কর।
U4-O4	ভেক্টর সম্পর্কিত সাধারণ সমস্যা যেমন মোমেন্ট, কাজ, কৌণিক বেগ ইত্যাদির সাধারণ সমস্যাগুলি সমাধান কর।
U4-O5	ভেক্টরের ধারণা, এর আয়তক্ষেত্রাকার বিশ্লেষণ কর।

CO-UO ম্যাপিং

ইউনিট-4 ফলাফল	কোর্সের ফলাফলের সঙ্গে প্রত্যাশিত ম্যাপিং (1-দুর্বল সংশ্লেষন; 2 - মাঝারি সংশ্লেষন; 3- গভীর সম্পর্ক)				
	CO-1	CO-2	CO-3	CO-4	CO-5
U4-O1	-	-	1	3	1
U4-O2	-	-	1	3	1
U4-O3	1	-	1	3	1
U4-O4	1	-	-	3	1
U4-O5	-	-	1	3	1

4.1 ভূমিকা (Introduction)

প্রতিদিন আমরা অনেক ভৌতরাশি নিয়ে কাজ করি যেমন যেমন কোনো ইমারতের উচ্চতার পরিমাপ, এর পরিমাপ ১০ মিটার হতে পারে যা কেবলমাত্র মানের (বাস্তব সংখ্যা) সাথে সম্পর্কিত। এই ধরনের রাশিকে স্কেলার বলা হয়। অন্যথায় যদি আমরা বিবেচনা করি যে একজন হকি খেলোয়াড় তার দলের অন্য খেলোয়াড়কে কিভাবে একটি পাস দেওয়া উচিত, তাহলে এর পরিমাপ (শক্তি) এবং দিক (অন্য খেলোয়াড়ের অবস্থান) উভয়ই জড়িত। এই ধরনের পরিমাণকে ভেক্টর বলা হয়। এই ইউনিটে আমরা সংক্ষিপ্তভাবে ভেক্টর সম্পর্কে অধ্যয়ন করব। গণিত পদার্থ বিজ্ঞান প্রযুক্তি শাখা ইত্যাদি সম্পর্কিত বিভিন্ন সমস্যাগুলির ক্ষেত্রে ভেক্টরকে কার্যকাররূপে প্রয়োগ করা যেতে পারে। ম্যান ছাড়াও যেসব রাশির দিক আছে সেসব সম্পর্কিত পড়াশোনার ক্ষেত্রেও এটা সাহায্য করে। ভোটরাশিগুলি বিস্তারিতভাবে নিম্নরূপে বিভক্ত করা যেতে পারে।

> **FUN FACT**
> Both the terms 'vector' and 'scalar' are derived from Latin. Vector from *where* meaning 'to carry'; scalar from *scalaria* meaning 'ladder'.

1. **ভেক্টর রাশি** - এদের মান এবং দিক উভয়ই আছে। উদাহরণস্বরূপ স্থানচ্যুতি, বেগ, ওজন, বল, কৌণিক বেগ, মুহূর্ত ইত্যাদি।
2. **স্কেলার রাশি**- এদের শুধুমাত্র মান আছে। উদাহরণস্বরূপ - ভর, আয়তন, কাজ, তাপমাত্রা ইত্যাদি।

উদাহরণ 1: নিম্নলিখিত রাশিগুলিকে স্কেলার এবং ভেক্টর হিসাবে শ্রেণীবদ্ধ কর

(a) 10m উত্তর পশ্চিম (b) 10^{-10} কুলম্ব। (c) 20 কিমি/ঘন্টা (d) 15 m/s পূর্ব দিকে
(e) 100 Newton

সমাধান: (a) এটা দিকের সাথে দূরত্ব, তাই একটি ভেক্টর।
(b) এটা একটা বৈদ্যুতিক আধান, তাই একটা স্কেলার।
(c) এটা গতি, অতএব একটা স্কেলার।
(d) এটা একটা বস্তুর বেগ, তাই একটা ভেক্টর।
(e) এটা একটা বল, তাই একটা ভেক্টর।

ভেক্টরের প্রকাশ

পুনরাবৃত্তি: দুটি শেষ বিন্দু প্রথমটা (A) এবং দ্বিতীয়টা (B) সমন্বিত একটা সরল রেখার যে কোনও অংশকে নির্দেশিত লাইনের ভাগ বলা হয় ($\overrightarrow{AB}$ হিসাবে চিহ্নিত করা হয়)।

দিক সম্বলিত রেখাংশকে ভেক্টর বলে| প্রত্যেকটা ভেক্টরের (চিত্র 4.1) নিম্নলিখিত বৈশিষ্ট্য আছে

1. **দৈর্ঘ:** $\overrightarrow{AB}$ লাইনের দৈর্ঘকে |AB| চিহ্ন দ্বারা বোঝানো হয়|
2. **সাপোর্ট:** সীমাহীন দৈর্ঘ্যের রেখা ভেক্টর $\overrightarrow{AB}$ যার কোন একটাঅংশ তাকে সাপোর্ট বলা হয়।
3. **সেন্স:** এটা তার প্রাথমিক বিন্দু থেকে শেষ বিন্দু পর্যন্ত। অর্থাৎ, AB এর সেন্স A থেকে B এবং BA এর সেন্স B থেকে A পর্যন্ত।

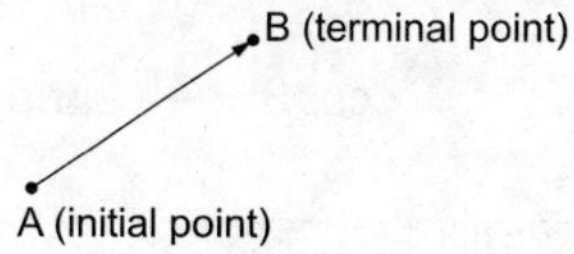

চিত্র 4.1

দ্রষ্টব্য: ভেক্টর প্রকাশ করা হয় তাদের চিহ্নের উপর একটা তীর চিহ্নের সাহায্যে যেমন, $\overrightarrow{AB}$, $\overrightarrow{OP}$ ইত্যাদি। কখনও কখনও একটা মাত্র অক্ষর $\vec{a}$, $\vec{F}$ ইত্যাদি দ্বারা প্রকাশ করা হয়।

উদাহরণ 2: গ্রাফিক্যালি উপস্থাপন কর

(i) উত্তর থেকে 50° পশ্চিমে 80 কিলোমিটার সরন

(ii) উত্তর-পূর্ব 30 কিমি সরন

সমাধান: চিত্র (4.2) বিবেচনা কর

(i) ভেক্টর $\overrightarrow{OP}$ প্রয়োজনীয় ভেক্টরকে প্রকাশ করে

(ii) ভেক্টর $\overrightarrow{OQ}$ প্রয়োজনীয় ভেক্টরকে প্রকাশ করে

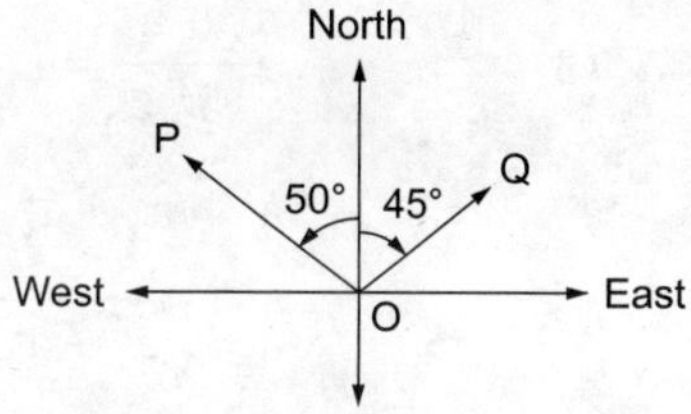

চিত্র 4.2

দ্রষ্টব্য: একটা ভেক্টরের মান অর্থাৎ প্রাথমিক এবং শেষ বিন্দুর মধ্যে দূরত্ব সর্বদা একটা ধনাত্বক বাস্তব সংখ্যা এবং এটা $|\overline{OA}|$ বা $|\vec{a}|$ বা a। আকারে লেখা হয়। যদি $\vec{a} = x\hat{i} + y\hat{j}$ তাহলে $|\vec{a}| = \sqrt{x^2 + y^2}$ ।

4.2 একটা ভেক্টরের আয়তক্ষেত্রাকার উপাংশ (Rectangular Resolution of a Vector)

উপাংশের অর্থ একটি নির্দিষ্ট দিকের একটি ভেক্টরের প্রভাব নির্ধারণ করা এবং এইভাবে প্রাপ্ত বিভক্ত ভেক্টরগুলি ভেক্টরের উপাংশ হিসাবে পরিচিত। যদি প্রদত্ত ভেক্টরের এই উপাংশগুলি একে অপরের সাথে লম্বভাবে (90°) থাকে, তবে সেগুলিকে আয়তক্ষেত্রাকার উপাংশ বলা হয়। এখন আমরা একটা ভেক্টরের আয়তক্ষেত্রাকার বিশ্লেষণ বের করার একটি উদাহরণ বিবেচনা করি যা দ্বারা প্রকাশ করা হয়েছে, 4.3 চিত্রে প্রদর্শিত। O বিন্দু থেকে, দুটো পারস্পরিক লম্ব অক্ষ X এবং যা। বিন্দু A থেকে দুটি লম্ব AR এবং AS টানা হয়, যথাক্রমে X এবং Y অক্ষের উপরে। তারপর সমকোণী ত্রিভুজ ORA বিবেচনা কর। এখানে ভেক্টর এ, X- অক্ষের দিকে একটা কোণ তৈরি করে। অতএব, আমরা পাই,

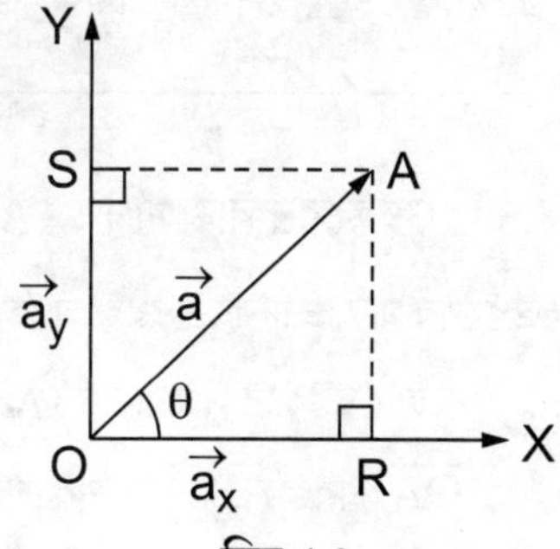

চিত্র 4.3

$$\cos\theta = \frac{OR}{OA}$$

$$\Rightarrow \quad OR = OA\cos\theta$$

$$\Rightarrow \quad \boxed{\vec{a}_x = \vec{a}\cos\theta} \quad ...(1)$$

একইভাবে, $\boxed{\vec{a}_y = \vec{a}\sin\theta}$ ...(2)

এইভাবে আমরা $\vec{a}$ ভেক্টরকে আয়তক্ষেত্রাকার দুটো উপাংশে বিভক্ত করেছি $\vec{a}_x$ যথাক্রমে যাকে X-উপাংশ বলে এবং $\vec{a}_y$ যাকে Y-উপাংশ বলে।

এখন, (1) এবং (2) থেকে আমরা পাই

$$\cos\theta = \frac{a_x}{a} \quad \text{and} \quad \sin\theta = \frac{a_y}{a}$$

উভয়দিক বর্গ করে পাই,

$$\sin^2\theta + \cos^2\theta = \frac{a_x^2}{a^2} + \frac{a_y^2}{a^2} \qquad ...(3)$$

কিন্তু $\sin^2\theta + \cos^2\theta = 1$

$$\therefore (3) \Rightarrow \frac{a_X^2 + a_y^2}{a^2} = 1$$

$$\Rightarrow a^2 = a_x^2 + a_y^2$$

$$\Rightarrow a = \sqrt{a_x^2 + a_y^2}$$

এটাই হল প্রদত্ত $\vec{a}$ ভেক্টরের মানের উপাংশ আকারে মান।

দ্রষ্টব্য: যদি OX এবং OY অক্ষ বরাবর দুটো একক মান বিশিষ্ট ভেক্টর যথাক্রমে $\hat{i}$ এবং $\hat{j}$ হয় তাহলে

$$\vec{a}_x = a\cos\theta\hat{i} \quad \text{and} \quad \vec{a}_y = a\sin\theta\hat{j}$$

সুতরাং, $\vec{a} = a\cos\theta\hat{i} + a\sin\theta\hat{j}$

দ্রষ্টব্য: a ভেক্টরের দিকে একক ভেক্টর $\vec{a}$ কে $\hat{a} = \frac{\vec{a}}{|\vec{a}|}$ হিসেবে লেখা যাবে। এর দৈর্ঘ্য হবে 1।

4.3 ভেক্টরের বীজগণিত (Algebra of Vectors)

ভেক্টরের মান ও দিক উভয়ই আছে, তাই তাদের বীজগণিত বাস্তব সংখ্যার চেয়ে ভিন্ন হয়।

a. **দুটো ভেক্টরের সংযোজন (Addition of two vectors):** ধরা যাক একটা সমতলে $\vec{a}$ এবং $\vec{b}$ দুটি ভেক্টর যথাক্রমে $\overrightarrow{OA}$ এবং $\overrightarrow{AB}$ দ্বারা প্রকাশ করা হয়।

তারপর তাদের সংযোজন নিম্নলিখিত দুটো উপায়ে সম্পাদন করা যেতে পারে-

ভেক্টর সংযোজনের ত্রিভুজ সূত্র (Triangle law of addition of vectors)

এখানে $\vec{a}$ এবং $\vec{b}$ ভেক্টর দুটো যোগ করা হবে। এই নিয়মে আমরা একটা চিত্র (চিত্র 4.4) আঁকছি যার মধ্যে $\vec{b}$ এর প্রাথমিক বিন্দু $\vec{a}$ এর শেষ বিন্দুর সাথে মিলে যায়। $\vec{a}$ ভেক্টরের প্রাথমিক বিন্দু এবং $\vec{b}$ ভেক্টরের শেষ বিন্দু যোগ করে যে ভেক্টরটা পাওয়া যায় সেটাই $\vec{a}$ ভেক্টর এবং $\vec{b}$ ভেক্টরের যোগফল

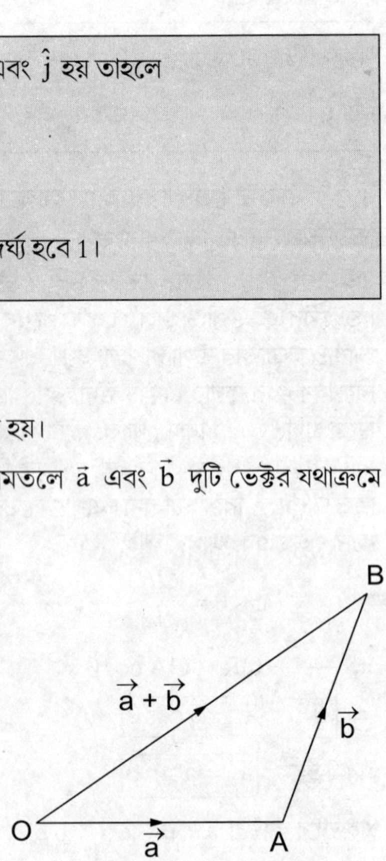

চিত্র 4.4

অর্থাৎ $\overline{OA} + \overline{AB} = \overline{OB}$

$\Rightarrow \vec{a} + \vec{b} = \overline{OB}$

ভেক্টর যোগের এই নিয়মকে ভেক্টর সংযোজনের ত্রিভুজ নিয়ম বলে।

দ্রষ্টব্য: যোগ/যোগফল

যদি $\vec{a} = a_1\hat{i} + a_2\hat{j}$ এবং $\vec{b} = b_1\hat{i} + b_2\hat{j}$

তাহলে, $\vec{a} + \vec{b} = (a_1 + b_1)\hat{i} + (a_2 + b_2)\hat{j}$

2. ভেক্টর সংযোজনের সামন্তরিক সূত্র (Parallelogram law of addition of vectors)

এই নিয়মে, আমরা যে ভেক্টরগুলি আঁকছি $\vec{a}$ ভেক্টর এবং $\vec{b}$ ভেক্টরের, তাদের উভয়ের প্রাথমিক বিন্দু এক। তারপরে আমরা দুটি ভেক্টরকে সামান্তরিকের সংলগ্ন দুটো বহু হিসাবে আঁকি। আমরাদের সামান্তরিক অঙ্কন সম্পন্ন হয়েছে। এভাবে সামান্তরিকের একই সাধারণ প্রাথমিক বিন্দুগামী যে কর্ণ পাওয়া যায় সেটাই দুটি ভেক্টরের যোগফল যা চিত্র 4.5 এ দেখানো হয়েছে।

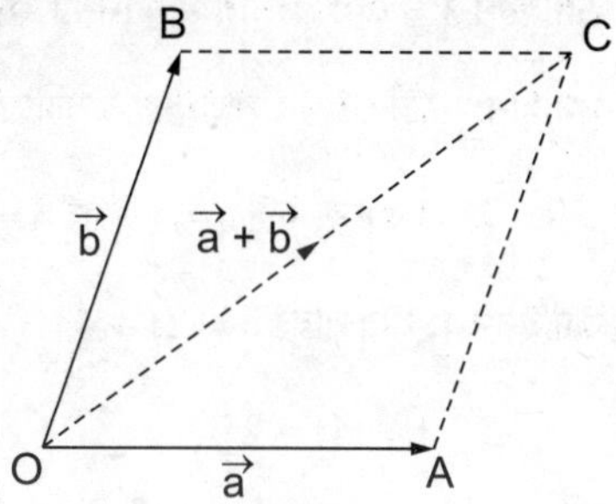

চিত্র 4.5

অর্থাৎ, $\overline{OA} + \overline{OB} = \overline{OC}$

$\vec{a} + \vec{b} = \overline{OC}$

ভেক্টর যোগের এই নিয়মকে ভেক্টর সংযোজনের সামন্তরিক নিয়ম বলে।

ভেক্টর সংযোজনের ধর্ম

(1) $\vec{a} + \vec{b} = \vec{b} + \vec{a}$ (বিনিময় সূত্র) (2) $\left(\vec{a} + \vec{b}\right) + \vec{c} = \vec{a} + (\vec{b} + \vec{c})$ (সংযোগ সূত্র)

(3) $\vec{a} + \vec{o} = \vec{a} = \vec{o} + \vec{a}$ (অ্যাডিটিভ আইডেন্টিটি) (4) $\vec{a} + (-\vec{a}) = \vec{o} = (-\vec{a}) + \vec{a}$ (অ্যাডিটিভ ইনভার্স)

b. **একটা স্কেলার দ্বারা একটা ভেক্টরের গুণ:** ধরা যাক প্রদত্ত ভেক্টর $\vec{a}$ এবং m একটা স্কেলার রাশি। তারপর আমরা $\vec{b} = m\vec{a}$ দিয়ে একটা ভেক্টরকে সংজ্ঞায়িত করি যার মান $|ma|$। যদি m ধনাত্মক হয়, $\vec{b}$ ভেক্টরের দিক হবে $\vec{a}$ এর দিক, অন্যথায় এর বিপরীত দিক। এই গুণকে স্কেলার গুণ বলা হয়। উদাহরণস্বরূপ, যদি আমরা $\vec{a}$ কে (-1) দ্বারা গুণ করি তাহলে এর দিক উল্টে যায়। অর্থাৎ, $\vec{a}$ এবং $-\vec{a}$ এর মান সমান কিন্তু দিক বিপরীত।

দ্রষ্টব্য: If $\vec{a} = a_1\hat{i} + a_2\hat{j}$ then $m\vec{a} = (ma_1)\hat{i} + (ma_2)\hat{j}$

c. **ভেক্টরের বিয়োজন:** ধরা যাক $\vec{a}$, $\vec{b}$ এবং দুটি ভেক্টর। এই ভেক্টরগুলির বিয়োগ কে $\vec{a} - \vec{b}$ ভেক্টর এবং ভেক্টর $\vec{a}$, $-\vec{b}$ এর সমষ্টি হিসাবে সংজ্ঞায়িত করা যায়। এই জন্য আমরা ভেক্টরের দিক উল্টে এর সাথে যোগ করি (চিত্র .4.6)

দ্রষ্টব্য:

যদি $\vec{a} = a_1\hat{i} + a_2\hat{j}$ এবং $\vec{b} = b_1\hat{i} + b_2\hat{j}$ তবে,

$\vec{a} - \vec{b} = (a_1 - b_1)\hat{i} + (a_2 - b_2)\hat{j}$

দুটি ভেক্টরকে সমান বলা হবে যদি তাদের মান/অংশগুলি সমান হয় এবং দিকও এক হয়, তাতে প্রথম বিন্দু যাই হোক না কেন। উদাহরণস্বরূপ: যদি

$\vec{x} = a_1\hat{i} + b_1\hat{j}$ এবং $\vec{y} = a_2\hat{i} + b_2\hat{j}$ তাহলে

$\vec{x} = \vec{y}$ iff $a_1 = a_2$ and $b_1 = b_2$

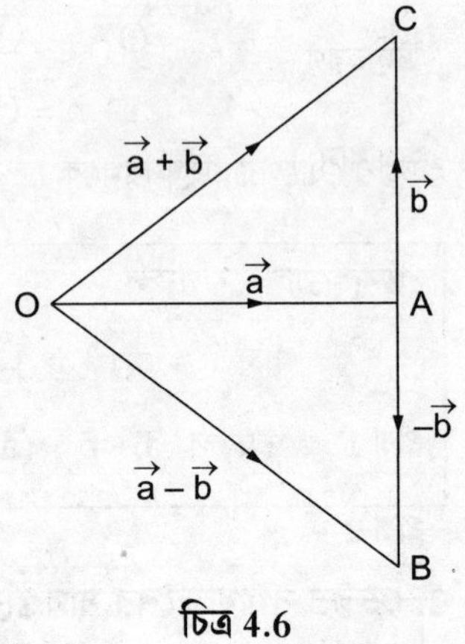

চিত্র 4.6

উদাহরণ 3: a এবং b এর মান নির্ণয় কর যেখানে $\vec{x} = a\hat{i} + 2\hat{j}$ এবং $\vec{y} = 4\hat{i} + b\hat{j}$ এর মান সমান।

সমাধান: দুটো ভেক্টর সমান হবে যদি তাদের সংশ্লিষ্ট উপাংশগুলির মান সমান হয়।

এভাবে, যদি a = 4 এবং b = 2 হয় তাহলে $\vec{x}$ এবং $\vec{y}$ সমান হবে।

উদাহরণ 4: ধরা যাক $\vec{a} = 2\hat{i} + 4\hat{j}$

$\vec{b} = 4\hat{i} + 2\hat{j}$

$|\vec{a}| = |\vec{b}|$ হলে, ভেক্টর $\vec{a}$ এবং $\vec{b}$ কি সমান?

সমাধান: আমরা জানি $|\vec{a}| = \sqrt{4+16} = \sqrt{20}$

$|\vec{b}| = \sqrt{16+4} = \sqrt{20}$

সুতরাং $|\vec{a}| = |\vec{b}|$. কিন্তু ভেক্টরগুলি সমান নয় কারন তাদের সংশ্লিষ্ট উপাংশগুলির মান সমান নয়

উদাহরণ 5: ভেক্টরের যোগফলের দিকে একক ভেক্টরের মান নির্ণয় কর।

$\vec{a} = \hat{i} + 2\hat{j}$ and $\vec{b} = 4\hat{i} + 5\hat{j}$

সমাধান: প্রদত্ত ভেক্টর $\vec{a}$ & $\vec{b}$ এর যোগফল $\vec{c} = \vec{a} + \vec{b} = 5\hat{i} + 7\hat{j}$

$|\vec{c}| = \sqrt{25+49} = \sqrt{74}$

সুতরাং প্রয়োজনীয় একক ভেক্টরের মান।

$$\hat{c} = \frac{\vec{c}}{|\vec{c}|} = \frac{1}{\sqrt{74}}\left[5\hat{i} + 7\hat{j}\right]$$

$$\Rightarrow \quad \hat{c} = \frac{5}{\sqrt{74}}\hat{i} + \frac{7}{\sqrt{74}}\hat{j}$$

FUN FACT
Vector analysis in its modern form was originally developed in the late 1800s for expressing the dynamics of physical quantities, like electric and magnetic fields

উদাহরণ 6: ভেক্টর $\vec{a} = 3\hat{i} + 20\hat{j}$ থেকে $\vec{b} = 4\hat{i} + 9\hat{j}$ কে বিয়োগ কর।

সমাধান: আমাদের বার করতে হবে $\vec{a} - \vec{b}$

$$-\vec{b} = -4\hat{i} - 9\hat{j}$$

$$\therefore \quad \vec{a} - \vec{b} = (3-4)\hat{i} + (20-9)\hat{j} \quad \Rightarrow \quad \vec{a} - \vec{b} = -\hat{i} + 11\hat{j}$$

প্রশ্ন 1 দুটো সমান মান বিশিষ্ট আলাদা ভেক্টর লেখ ।

প্রশ্ন 2 দুটো সমান দিক বিশিষ্ট আলাদা ভেক্টর লেখ ।

মন্তব্য: ত্রিমাত্রিক পদ্ধতিতে কোনো ভেক্টর $\vec{a}$ কে $\vec{a} = x\hat{i} + y\hat{j} + z\hat{z}$ এই রূপে লেখা যাবে, যেখানে $\hat{i}$, $\hat{j}$ এবং $\hat{z}$ যথাক্রমে x-অক্ষ, y-অক্ষ এবং z-অক্ষের সমান্তরাল একক ভেক্টর, এখানে $\vec{a}$ এর মান হবে $|\vec{a}| = \sqrt{x^2 + y^2 + z^2}$

4.4 ভেক্টরের প্রকারভেদ

1. **শূন্য বা নাল ভেক্টর:** একটি ভেক্টর যার মান শূন্য তাকে শূন্য বা নাল ভেক্টর বলে এবং o দ্বারা প্রকাশ করা হয়
2. **কো-ইনিশিয়াল ভেক্টর:** কই প্রাথমিক বিন্দু থাকা দুই বা তার বেশি ভেক্টরকে সহ-কো-ইনিশিয়াল ভেক্টর বলা হয়
3. **কোলিনিয়ার ভেক্টর:** মান নির্বিশেষে দুই বা ততোধিক ভেক্টর যদি একই রেখার সমান্তরাল হয় তবে তাদের কোলিনিয়ার ভেক্টর বলা হয়।
4. **মুক্ত ভেক্টর:** যদি একটি ভেক্টরের মান শুধুমাত্র তার দৈর্ঘ্য এবং দিকনির্দেশের উপর নির্ভর করে এবং স্থানটিতে তার অবস্থানের উপর নির্ভরশীল না হয় তাহলে ,তাকে মুক্ত ভেক্টর বলা হয়।
5. **কোটার্মিনাস ভেক্টর:** একই শেষ বিন্দুতে থাকা ভেক্টরগুলিকে কোটার্মিনাস ভেক্টর বলা হয়।

দ্রষ্টব্য: - একটি বিন্দু P (চিত্র 4.7) এর অবস্থান ভেক্টর হল $\vec{r} = x\hat{i} + y\hat{j} + z\hat{k}$

যেখানে $\hat{i}$ - x-অক্ষ বরাবর একক ভেক্টর

$\hat{j}$ - y-অক্ষ বরাবর একক ভেক্টর

$\hat{k}$ - z-অক্ষ বরাবর একক ভেক্টর

$\therefore \quad |\vec{r}| = \sqrt{x^2 + y^2 + z^2}$ কোলিনিয়ার ভেক্টর।

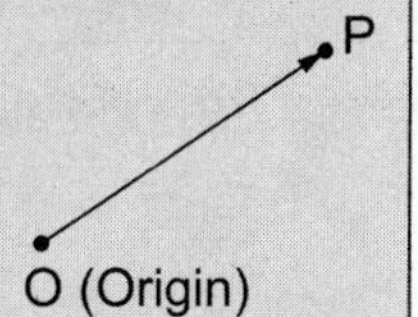

চিত্র 4.7

উদাহরণ 7: প্রদত্ত চিত্র 4.8 এ দেওয়া কোন ভেক্টর হল:-

(i) কোলিনিয়ার (ii) কোলিনিয়ার কিন্তু সমান নয়

(iii) সমান l (iv) কো-ইনিশিয়াল

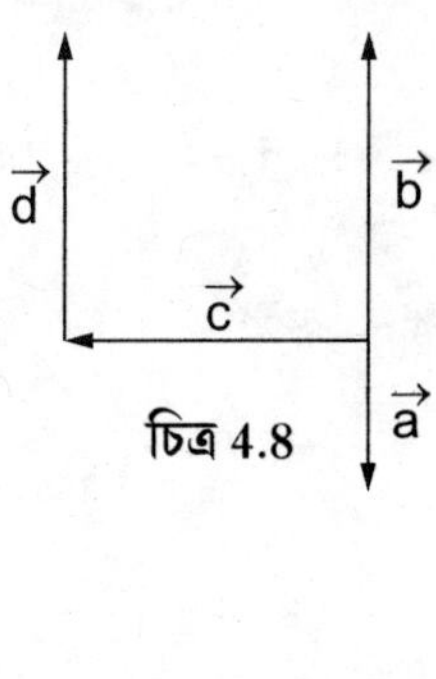

চিত্র 4.8

সমাধান (i) $\vec{a}, \vec{b}, \vec{d}$ কোলিনিয়ার ভেক্টর

(ii) $\overline{a}$ এবং $\overline{d}$ কোলিনিয়ার কিন্তু সমান নয়

(iii) $\vec{b}, \vec{d}$ সমান ভেক্টর

(iv) $\vec{a}, \vec{b}, \vec{c}$ কো-ইনিশিয়াল ভেক্টর

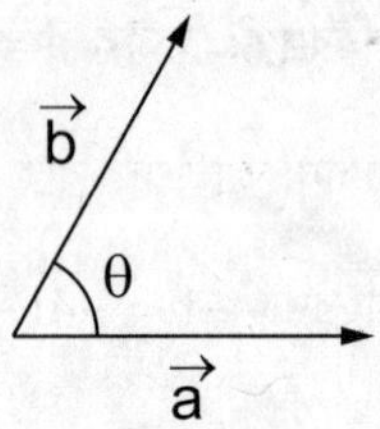

চিত্র 4.9

4.5 দুটি ভেক্টরের গুণ

দুটি ভেক্টরের গুণ নিম্নলিখিত দুটি পদ্ধতি অনুসরণ করে বের করা হয়-

ডট গুণ (Dot product) বা স্কেলার গুণ (Scalar product):

দুটি ভেক্টর $\vec{a}$ এবং $\vec{b}$ এর স্কেলার গুণ (বা ডট গুণ) নিম্নরূপে হিসাবে সংজ্ঞায়িত করা হয়

$$\vec{a} \cdot \vec{b} = ab\cos\theta \qquad ...(1)$$

যেখানে a এবং b যথাক্রমে $\vec{a}$ এবং $\vec{b}$ এর মান এবং θ তাদের মধ্যে কোণ (চিত্র 4.9)। গুণফল একটা স্কেলার রাশি। এর মানের অভিক্ষেপ (প্রজেকশন)

দ্বারা এর গুণের মান হল স্কেলার গুণ ($ab\cos\theta$)। দুটো ভেক্টর যারা পারস্পরিকভাবে লম্ব তাদের মধ্যে ডট গুণের মান শূন্য হয় $(\cos 90^o = 0)$।

দ্রষ্টব্য:

1. স্কেলার গুণ বিনিময়যোগ্য (commutative) অর্থাৎ, $\vec{a} \cdot \vec{b} = \vec{b} \cdot \vec{a}$ এবং ডিস্ট্রিবিউটিভ অর্থাৎ $\vec{a} \cdot (\vec{b} + \vec{c}) = \vec{a} \cdot \vec{b} + \vec{a} \cdot \vec{c}$
2. যদি $\theta = 0$, তাহলে $\vec{a} \cdot \vec{b} = ab$ এবং $\vec{a} \cdot \vec{a}. = a^2$
3. যদি $\theta = \pi$, তাহলে $\vec{a} \cdot \vec{b} = -ab$
4. $\bar{a}$ এবং $\bar{b}$ এর মধ্যে কোণ θ হলে ((1) থেকে)

   $\Rightarrow \qquad \theta = \cos^{-1}\left(\dfrac{\vec{a} \cdot \vec{b}}{ab}\right)$

স্কেলার গুণের পদগুলি হলো:

যদি $\qquad \vec{a} = a_1\hat{i} + b_1\hat{j} + c_1\hat{k}$ এবং $\vec{b} = a_2\hat{i} + b_2\hat{j} + c_2\hat{k}$

তাহলে $\qquad \vec{a}.\vec{b} = a_1a_2 + b_1b_2 + c_1c_2$

নির্দিষ্ট ভাবে, $\qquad \vec{a}.\vec{a} = |\vec{a}|^2 = a_1^2 + b_1^2 + c_1^2$

উদাহরণ 8: $\vec{a} = \hat{i} + \hat{j} - 2\hat{k}$, $\vec{b} = \hat{i} + 2\hat{j} + 3\hat{k}$ ভেক্টর দুটোর মধ্যে কোণের মান নির্ণয় কর।

সমাধান: ভেক্টর দুটোর মধ্যে কোণের মান θ ধরা যাক, তাহলে $\cos\theta = \dfrac{\vec{a} \cdot \vec{b}}{ab}$

যেহেতু $\qquad \vec{a} \cdot \vec{b} = (1.1) + (1.2) + ((-2) \cdot 3)$

$\qquad = 1 + 2 - 6 = -3$

এবং $a = |\vec{a}| = \sqrt{6}$; $b = |\vec{b}| = \sqrt{14}$

$$\therefore \cos\theta = \frac{-3}{\sqrt{2\times 3\times 7\times 2}} \Rightarrow \theta = \cos^{-1}\left[\frac{-3}{2\sqrt{21}}\right]$$

উদাহরণ 9: যদি $\vec{a} = \hat{i} - \hat{j} + 5\hat{k}$ এবং $\vec{b} = \hat{i} + \hat{j} + \lambda\hat{k}$, তাহলে λ এর মান নির্ণয় কর যাতে $(\vec{a}+\vec{b})$ এবং $(\vec{a}-\vec{b})$ অর্থোগোনাল হয়

সমাধান: ধরা যাক $\vec{a}+\vec{b} = 2\hat{i} + (5+\lambda)\hat{k}$

এবং $\vec{a}-\vec{b} = -2\hat{j} + (5-\lambda)\hat{k}$

দেওয়া আছে যে $(\vec{a}+\vec{b})$ এবং $(\vec{a}-\vec{b})$ অর্থোগোনাল (90°)

$$\therefore \quad (\vec{a}+\vec{b})\cdot(\vec{a}-\vec{b}) = 0$$

$$\Rightarrow \quad (2\cdot 0) + (0\cdot(-2)) + (5+\lambda)(5-\lambda) = 0 \quad \Rightarrow 25 - \lambda^2 = 0$$

$$\Rightarrow \quad \lambda = \pm 5$$

উত্তর

ডট গুণের প্রয়োগ:

কৃতকার্য (যান্ত্রিকতা)

একটা কণার উপর বল প্রয়োগ করলে যদি কণাটির এমন দিকে সরণ যেটা প্রযুক্তি বলের লম্ব নয় তাহলে বলা হয় প্রযুক্তি বল কাজ করেছে। এটা একটা স্কেলার রাশি।

কৃতকার্য = বল × বলের দিক বরাবর সরণ। (চিত্র 4.10)

কৃতকার্য = $\vec{F}.\ \vec{a} = Fa\cos\theta$

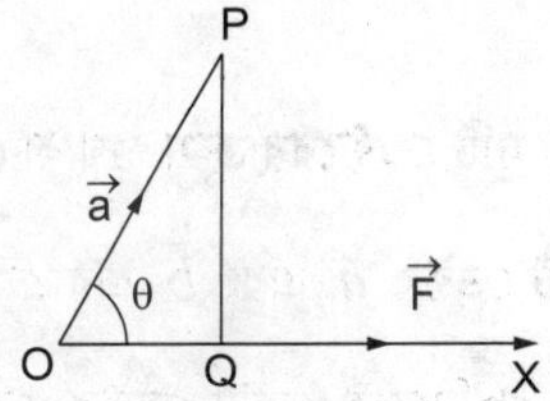

চিত্র 4.10

উদাহরণ 10: $\vec{F} = \hat{i} + 2\hat{j} + \hat{k}$ বল দ্বারা $\vec{a} = 3\hat{i} + 4\hat{j} - \hat{k}$ সরণের দিকে সম্পন্ন কাজের মান নির্ণয় কর।

সমাধান: দেওয়া আছে, $\vec{F} = \hat{i} + 2\hat{j} + \hat{k}$

এবং $\vec{a} = 3\hat{i} + 4\hat{j} - \hat{k}$

$\therefore$ সম্পন্ন কাজ, $W = \vec{F}.\vec{a}$

$\Rightarrow \quad W = 3 + 8 - 1$

$\Rightarrow \quad W = 10$ একক

উদাহরণ 11: একটা বিন্দু A এর উপর একটা বল $\vec{F} = 2\hat{i} + 5\hat{j} - \hat{k}$ কাজ করছে। বলের প্রয়োগ বিন্দুর সরণ হয় A থেকে A' পর্যন্ত, যেখানে $2\hat{i} + 4\hat{j} + 5\hat{k}$ এবং $3\hat{i} + 5\hat{j} + \hat{k}$ হয় যথাক্রমে A এবং A' এর অবস্থান ভেক্টর। সম্পন্ন কাজের মান নির্ণয় কর।

সমাধান: দেওয়া আছে, $\vec{F} = 2\hat{i} + 5\hat{j} - \hat{k}$

A বিন্দুর অবস্থান ভেক্টর $A = 2\hat{i} + 4\hat{j} + 5\hat{k}$

A' বিন্দুর অবস্থান ভেক্টর $A' = 3\hat{i} + 5\hat{j} + \hat{k}$

$\therefore$ সরণ $\vec{a} = \overrightarrow{AA}$

$$\left(3\hat{i} + 5\hat{j} + \hat{k}\right) - (2\hat{i} + 4\hat{j} + 5\hat{k}) = \hat{i} + \hat{j} - 4\hat{k}$$

সম্পন্ন কাজ, $W = \vec{F} \cdot \vec{a}$

$\Rightarrow \quad W = 2 + 5 + 4$

$\Rightarrow \quad W = 11$ একক

উত্তর

উদাহরণ 12: ধর 10 N এর একটি শক্তি একটি বস্তুর উপর উল্লম্বভাবে উর্ধ্বমুখী কাজ করে এবং বস্তুটি 4m উল্লম্বভাবে নিচের দিকে চলে যায়। এই সরণ চলাকালীন বল দ্বারা সম্পন্ন কাজের মান নির্ণয় কর।

সমাধান: সম্পন্ন কাজ = $\vec{F} \cdot \vec{a}$

$= Fa \cos\theta$

এখানে বল F এবং সরণ $\vec{a}$ এর মধ্যে কোণ θ

এখানে $\theta = 180°$

এভাবে, $W = (10\ N)\ (4m).\ \cos 180°$

$= -40$ N-m

$= -40$ J

উত্তর

2. দুটি ভেক্টরের ক্রস গুণ বা ভেক্টর গুণ (Cross Product)

দুটি ভেক্টর $\overline{a}$ এবং $\overline{b}$ এর ক্রস গুণ বা ভেক্টর গুণ, $\vec{a} \times \vec{b}$ দ্বারা চিহ্নিত করা হয়। $\vec{a} \times \vec{b}$ নিজেই একটা ভেক্টর এবং $\vec{a} \times \vec{b} = |\vec{a}|\,|\vec{b}|$ দ্বারা সংজ্ঞায়িত করা হয়। এই ভেক্টরের মান হল $|\vec{a} \times \vec{b}| = ab\sin\theta$, যেখানে a এবং b যথাক্রমে এবং এর মান এবং θ ভেক্টর দুটোর মধ্যে ছোট কোণ। $\hat{n}$ হয় একক ভেক্টর (চিত্র 4.11) যা $\overline{a}$ এবং $\overline{b}$ এবং উভয়েরই লম্ব। $\vec{a} \times \vec{b}$ এর দিক এমন হবে যে $\overline{a}$ এবং $\overline{b}$ উভয়েরই লম্ব $\overline{a}$, $\overline{b}$ এবং $\vec{a} \times \vec{b}$ এর দিক মিলে একটা সমকোণী ত্রিভুজ পাওয়া যাবে (চিত্র 4.12)।

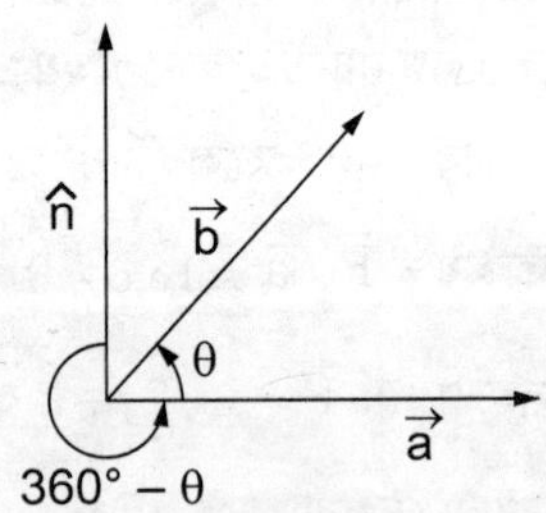

চিত্র 4.11

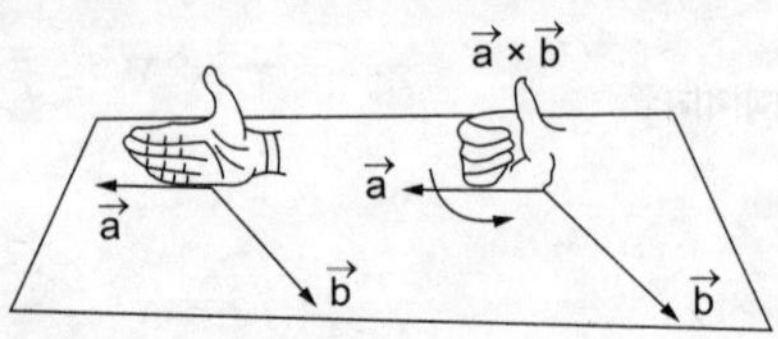

চিত্র 4.12

ধরা যাক $\quad \vec{a} = a_1\hat{i} + a_2\hat{j} + a_3\hat{k}$

এবং $\quad \vec{b} = b_1\hat{i} + b_2\hat{j} + b_3\hat{k}$

তাহলে,
$$\vec{a} \times \vec{b} = \begin{vmatrix} \hat{i} & \hat{j} & \hat{k} \\ a_1 & a_2 & a_3 \\ b_1 & b_2 & b_3 \end{vmatrix}$$

দ্রষ্টব্য:

1. যদি $\theta = 0$ হয় তবে $\vec{a} \times \vec{b} = 0$ অর্থাৎ $\overline{a}$ এবং $\overline{b}$ পরস্পরের সঙ্গে সমান্তরাল (বা কোলিনিয়ার)।

2. যদি $\theta = \dfrac{\pi}{2}$ তাহলে $\vec{a} \times \vec{b} = |\vec{a}|\,|\vec{b}|\,\hat{n}$

3. ভেক্টর গুণের হিসেবে দুটো $\overline{a}$ এবং $\overline{b}$ এর মধ্যে কোণ $\sin\theta = \dfrac{|\vec{a} \times \vec{b}|}{|\vec{a}||\vec{b}|}$ আকারে লেখা হয়।

4. ভেক্টর গুণ বিনিময়যোগ্য (commutative) নয়।

5. যদি $\overline{a}$ এবং $\overline{b}$ দিয়ে একটা ত্রিভুজের সন্নিহিত বহু বোঝানো হয় তাহলে সেই ত্রিভুজের ক্ষেত্রফল হবে $= \dfrac{1}{2}|\vec{a} \times \vec{b}|$।

6. যদি $\overline{a}$ এবং $\overline{b}$ একটা সামান্তরিকের সন্নিহিত বাহু হয় তাহলে সেই সামান্তরিকের ক্ষেত্রফল হবে $|\vec{a} \times \vec{b}|$।

উদাহরণ 13: যদি $\vec{a} = 2\hat{i} + \hat{j} + 4\hat{k},\ \vec{b} = 3\hat{i} + 3\hat{j} + 8\hat{k}$ তাহলে $|\vec{a} \times \vec{b}|$ এর মান নির্ণয় কর।

সমাধান:

$$\vec{a} \times \vec{b} = \begin{vmatrix} \hat{i} & \hat{j} & \hat{k} \\ 2 & 1 & 4 \\ 3 & 3 & 8 \end{vmatrix}$$

$$= \hat{i}(8-12) - \hat{j}(16-12) + \hat{k}(6-3)$$

$$= -4\hat{i} - 4\hat{j} + 3\hat{k}$$

$$\therefore \quad |\vec{a} \times \vec{b}| = \sqrt{(-4)^2 + (-4)^2 + 3^2}$$

$$= \sqrt{16+16+9}$$

$$\vec{a} \times \vec{b} = \sqrt{41}$$

> **FUN FACT**
> The term *vector* was introduced by Irish mathematician Sir WR Hamilton.

উদাহরণ 14: একটা একক ভেক্টর বার কর যা ভেক্টর $(\vec{a} + \vec{b})$ এবং $(\vec{a} - \vec{b})$ উভয়ের সাথেই লম্ব। যেখানে

$\vec{a} = \hat{i} + \hat{j} + 2\hat{k}$ এবং $\vec{b} = 2\hat{i} + 3\hat{j} + \hat{k}$

সমাধান: আমাদের আছে $\vec{a} + \vec{b} = 3\hat{i} + 4\hat{j} + 3\hat{k}$

$$\vec{a} - \vec{b} = -\hat{i} - 2\hat{j} + \hat{k}$$

ভেক্টর $\vec{c}$ যা ভেক্টর $(\vec{a} + \vec{b})$ এবং $(\vec{a} - \vec{b})$ উভয়ের সাথেই লম্ব তা হবে $\vec{c} = (\vec{a} + \vec{b}) \times (\vec{a} - \vec{b})$

$$= \begin{vmatrix} \hat{i} & \hat{j} & \hat{k} \\ 3 & 4 & 3 \\ -1 & -2 & 1 \end{vmatrix}$$

$$\Rightarrow \quad \vec{c} = \hat{i}(4+6) - \hat{j}(3+3) + \hat{k}(-6+4)|$$

$$\Rightarrow \quad \vec{c} = 10\hat{i} - 6\hat{j} - 2\hat{k}$$

∴ $|\vec{c}| = \sqrt{100+36+4} = \sqrt{140} = 2\sqrt{35}$

∴ প্রয়োজনীয় একক ভেক্টর

$$\frac{\vec{c}}{|\vec{c}|} = \frac{5\hat{i}}{\sqrt{35}} - \frac{3\hat{j}}{\sqrt{35}} - \frac{\hat{k}}{\sqrt{35}}$$

প্রশ্ন 3 একটা ত্রিভুজের ক্ষেত্রফল নির্ণয় কর যার শীর্ষবিন্দুগুলো যথাক্রমে A (1, 1, 2); B (1, 3, 1) এবং C (2, 2, 2)।

প্রশ্ন 4 একটা সামন্তরিকের ক্ষেত্রফল নির্ণয় কর যার সন্নিহিত বাহুগুলি যথাক্রমে ভেক্টর $\overline{a} = 2\hat{i} + 3\hat{j} + \hat{k}$ এবং $\overline{b} = \hat{i} - \hat{j} + 3\hat{k}$ ।

মনে রাখবে:

1. $\hat{i}\cdot\hat{i} = \hat{j}\cdot\hat{j} = \hat{k}\cdot\hat{k} = 1$ $\quad \hat{i}\times\hat{j} = \hat{k}$

$\hat{i}\cdot\hat{j} = \hat{j}\cdot\hat{k} = \hat{k}\cdot\hat{i} = 0$ $\quad \hat{j}\times\hat{k} = \hat{i}$

$\hat{j}\times\hat{i} = -\hat{k}$ $\quad \hat{k}\times\hat{i} = \hat{j}$

$\hat{k}\times\hat{j} = -\hat{i}$

$\hat{i}\times\hat{k} = -\hat{j}$ $\quad \hat{i}\times\hat{i} = \hat{j}\times\hat{j} = \hat{k}\times\hat{k} = 0$

2. বন্ধনী গুরুত্বপূর্ণ উদাহরণস্বরূপ: (u.v)w ≠ u(v.w)

ভেক্টর গুণ

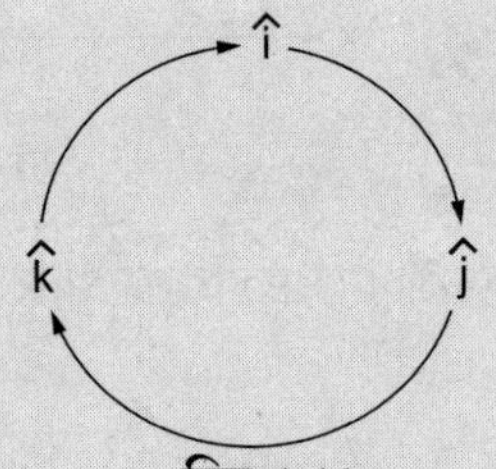

চিত্র 4.13

ভেক্টর গুণের প্রয়োগ

ভেক্টর গুণের কিছু গুরুত্বপূর্ণ প্রয়োগ হলো-

1. **বলের মোমেন্ট (M):** এটা রৈখিক বলের আবর্তনজনিত সমতুল্য, এটা টর্ক ($\vec{\tau}$) নামেও পরিচিত বা বা আবর্তনশীল বল বা টার্নিং ইফেক্ট। এটা একটি শক্তি যা এটা নির্দিষ্ট বিন্দু/অক্ষের চারপাশে ঘূর্ণন সৃষ্টি করে, যেমন এটা দরজা তার কব্জার চারপাশে ঘুরছে। ধরা যাক একটি অনমনীয় বস্তুর P বিন্দুতে একটি বল প্রয়োগ করা হল। তাহলে একটা বিন্দুর সাপেক্ষে বলের মোমেন্ট M, যা বিন্দুর সাপেক্ষে বস্তুটিকে ঘুরিয়ে নেওয়ার বলের প্রবণতা পরিমাপ করে। ঘূর্ণনের এই প্রবণতা যদি ঘড়ির কাঁটার বিপরীত দিকে থাকে, মুহূর্তটি ধনাত্মক, অন্যথায় এটা ঋণাত্মক।

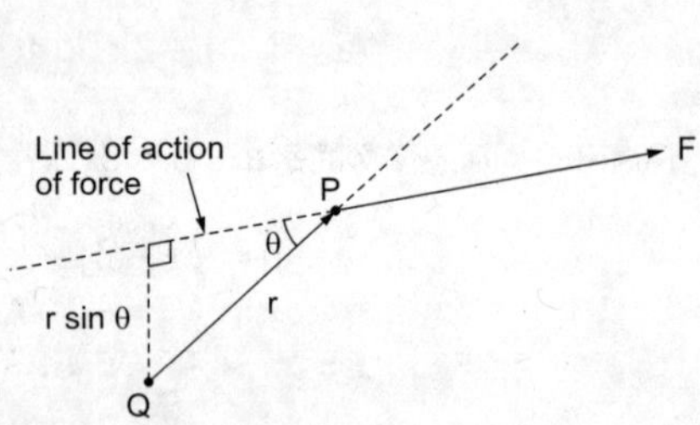

চিত্র 4.14

একটা বিন্দু O এর সাপেক্ষে বলের মোমেন্ট M (চিত্র 4.14) হয়।

$$\vec{M} = \vec{r}\times\vec{F} = \vec{\tau}$$

যেখানে $\vec{F}$ = প্রযুক্ত বল

P = বলের প্রয়োগ বিন্দু

Q = যে বিন্দুর সাপেক্ষে আমরা টর্ক গণনা করতে চাই।

$\vec{r}$ = বল প্রয়োগের বিন্দুর অবস্থান ভেক্টর যে বিন্দুর সাপেক্ষে আমরা টর্ক বার করতে চাই।

$|\vec{\tau}| = rF\sin\theta$

যেখানে θ = Q এর সাপেক্ষে P এর অবস্থান ভেক্টরএবং বলের দিকের মধ্যে কোণ।

$r \sin\theta$ = Q বিন্দু থেকে বলের প্রয়োগ রেখার পর্যন্ত লম্ব দূরত্ব এটাকে বলের বাহুও বলা হয়।

F sin = এর উপাংশ যা এর উপর লম্ব

একটা বিন্দুর সাপেক্ষে একটা বলের মোমেন্ট হয় একটা ভেক্টর রাশি যা সর্বদাই বস্তুর ঘূর্ণন দলের সাথে লম্ব। এর এস. আই. একক হয় নিউটন-মিটার (N.m)।

উদাহরণ 15: (1, 0, 1) বিন্দুর সাপেক্ষে $2\hat{i} + 3\hat{j} + 5\hat{k}$ বলের (2, 1, -1) বিন্দুতে মোমেন্ট নির্ণয় কর।

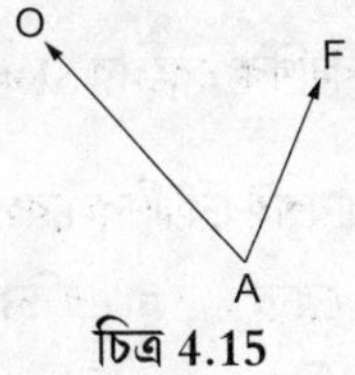

চিত্র 4.15

সমাধান: ধরা যাক, $O \equiv (1,0,1)$

$A \equiv (2,1,-1)$

এবং $\vec{F} = 2\hat{i} + 3\hat{j} + 5\hat{k}$ (fig.4.15)

তাহলে, O বিন্দুর সাপেক্ষে বলের মোমেন্ট $\overrightarrow{OA} \times \vec{F}$ আকারে লেখা যায়

এখানে, $\overrightarrow{OA} = (2\hat{i} + \hat{j} - \hat{k}) - (\hat{i} + \hat{k})$

$= \hat{i} + \hat{j} - 2\hat{k}$

$$\therefore \quad \overrightarrow{OA} \times \vec{F} = \begin{vmatrix} \hat{i} & \hat{j} & \hat{k} \\ 1 & 1 & -2 \\ 2 & 3 & 5 \end{vmatrix} = \hat{i}(5+6) - \hat{j}(5+4) + \hat{k}(3-2) = 11\hat{i} - 9\hat{j} + \hat{k}$$

উদাহরণ 16: O এবং A বিন্দুর সাপেক্ষে $\vec{F}$ বলের নির্ণয় টর্ক নির্ণয় কর চিত্র 4.16)।

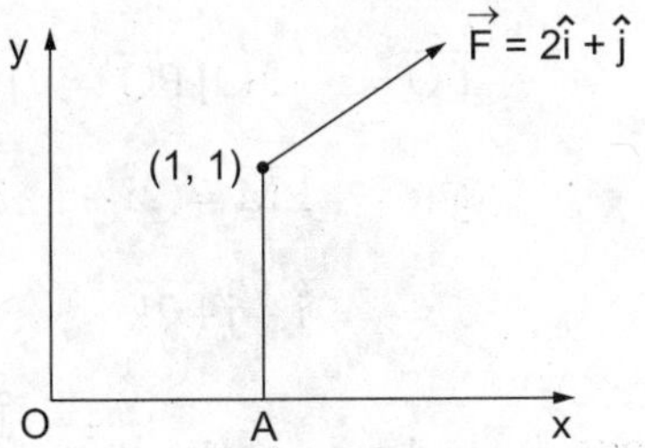

চিত্র 4.16

সমাধান: O বিন্দুর সাপেক্ষে টর্ক,

$\vec{\tau} = \vec{r}_0 \times \vec{F},\ \vec{r}_0 = \hat{i} + \hat{j},\ \vec{F} = 2\hat{i} + \hat{j}$

$\therefore \quad \vec{\tau} = (\hat{i} + \hat{j}) \times (2\hat{i} + \hat{j})$

$$= \begin{vmatrix} \hat{i} & \hat{j} & \hat{k} \\ 1 & 1 & 0 \\ 2 & 1 & 0 \end{vmatrix}$$

$= \hat{k}(1-2) = -\hat{k}$

A বিন্দুর সাপেক্ষে টর্ক, $\vec{\tau} = \vec{r}_a \times \vec{F},\ \vec{r}_a = \hat{j}$ এবং $\vec{F} = 2\hat{i} + \hat{j}$

$\Rightarrow \quad \vec{\tau} = \hat{j} \times (2\hat{i} + \hat{j})$

$$\begin{vmatrix} \hat{i} & \hat{j} & \hat{k} \\ 0 & 1 & 0 \\ 2 & 1 & 0 \end{vmatrix} = -2\hat{k}$$

কৌণিক বেগ (Angular velocity)

বৃত্তাকার গতিতে ঘূর্ণায়মান কোনো বস্তুর সময়ের সাথে তার কৌণিক সরণের θ পরিবর্তনের হারকে কৌণিক বেগ হিসেবে সংজ্ঞায়িত করা হয়।

এক মাত্রায় আমরা কথা বলি রৈখিক গতি, রৈখিক সরণ (x), রৈখিক বেগ (v) যেখানে $v = \frac{dx}{dt}$

একইভাবে দুটি মাত্রায় আমরা একক সময়ের সাথে বৃত্তাকার গতি সম্পর্কে কথা বলি এবং θ কৌণিক সরণ হিসাবে ধরি তখন কৌণিক বেগ ω, $\omega = \frac{d\theta}{dt}$ ওমেগা দ্বারা চিহ্নিত করা হয়।

কৌণিক বেগের SI একক প্রতি সেকেন্ডে রেডিয়ান।

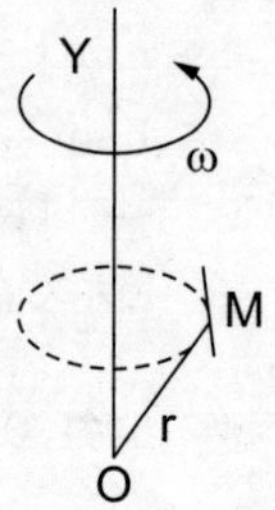

চিত্র 4.17

প্রায়শই কৌণিক বেগ প্রতি সেকেন্ডে রেভোলুশনস হিসেবে দেওয়া হয় (রেভ/সেকেন্ড)।

1 রেভ = 2π রেডিয়ান ব্যবহার করে রেডিয়ানে প্রতি সেকেন্ডে রূপান্তর,করা যেতে পারে।

রৈখিক এবং কৌণিক বেগের মধ্যে সম্পর্ক: যখন একটি অনমনীয় বস্তু একটি নির্দিষ্ট রেখা OY সাপেক্ষে একটি কৌণিক বেগ ω তে ঘোরে, তখন M কণার রৈখিক বেগ $v = \omega \times r$,

যেখানে $r = \overrightarrow{OM}$ (O এর সাপেক্ষে কণার অবস্থান ভেক্টর) (চিত্র 4.17)

$\omega = |\omega|\, x$ (OY বরাবর একক ভেক্টর)

উদাহরণ 17: একটা বস্তুর কৌণিক বেগ 4 rad/s এবং ঘূর্ণনের অক্ষ (1, 2, 1) এবং (2, 2, -1) বিন্দু দিয়ে যায়। M (2, 1, 3) বিন্দুতে কণার বেগ নির্ণয় কর।

সমাধান: এটা পরিষ্কার যে, $\overrightarrow{OP} = \hat{i} + 2\hat{j} + \hat{k}$

$$\overrightarrow{OQ} = 2\hat{i} + 2\hat{j} - \hat{k}$$

$$\overrightarrow{PQ} = \hat{i} - 2\hat{k} \quad |\overrightarrow{PQ}| = \sqrt{1+4} = \sqrt{5}$$

এবং $\vec{r} = \overrightarrow{PM} = (2\hat{i} + \hat{j} + 3\hat{k}) - (\hat{i} + 2\hat{j} + \hat{k})$

$$= \hat{i} - \hat{j} + 2\hat{k}$$

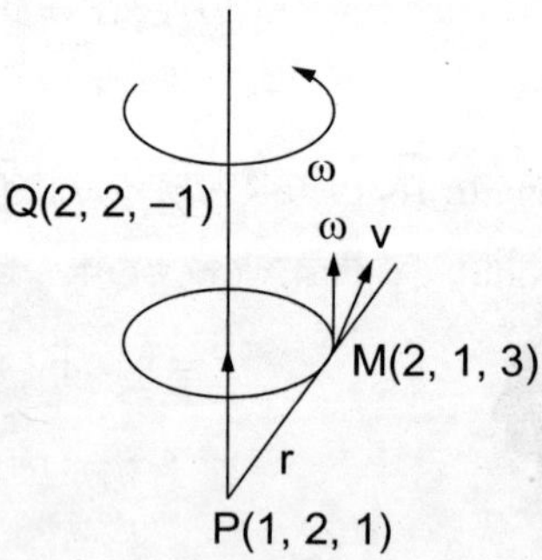

চিত্র 4.18

এখন, $|\omega| = 4\,\text{rad/s}$ এবং $\overrightarrow{PQ} = \frac{\overrightarrow{PQ}}{|\overrightarrow{PQ}|}$ বরাবর একক ভেক্টর (চিত্র.4.18)

$$\therefore \qquad \omega = \frac{4}{\sqrt{5}}(\hat{i} - 2\hat{k})$$

সুতরাং, $\quad v = \omega \times \vec{r}$

$$= \frac{4}{\sqrt{5}}(\hat{i} - 2\hat{k}) \times (\hat{i} - \hat{j} + 2\hat{k})$$

$$= \frac{4}{\sqrt{5}}\begin{vmatrix} \hat{i} & \hat{j} & \hat{k} \\ 1 & 0 & -2 \\ 1 & -1 & 2 \end{vmatrix}$$

$$= \frac{4}{\sqrt{5}}\left[\hat{i}(-2) - \hat{j}(4) + \hat{k}(-1)\right]$$

$$v = \frac{4}{\sqrt{5}}(-2\hat{i} - 4\hat{j} - \hat{k})$$

$$v = \frac{-4}{\sqrt{5}}(2\hat{i} + 4\hat{j} + \hat{k})$$

উত্তর

ভডিওির উৎস

Vectors and their representation

Vector Product

Scalar product of two vectors

Vector product-2

গভীর অধ্যয়ন

একজন কৃষকের একটি জমি ABCD আছে, যদি A = (1, 1), B = (3, 2), C = (3, 3), D = (2, 3)
একটা শিশু একটা বিন্দু A থেকে একটি খেলনা (সমতল কাগজ) পূর্ব দিকে 100 সেন্টিমিটার/সেকেন্ড বেগে উড়ানোর চেষ্টা করে। কিন্তু উত্তর দিকে 40 সেন্টিমিটার/সেকেন্ডের বেগে বাতাস বইছে। ফলে খেলনা 30 সেকেন্ড রেজাল্টান্ট গতিতে $\overline{OP}$ দিকে ওড়ে। E থেকে F বিন্দুতে খেলনা 100 সেমি/সেকেন্ড গতিতে 10 সেকেন্ড যায় এবং অবশেষে F বিন্দুতে নেমে গেল।

উপরিউক্ত তথ্যগুলির উপর ভিত্তিকরে নিম্নলিখিত প্রশ্নগুলির উত্তর দাও।

ভেক্টর $\overrightarrow{AB}, \overrightarrow{BC}, \overrightarrow{CD}$ and $\overrightarrow{DA}$ এর অবস্থান ভেক্টর বার কর।

A থেকে F বিন্দুতে রেজাল্টান্ট বেগ কত?

থেকে বিন্দুতে সরণ বার কর।

E থেকে F বিন্দুতে লব্ধ বেগ এবং সরণ কত?

চিত্র 4.18

যাচাই কর

ম্যাটল্যাবের ফ্রি ট্রায়াল সংস্করণ ডাউনলোড করো ইউনিট 4 শেখার পর পরীক্ষা করে দেখো যে $\vec{a} = 2\hat{i} + 3\hat{j}$ এবং $\vec{b} = \hat{i} + 4\hat{j}$ ভেক্টরের নিম্নলিখিত কাজগুলি করতে পারো কিনা?

Math Works

(i) $\vec{a} + \vec{b}$ (ii) $\vec{a} - \vec{b}$ (iii) $\vec{a} \cdot \vec{b}$ (iv) $\vec{a} \times \vec{b}$

তোমার ফলাফল হাতেকলমে যাচাই করো!

ভেক্টর বীজগণিতের প্রয়োগ

- বিন্দু এবং ক্রস গুণ যথাক্রমে কাজ এবং টর্ক খুঁজে বের করতে ব্যবহৃত হয়।
- ভেক্টর বীজগণিত ব্যবহার করে একটি আয়তঘনের আয়তন গণনা করা যায়।
- এটি ইলেক্ট্রোম্যাগনেটিজম, হাইড্রোডায়নামিক্স, রক্ত প্রবাহ, রকেট উৎক্ষেপণ, একটি স্যাটেলাইটের পথ গবেষণায় ব্যবহৃত হয়।
- ডট এবং ক্রস গুণগুলি মহাকাশে দুটি বিমানের মধ্যে দূরত্ব এবং তাদের পথের মধ্যে কোণ গণনা করতে ব্যবহৃত হয়।

সোলার প্যানেল স্থাপনের বিষয়ে গণনার জন্য ছাদের ঢাল এবং সূর্যের দিক নির্দেশনার ক্ষেত্রে, যাতে সর্বোচ্চ বিদ্যুৎ উৎপাদনের হয় তার জন্য ভেক্টর ডট গুণ ব্যবহার করা হয় ।

সারসংক্ষেপ

1. দিক বিশিষ্ট রেখার অংশকে ভেক্টর বলে।
2. যদি $\vec{a} = x\hat{i} + y\hat{j}$ তাহলে $|\vec{a}| = \sqrt{x^2 + y^2}$
3. একটা ভেক্টরের বিশ্লেষণের মাধ্যমে একটা নির্দিষ্ট দিকে ভেক্টরের প্রভাব নির্ধারণ করা এবং এইভাবে প্রাপ্ত বিভক্ত ভেক্টরগুলি ভেক্টরের উপাংশ হিসাবে পরিচিত।
4. **ভেক্টর সংযোজনের ত্রিভুজ সূত্র –**

   যদি $\vec{a} = a_1\hat{i} + a_2\hat{j}\,; \vec{b} = b_1\hat{i} + b_2\hat{j}$,

   তাহলে, $\vec{a} + \vec{b} = (a_1 + b_1)\hat{i} + (a_2 + b_2)\hat{j}$

   তাহলে, $\vec{a} + \vec{b} = (a_1 + b_1)\hat{i} + (a_2 + b_2)\hat{j}$

5. **ভেক্টর সংযোজনের ধর্ম**

   i) $\vec{a} + \vec{b} = \vec{b} + \vec{a}$ (বিনিময়যোগ্য)

   ii) $(\vec{a} + \vec{b}) + \vec{c} = \vec{a} + (\vec{b} + \vec{c})$ (সহযোগী)

   iii) $\vec{a} + \vec{o} = \vec{a} = \vec{o} + \vec{a}$ (অ্যাডিডিটিভ আইডেন্টিটি)

   iv) $\vec{a} + (-\vec{a}) = \vec{o} = (-\vec{a}) + \vec{a}$ (অ্যাডিডিটিভ ইনভার্স)

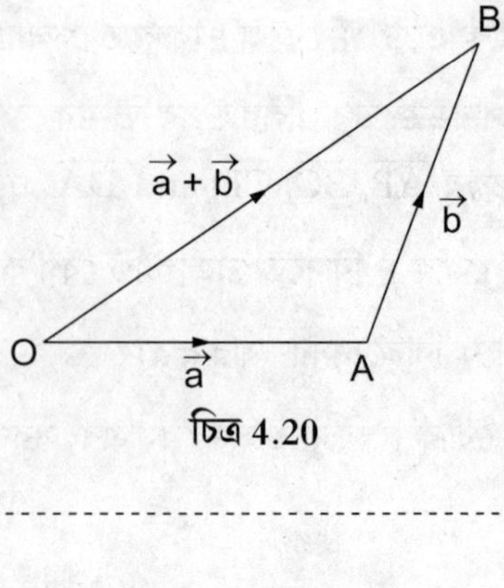

চিত্র 4.20

6. **একটা স্কেলার দ্বারা একটা ভেক্টরের গুণ** - ধরা যাক প্রদত্ত ভেক্টর $\vec{a}$ এবং m একটা স্কেলার রাশি। তারপর আমরা $\vec{b} = m\vec{a}$ দিয়ে একটা ভেক্টরকে সংজ্ঞায়িত করি যার মান $|ma|$।

7. **ভেক্টরের বিয়োজন** - যদি $\vec{a} = a_1\hat{i} + a_2\hat{j}$, $\vec{b} = b_1\hat{i} + b_2\hat{j}$, তাহলে, $\vec{a} - \vec{b} = (a_1 - b_1)\hat{i} + (a_2 - b_2)\hat{j}$

8. **ভেক্টরের প্রকারভেদ:**
   - **শূন্য বা নাল ভেক্টর:** একটি ভেক্টর যার মান শূন্য তাকে শূন্য বা নাল ভেক্টর বলে এবং o দ্বারা প্রকাশ করা হয়।
   - **কো-ইনিশিয়াল ভেক্টর:** কই প্রাথমিক বিন্দু থাকা দুই বা তার বেশি ভেক্টরকে সহ-কো-ইনিশিয়াল ভেক্টর বলা হয়।
   - **কোলিনিয়ার ভেক্টর:** মান নির্বিশেষে দুই বা ততোধিক ভেক্টর যদি একই রেখার সমান্তরাল হয় তবে তাদের কোলিনিয়ার ভেক্টর বলা হয়।
   - **মুক্ত ভেক্টর:** যদি একটি ভেক্টরের মান শুধুমাত্র তার দৈর্ঘ্য এবং দিকনির্দেশের উপর নির্ভর করে এবং স্থানটিতে তার অবস্থানের উপর নির্ভরশীল না হয় তাহলে ,তাকে মুক্ত ভেক্টর বলা হয়।
   - **কোটার্মিনাস ভেক্টর:** একই শেষ বিন্দুতে থাকা ভেক্টরগুলিকে কোটার্মিনাস ভেক্টর বলা হয়।

9. একটা বিন্দুর অবস্থান ভেক্টর হল $\vec{r} = x\hat{i} + y\hat{j} + z\hat{k}$ এবং $|\vec{r}| = \sqrt{x^2 + y^2 + z^2}$ ।

10. দুটি ভেক্টর $\vec{a}$ এবং $\vec{b}$ এর স্কেলার গুণ (বা ডট গুণ) হয় $\vec{a} \cdot \vec{b} = ab\cos\theta$ .....(1)

    যদি $\vec{a} = a_1\hat{i} + b_1\hat{j} + c_1\hat{k}$ এবং $\vec{b} = a_2\hat{i} + b_2\hat{j} + c_2\hat{k}$, তাহলে $\vec{a}.\vec{b} = a_1a_2 + b_1b_2 + c_1c_2$.

    প্রয়োগ: সম্পন্ন কাজ = $\vec{F} . \vec{a} = Fa\cos\theta$

11. দুটি ভেক্টরের ক্রস গুণ বা ভেক্টর গুণ - $\vec{a} \times \vec{b}$ দ্বারা চিহ্নিত করা হয়। $\vec{a} \times \vec{b}$ নিজেই একটা ভেক্টর এবং $\vec{a} \times \vec{b} = |\vec{a}|\,|\vec{b}|$ $\sin\theta\ \hat{n}$ দ্বারা সংজ্ঞায়িত করা হয়। এই ভেক্টরের মান হল $\left|\vec{a} \times \vec{b}\right| = ab\,sin\theta$

    ধরা যাক $\bar{a} = a_1\hat{i} + a_2\,\hat{j} + a_3\hat{k}$ এবং $\bar{b} = b_1\hat{i} + b_2\,\hat{j} + b_3\hat{k}$ তাহলে $\left|\vec{a} \times \vec{b}\right| = \begin{vmatrix} \hat{i} & \hat{j} & \hat{k} \\ a_1 & a_2 & a_3 \\ b_1 & b_2 & c_1 \end{vmatrix}$

প্রয়োগ:

- একটা বিন্দু O এর সাপেক্ষে $\vec{F}$ বলের মোমেন্ট O = $\overline{OA} \times \vec{F}$, এখানে A, $\vec{F}$ এর উপরে যেকোনো বিন্দু ।
- কৌণিক বেগ $v = \omega \times r$

অনুশীলন

বিষয়গত প্রশ্নমালা

Q.1. আয়তক্ষেত্রাকার স্থানক পদ্ধতিতে একটা কণার (3, 2, 5)। কণাটির অবস্থান ভেক্টর বার কর।

[**উত্তর:** $3\hat{i}+2\hat{j}+5\hat{k}$]

Q.2. যদি একটা কণা P (2, 3, 5) বিন্দু থেকে Q (3, 4, 5) বিন্দুতে যায়, তাহলে এর সরণ ভেক্টর বার কর। [**উত্তর:** $\hat{i}+\hat{j}$]

Q.3. X- অক্ষ অক্ষের সাথে ভেক্টর $A=\hat{i}+\hat{j}$ দ্বারা তৈরি কোণ বার কর। [**উত্তর:** 45°]

Q.4. v m/s গতি সহ m কেজির একটা বস্তু, θ কোণে একটা প্রাচীরকে আঘাত করে এবং একই গতি এবং একই কোণে পুনরায় ঘুরে আসে। বস্তুর মোমেন্টামের পরিবর্তনের মান গণনা কর। [**উত্তর:** $2mv\cos\theta$]

Q.5. প্রমাণ কর যে তিনটে ভেক্টর $\vec{A}=3\hat{i}-2\hat{j}+\hat{k}$, $\vec{B}=\hat{i}-3\hat{j}+5\hat{k}$ এবং $\overline{C}=2\hat{i}+\hat{j}-4\hat{k}$ একটা সমকোণী ত্রিভুজ তৈরী করে।

Q.6. যদি $|\vec{A}\times\vec{B}|=|\vec{A}.\vec{B}|$ তাহলে প্রমান করতে পারবে যে $\overline{A}$ এবং $\overline{B}$ এর মধ্যে কোণ 45°? কারণ দেখাও।

উদ্দেশ্যমূলক প্রশ্নমালা

Q.1. $\vec{r}=(3\hat{i}+2\hat{j}+3\hat{k})$m বিন্দুতে $\vec{F}=(2\hat{i}-3\hat{j}+4\hat{k})$N বলের টর্ক হবে-

(a) $(3\hat{i}-6\hat{j}-13\hat{k})$N.m (b) $(17\hat{i}+6\hat{j}-\hat{k})$N.m

(c) $(17\hat{i}-6\hat{j}-13\hat{k})$N.m (d) 0 [**উত্তর:** (c) Hint $\left[\vec{\tau}=\vec{r}\times\vec{F}\right]$]

Q.2. যদি $\vec{a}=3\hat{i}+\hat{j}+2\hat{k}$ and $\vec{b}=2\hat{i}-2\hat{j}+4\hat{k}$ then $\vec{a}\times\vec{b}=?$

(a) 0 (b) $\hat{i}+\hat{j}+\hat{k}$

(c) $17\hat{i}+6\hat{j}+\hat{k}$ (d) $8\hat{i}-8\hat{j}-8\hat{k}$ [**উত্তর:** (d)]

Q.3. যদি কৌণিক বেগ $\omega=3\vec{k}$ এবং ব্যাসার্ধ $\vec{r}=3\hat{j}$ তাহলে রৈখিক বেগ

(a) $\hat{i}$ (b) 0

(c) $-9\hat{i}$ (d) $7\hat{j}$ [**উত্তর:** (c)]

Q.4. যদি $\vec{F}=2\hat{i}$, $\vec{r}=3\hat{j}$, তাহলে বলের মোমেন্ট

(a) $3\hat{k}$ (b) 0

(c) $4\hat{j}$ (d) $-6\hat{k}$ [**উত্তর:** (d)]

Q.5. যদি ভেক্টর $\vec{a}=2\hat{i}+3\hat{j}-\hat{k}$ এবং $\vec{b}=-4\hat{i}-6\hat{j}+\lambda\hat{k}$ পরস্পরের সমান্তরাল হয় তাহলে, λ এর মান হবে -

(a) 0 (b) 4

(c) – 9 (d) 2 [**উত্তর:** (d)]

Q.6. যদি ভেক্টর $2\hat{i}+3\hat{j}+8\hat{k}$, ভেক্টর $4\hat{j}-4\hat{i}+\alpha\hat{k}$ এর সাথে লম্ব হয়, তাহলে α এর মান হবে -

(a) 1 (b) 1/3

(c) 1/2 (d) 3 [**উত্তর:** (c)]

Q.7. ভেক্টর $\vec{A},\vec{B},\vec{C}$ এর মান যথাক্রমে 3, 4 এবং 5 একক । যদি $\vec{A}+\vec{B}=\vec{C}$, তাহলে $\vec{A}$ and $\vec{B}$ এর মধ্যে কোণ -

(a) 60° (b) 90°

(c) 0° (d) 45° [**উত্তর:** (b)]

Q.8. যদি ভেক্টর $\vec{P},\vec{Q}$ and $\vec{R}$ এর মান যথাক্রমে 5, 12 এবং 13 একক এবং $\vec{P}+\vec{Q}=\vec{R}$, তাহলে $\vec{Q}$ and $\vec{R}$ এর মধ্যে কোণ-

(a) $\cos^{-1}\frac{3}{5}$ (b) $\cos^{-1}\left(\frac{12}{13}\right)$

(c) $\sin^{-1}\left(\frac{12}{13}\right)$ (d) $\sin^{-1}\left(\frac{5}{13}\right)$ [**উত্তর:** (b)]

Q.9. $\hat{i}-2\hat{j}+2\hat{k}$ and $2\hat{i}+\hat{j}-\hat{k}$ ভেক্টরগুলোর সাথে কোণ ভেক্টর যোগ করলে লব্ধ ভেক্টরটা একটা একক ভেক্টর হবে এবং সেটা x-অক্ষ হবে?

(a) $(-2\hat{i}+\hat{j}-\hat{k})$ (b) $\hat{j}+\hat{k}$

(c) $3\hat{i}+\hat{k}$ (d) $2\hat{i}-\hat{j}+\hat{k}$ [**উত্তর:** (a)]

Q.10. যদি $\vec{A}=4\hat{i}-3\hat{j}$ and $\vec{B}=6\hat{i}+8\hat{j}$ then $\vec{A}+\vec{B}$ এর মান যথাক্রমে $5\sqrt{5}$ and $\tan^{-1}\left(\frac{1}{2}\right)$ । সত্য/মিথ্যা

[**উত্তর:** সত্য]

ছোট প্রকল্প (Mini Project)

প্রত্যেকের পাঁচজন শিক্ষার্থীর একটা দল গঠন কর। ভেক্টরগুলির একটা কোলাজ তৈরি কর যার মধ্যে নিম্নলিখিতগুলি অন্তর্ভুক্ত থাকবে

(a) উপযুক্ত উদাহরণ সহ ভেক্টরের চিত্রগত সংজ্ঞা।

(b) ভেক্টর যোগ, বিয়োগ, ভেক্টর ডট গুণ এবং ভেক্টর ক্রস গুণের বিস্তারিত চাক্ষুষ ব্যাখ্যা দাও।

(c) একটি ভেক্টরের আয়তক্ষেত্রাকার বিশ্লেষণের চাক্ষুষ উপস্থাপনা (2D) কর।

তোমার বিষয়ের শিক্ষক এর মূল্যায়ন করবেন এবং যে দলটি সেরা কাজ করে তাদের প্রশংসাপত্র দেবেন!

কার্যকলাপ

তোমার বাড়ির কাছাকাছি তোমার প্রিয় গন্তব্য চয়ন কর। হেঁটে সেই জায়গায় যাও। এখন তোমার ভ্রমণের একটা স্কেল করা ভেক্টর ডায়াগ্রাম তৈরি কর। তোমার প্রথম ভেক্টরের প্রাথমিক বিন্দুর শুরুর স্থান অর্থাৎ তোমার বাড়ি হওয়া উচিত। প্রতিটি ধারাবাহিক ভেক্টরের প্রাথমিক বিন্দুগুলিকে পূর্ববর্তী ভেক্টরের প্রান্তিক বিন্দুর সাথে সংযুক্ত কর। প্রতিটি দিকমূলক দূরত্বের ভেক্টর তৈরি করতে হবে যাতে কাগজে ফিট করা যায়। প্রারম্ভিক বিন্দু থেকে শেষ বিন্দু পর্যন্ত। লব্ধ ভেক্টর বার কর।

আরো জানো

ভেক্টর সংযোজনের বহুভুজ সূত্র - এটা বলে যে একই সময়ে একটা বহুভুজের বিভিন্ন দিক দ্বারা একটা কণার উপর কাজ করে এমন ভেক্টরগুলি যদি দৈর্ঘ্য এবং দিকনির্দেশ করে, তাহলে তাদের লব্ধ ভেক্টর হবে মান এবং দিক নির্দেশিত বহুভুজের শেষ বহু। এই নিয়মটি সংযোজনের ত্রিভুজীয় আইনের কেবল একটা সম্প্রসারণ। জ্যামিতিকভাবে, এটি চিত্রে দেখানো হয়েছে।

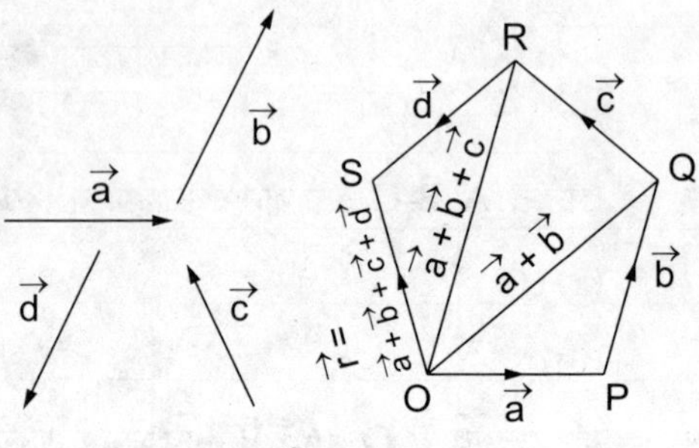

চিত্র 4.19

লব্ধ $\vec{r} = \vec{a} + \vec{b} + \vec{c} + \vec{d} \quad (\overrightarrow{OS})$ ।

তথ্যসূত্র ও প্রস্তাবিত পাঠ্য

- Narayan Shanti, Mittal P.K. (1954),Vector Algebra, S. Chand & Co.
- NCERT (2007) Mathematics Text book XII Part II.
- Chatterji P.N. (1998), Vector Algebra, Rajhans Press.
- Spiegel R Murray (1974), Vector Analysis, Schaum's Outline Series McGraw-Hill.

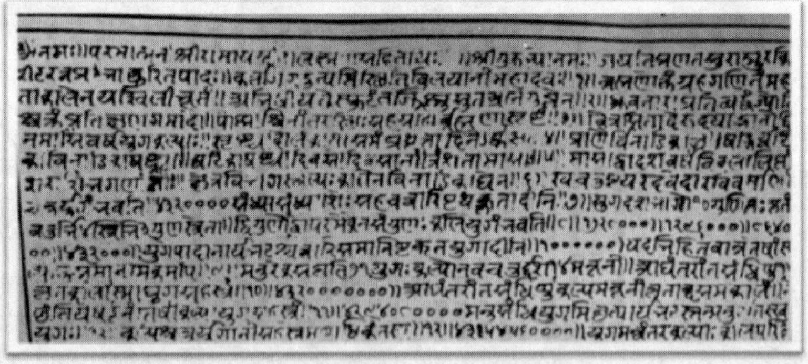

ব্রহ্মগুপ্তের রচিত প্রাথমিক 12 টি শ্লোকের একটি অংশ। এটিতে মোট 24 টি অধ্যায় এবং 1008 টি শ্লোক রয়েছে (গণিত এবং জ্যোতিষশাস্ত্রের উপর)।

5 অন্তরকল সমীকরণ

ইউনিট-5: অন্তরকল সমীকরণ (Differential Equations)

চলরাশি পৃথকীকরণ পদ্ধতিতে (Variable Separation Method) প্রথম ক্রোম এবং প্রথম ডিগ্রি অন্তরকল সমীকরণের সমাধান (সহজ সমস্যা)। ম্যাটল্যাব - সহজ ভূমিকা।

সূচনা

বিজ্ঞান ও প্রকৌশল, পদার্থবিজ্ঞান, রসায়ন, জীববিজ্ঞান, অর্থনীতি এবং অন্যান্য শাখার সাথে সম্পর্কিত বিভিন্ন পদ্ধতির গাণিতিক মডেলিংয়ে অন্তরকলজ সমীকরণগুলি অত্যন্ত গুরুত্বপূর্ণ। যেসব সিস্টেম গতিশীল অর্থাৎ সময় (t) ইত্যাদির সাথে পরিবর্তিত হয়, যেগুলো প্রায়ই গাণিতিক মডেলিংয়ে ব্যবহৃত হয়। এছাড়াও অন্তরকলজ পরিবর্তনের হারের সমার্থক ছাড়া আর কিছুই নয়। এবং তাই, অন্তরকলজ এবং ভেরিয়েবলের মধ্যে সম্পর্ক, যাকে অন্তরকলজ সমীকরণ বলা হয়, সেই অনুযায়ী মডেল করা সহজ। ডিফারেনশিয়াল ইকুয়েশনে আমাদের চারপাশের ঘটনাগুলির পূর্বাভাস দেওয়ার অসাধারণ ক্ষমতা রয়েছে।

ম্যাটল্যাব (MATLAB) একটি কম্পিউটিং প্ল্যাটফর্ম যা সারা বিশ্বে প্রযুক্তি বিশেষজ্ঞ, প্রকৌশলী, বিজ্ঞানী এবং গণিতবিদরা ব্যবহার করেন। এর বেশ কয়েকটি বৈশিষ্ট্য এবং কাজ রয়েছে, যা আমরা এর টুলবক্সের মাধ্যমে উপভোগ করতে পারি। এই টুলবক্স ব্যবহারকারীদের বিশেষ প্রযুক্তি শিখতে এবং প্রয়োগ করতে দেয়। ম্যাটল্যাব একটি খুব উন্নত প্ল্যাটফর্ম এবং একই সাথে খুব ব্যবহারকারী বান্ধব ইন্টারফেস রয়েছে যা এটিকে আরও প্রযোজ্য করে তোলে।

এই ইউনিটে, আমরা সংক্ষেপে অন্তরকল সমীকরণ এবং ম্যাটল্যাব সম্পর্কে পড়াশোনা করব।

পূর্ব প্রয়োজনীয় জ্ঞান

- কলনবিদ্যার জ্ঞান।
- কম্পিউটারের বুনিয়াদি।

ইউনিট-5 অন্তরকল সমীকরণ	ইউনিট ফলাফল শিক্ষার্থীরা শিখবে
U5-O1	অন্তরকল সমীকরণ সম্বন্ধে ধারণা তৈরী কর; অন্তরকল সমীকরণের ডিগ্রি এবং ক্রোম নির্ণয় কর।
U5-O2	ভেরিয়েবল বিভাজক পদ্ধতি সহযোগে প্রথম-ক্রম এবং প্রথম-ডিগ্রি অন্তরকল সমীকরণগুলি সমাধান কর।
U5-O3	ম্যাটল্যাব বোঝা; ম্যাটল্যাব - এর বৈশিষ্ট্য সম্পর্কে ধারণা তৈরি কর।
U5-O4	ম্যাটল্যাব এর মূল বিষয়গুলোকে একত্রিত করুন; ম্যাটল্যাব এর সুবিধা এবং অসুবিধাগুলি উপলব্ধি করুন।
U5-O5	অন্তরকল সমীকরণ সম্বন্ধে ধারণা তৈরী কর; অন্তরকল সমীকরণের ডিগ্রি এবং ক্রোম নির্ণয় কর।

CO-UO ম্যাপিং

ইউনিট-5 অন্তরকল সমীকরণ	কোর্সের ফলাফলের সঙ্গে প্রত্যাশিত ম্যাপিং (1-দুর্বল সংশ্লেষন; 2 - মাঝারি সংশ্লেষন; 3- গভীর সম্পর্ক)				
	CO-1	CO-2	CO-3	CO-4	CO-5
U5-O1	-	1	-	3	-
U5-O2	-	1	-	3	-
U5-O3	1	-	-	-	3
U5-O4	-	-	-	-	3
U5-O5	-	1	-	3	-

5.1 অন্তরকলজ সমীকরণ

তোমরা সমীকরণের ধারণার সাথে পরিচিত যা সমান মানসম্পন্ন দুটি অভিব্যক্তির মধ্যে একটি "সমান" চিহ্ন সহ গাণিতিক বিবৃতি। উদাহরণস্বরূপ: $x^2+2x+1=0$; $4\sin x+\tan x=0, 3x+2y=4$ ইত্যাদি। এই ইউনিটে, আমরা এমন সমীকরণগুলি পড়বো যেগুলি চলের পাশাপাশি অন্তরকলজকে তাদের পদ হিসাবে অন্তর্ভুক্ত করে। এমন সমীকরণগুলিকে অন্তরকল সমীকরণ বলা হয়। অন্তরকল কলনবিদ্যার থেকে তোমরা শিখেছো কিভাবে একটি অপেক্ষকের অন্তরকলজ বের করতে হয় এবং অবিচ্ছেদ্য কলনবিদ্যা থেকে, তোমরা জানো কিভাবে প্রদত্ত অপেক্ষকের অন্তরকলজ বের করতে হবে। সুতরাং, এইগুলিকে একত্রিত করে আমরা অন্তরকল সমীকরণ সম্পর্কিত কিছু মৌলিক ধারণা পড়াশোনা করব।

5.2 মূল সংজ্ঞা / ধারণা

একটি সমীকরণ যেখানে স্বাধীন চলের সাপেক্ষে নির্ভরশীল চলের অন্তরকলজ আছে তাকে ***অন্তরকল সমীকরণ*** বলে। স্বাধীন চলের সংখ্যার উপর নির্ভর করে আমরা তাদের নিম্নলিখিত শ্রেণীতে করতে পারি:

(i) ***O.D.E. – সাধারণ অন্তরকলজ সমীকরণ (Ordinary Differential Equations)***

এই ধরনের সমীকরণগুলিতে শুধুমাত্র একটি স্বাধীন চলের সাপেক্ষে নির্ভরশীল চলের অন্তরকলজ থাকে।

উদাহরণস্বরূপ: $\frac{dy}{dx}+4y=\sin x$

এখানে, নির্ভরশীল চল y এবং স্বাধীন চল হল x।

(ii) ***P.D.E. – আংশিক অন্তরকলজ সমীকরণ (Partial Differential Equations)***

এই ধরনের সমীকরণগুলিতে দুটি বা তার বেশি স্বাধীন চলের সাপেক্ষে নির্ভরশীল চলের অন্তর্কলজ থাকে।

উদাহরণস্বরূপ: $\frac{\partial z}{\partial x}+4\frac{\partial z}{\partial y}=10$

এখানে z হল নির্ভরশীল চল (dependent variable) এবং x, y হল স্বাধীন চল।
এই ইউনিটে আমরা আমাদের পড়াশোনা প্রথম ক্রম এবং প্রথম ডিগ্রির ODE এর মধ্যে সীমাবদ্ধ রাখব।

দ্রষ্টব্য: সাধারণভাবে, অন্তর্কলজে নিম্নরূপ সঙ্কেতগুলি ব্যবহার করা হয়::

$\frac{dy}{dx}=y'$ বা y_1; $\frac{d^2y}{dx^2}=y''\ or\ y_2$;$\frac{d^3y}{dx^3}=y'''\ or\ y_3$;$\frac{d^ny}{dx^n}=y_n$

5.2.1 একটা অন্তরকল সমীকরণের ক্রম এবং ডিগ্রি (Order and Degree)

একটা সমীকরণের সর্বোচ্চ অন্তর্কলজকে অন্তরকল সমীকরণের ক্রম হিসেবে সজ্ঞায়িত করা হয় যেখানে, আমূল চিহ্ন (radical sign) ও ভগ্নাংশ থেকে মুক্ত করে তৈরী করা অন্তর্কলজের বহুপদী সমীকরণের সর্বোচ্চ ক্রমের পাওয়ারকে অন্তরকল সমীকরণের ডিগ্রী হিসেবে সংজ্ঞায়িত করা হয়। উদাহরণস্বরূপ –

> **FUN FACT**
> Differential equations are special because the solution of a differential equation is itself a function instead of a number.

ক্রমিক সংখ্যা	অন্তরকল সমীকরণ	ক্রম	ডিগ্রী
1.	$\frac{dy}{dx}+y=e^x$	1	1
2.	$\frac{d^2y}{dx^2}+x\frac{dy}{dx}+y=\sin x$	2	1
3.	$\left(\frac{d^3y}{dx^2}\right)^2+\frac{d^2y}{dx^2}+y=10x$	3	2
4.	$\sqrt{\frac{d^2y}{dx^2}}=\frac{d^3y}{dx^3}$	3	2
5.	$\left(\frac{dy}{dx}\right)^2+\cos^2 y=0$	1	2

মন্তব্য: একটা অন্তরকল সমীকরণের ক্রম এবং ডিগ্রী সবসময় ধনাত্মক পূর্ণসংখ্যা হয়।

উদাহরণ 1: নিম্নলিখিত অন্তরকল সমীকরণের ক্রম এবং ডিগ্রী (যদি সংজ্ঞায়িতহয়) নির্ণয় কর।

(1) $\frac{dy}{dx}+4y=\sin x$ (2) $\frac{d^2y}{dx^2}+xy\frac{dy}{dx}+2y=0$

(3) $\frac{d^3y}{dx^3}+\sin\left(\frac{d^2y}{dx^2}\right)+y=\cos x$ (4) $\sqrt{\frac{dy}{dx}}=\frac{d^3y}{dx^2}$

সমাধান:

(1) $\frac{dy}{dx}$ হয় সর্বোচ্চ ক্রমের অন্তর্কলজ, সুতরাং ক্রম 1 হবে। এটা $\frac{dy}{dx}$ এর একটা বহুপদী সমীকরণ, সুতরাং ডিগ্রী এক।

(2) এখানে, সর্বোচ্চ ক্রমের অন্তর্কলজ $=\frac{d^2y}{dx^2}$ $\therefore$ ক্রম = 2 এবং এটা অন্তর্কলজের বহুপদী সমীকরণ এবং $\frac{d^2y}{dx^2}$ এর পাওয়ার এক, সুতরাং ডিগ্রী এক।

(3) এখানে, সর্বোচ্চ ক্রমের অন্তর্কলজ $= \dfrac{d^3 y}{dx^3}$

$\therefore$ ক্রম = 3 কিন্তু যেহেতু $\sin\left(\dfrac{d^2 y}{dx^2}\right)$ পদটি আছে তাই এটা অন্তর্কলজের বহুপদী সমীকরণ নয়। ডিগ্রী সংজ্ঞায়িত নয়।

(4) প্রদত্ত O.D.E. কে আমূল চিহ্ন মুক্ত করলে, এটা সংক্ষিপ্ত হয়ে $\left(\dfrac{d^3 y}{dx^3}\right)^2 = \dfrac{dy}{dx}$ হবে।

এখানে, সর্বোচ্চ ক্রমের অন্তর্কলজ $= \dfrac{d^3 y}{dx^3}$ $\therefore$ ক্রম = 3 and অন্তর্কলজের বহুপদী সমীকরণ; সেইসাথে $\dfrac{d^3 y}{dx^3}$ এর পাওয়ার 2, সুতরাং ডিগ্রী = 2।

5.2.3 একটি সাধারণ অন্তরকল সমীকরণের সমাধান

যেকোনো অপেক্ষক/বক্ররেখাকে অন্তরকল সমীকরণের সমাধান বলা হয় যদি এটি সমীকরণকে সিদ্ধ করে। [অর্থাৎ যদি বাম পক্ষের সমীকরণ ডান পক্ষের সমীকরণের সমান হয়। (LHS = RHS)]।

যে সমাধানটি যেকোনো (arbitrary) ধ্রুবক নিয়ে গঠিত তাকে বলা হয় *সাধারণ সমাধান* (*বা ইন্টিগ্রাল বা আদি*)। অন্যদিকে যে সমাধান তাকে অন্তরকল সমীকরণের একটা বিশেষ (particular) সমাধান বলা হয়।

একটা অন্তরকল সমীকরণের একটা অনন্য সমাধান বা অনেক সমাধান থাকতে পারে আবার কোন সমাধান না থাকতে পারে।

উদাহরণ 2: পঞ্চম ক্রমের একটা অন্তরকল সমীকরণের সাধারণ সমাধানে যেকোনো ধ্রুবকের সংখ্যা হবে:

(a) 0 (b) 3 (c) 4 (d) 5

সমাধান: অন্তরকল সমীকরণের সাধারণ সমাধানে যেকোনো ধ্রুবকের সংখ্যা = অন্তরকল সমীকরণে ক্রমের একটা সংখ্যা = 5

উত্তর: (d)

উদাহরণ 3: 10 ক্রমের অন্তরকল সমীকরণের বিশেষ সমাধানে যেকোনো ধ্রুবকের সংখ্যা নির্ণয় কর ।

সমাধান: অন্তরকল সমীকরণের বিশেষ সমাধানে যেকোনো ধ্রুবকের সংখ্যা = 0

উত্তর: শূন্য

FUN FACT

The date of birth of differential equations is taken to be November, 11, 1675, when German mathematcian Gottfried Wlthelm Leibnitz first put in black and white the identity $\int y dy = \frac{1}{2}y^2$. He formulated *'method of separation of variables'*, '*method of solving the homogeneous differential equations of the first order*' and '*method of solving a linear differential equation of the first-order*' all within 25 years of the birth of differential equations—all by a single man!

উদাহরণ 4: যাচাই করে দেখো যে, $\frac{d^2y}{dx^2}+y=0$ অন্তরকল সমীকরণের সাধারণ সমাধানে প্রাপ্ত অপেক্ষকটি

হবে, $y = A\sin x + B\cos x$ (A এবং B ধ্রুবক সংখ্যা)

সমাধান: প্রদত্ত অন্তরকল সমীকরণ, $\frac{d^2y}{dx^2}+y=0$ ...(1)

যদি, $y = A\ sinx + B\ cosx$ সমীকরণ (1) এর একটা সাধারণ সমাধান হয় তাহলে এর মান প্রতিস্থাপিত করে পাওয়া যাবে ডান পক্ষ = বাম পক্ষ

$y = A\sin x + B\cos x$ ....(2) এর অন্তর্কলন করে

আমরা পাই, $\frac{dy}{dx} = A\cos x - B\sin x$

$\Rightarrow \frac{d^2y}{dx^2} = -A\sin x - B\cos x$ ...(3)

সমীকরণ (2) এবং সমীকরণ (3) থেকে y এবং $\frac{d^2y}{dx^2}$ এর মান সমীকরণ (1) এ প্রতিস্থাপিত করে আমরা পাই

বাম পক্ষ = $-A\sin x - B\cos x + A\sin x + B\cos x$

= 0 = ডান পক্ষ

সুতরাং যাচাই হল।

মনে রাখতে হবে

1. অপেক্ষক এমন একটি সম্পর্ক যেখানে ডোমেইনের প্রতিটি উপাদান কো-ডোমেইনের ঠিক একটি উপাদানের সাথে যুক্ত থাকে।
2. অন্তরকলজ হল একটি অপেক্ষক কিভাবে তার ইনপুট পরিবর্তনের সাথে সাথে পরিবর্তন হয় তার পরিমাপ।

5.2.4 সাধারণ সমাধান আছে এমন একটা অন্তরকল সমীকরণ গঠন

ধরা যাক সাধারণ সমাধান হবে

$f(x, y, a) = 0$ ... (1)

যেখানে a একটা যেকোনো ধ্রুবক, x হল স্বাধীন চল এবং y হল নির্ভরশীল চল। সংশ্লিষ্ট অন্তরকল সমীকরণ পাওয়ার জন্য, আমাদের a কে বাদ দিতে হবে, যার জন্য আমাদের দুটি সমীকরণ প্রয়োজন। একটা হল সমীকরণ (1) এবং অন্যটা আমরা পাই (1) কে 'x' দ্বারা অন্তরকলজ করে পাই। ফলস্বরূপ আমরা পাই, $g\left(x, y, \frac{dy}{dx}\right) = 0$ যা প্রয়োজনীয় অন্তরকল সমীকরণ (এটি বক্ররেখার একটি পরিবার বোঝায়)।

একইভাবে, আমরা পছন্দসই অন্তরকল সমীকরণ পেতে উপরের পদ্ধতিটি দুই, তিন এবং আরও বেশি যেকোনো ধ্রুবকগুলির জন্য প্রসারিত করতে পারি। (যেকোনো ধ্রুবকের সংখ্যার সমান সংখ্যক সমীকরণ দরকার) এভাবে প্রাপ্ত অন্তরকল সমীকরণের ক্রম, একটা বক্ররেখার পরিবার বোঝায়, সমীকরণে উপস্থিত যেকোনো ধ্রুবকের সংখ্যার সমান।

উদাহরণ 5: এমন একটা অন্তরকল সমীকরণ গঠন কর যা একটা বক্ররেখার পরিবার $y = ax$ বোঝায়, যেখানে a যেকোনো ধ্রুবক।

সমাধান: প্রদত্ত সমীকরণ হল

$$y = ax \qquad ...(1)$$

সমীকরণ (1) x সাপেক্ষে এর অন্তরকল করে পাই

$$\frac{dy}{dx} = a \qquad ...(2)$$

$\therefore$ (1) & (2) সমীকরণ দুটি থেকে পাই

$$y = x\frac{dy}{dx}$$

$\Rightarrow$ $x\frac{dy}{dx} - y = 0$ যা কাঙ্খিত অন্তরকল সমীকরণ।

5.3 চলরাশি পৃথকীকরণ পদ্ধতিতে (Variable Separation Method) প্রথম ক্রোম এবং প্রথম ডিগ্রি অন্তরকল সমীকরণের সমাধান

একটা প্রথম ক্রোম এবং প্রথম ডিগ্রি অন্তরকল সমীকরণকে লেখা যাবে

$$\frac{dy}{dx} = \phi(x, y) \qquad ...(1)$$

O.D.E. এর টাইপ (1) সমীকরণকে সমাধানের জন্য অনেক পদ্ধতি আছে। এখানে আমরা একটা পদ্ধতি বিশদে পড়াশোনা করবো অর্থাৎ *চলরাশি পৃথকীকরণ পদ্ধতি*।

যদি সমীকরণ (1) কে নিম্নরূপ আকারে লেখা যায়

$$f(x)dx = g(y)dy \qquad ...(2)$$

তাহলে আমরা বলতে পারি যে চলরাশিগুলি পৃথকীকরণযোগ্য (separable)। এইধরনের অন্তরকল সমীকরণকে আমরা সমাধান করি উভয়দিক সমাকলন করে অর্থাৎ সমাধান হবে

$$\int f(x)dx = \int g(y)dy + c$$

যেখানে c সমাকলন ধ্রুবক।

উদাহরণ 6: সমাধান কর $(1+x^2)dy = (1+y^2)dx$.

সমাধান: প্রদত্ত অন্তরকল সমীকরণ হয় $(1+x^2)dy = (1+y^2)dx$.

$\Rightarrow$ $\frac{dy}{1+y^2} = \frac{dx}{1+x^2}$ (চলরাশিগুলি পৃথক করে)

এখন উভয় পক্ষ সমাকলন করে, আমরা পাই

$$\int \frac{dy}{1+y^2} = \int \frac{dx}{1+x^2} + c$$

$$\Rightarrow \quad \tan^{-1} y = \tan^{-1} x + c$$ উত্তর

উদাহরণ 7: মান নির্ণয় কর: $\frac{dy}{dx} = e^{x-2y} + x^4 e^{-2y}$.

FUN FACT

The path followed by a projectile launched from a cannon follows a curve determined by an ordinary differential equation that is derived from Newton's second law.

সমাধান: প্রদত্ত অন্তরকল সমীকরণ হয়

$$\frac{dy}{dx} = e^{x-2y} + x^4 e^{-2y} = (e^x + x^4)e^{-2y}$$

এখন, চলরাশি পৃথক করে, আমরা পাই

$$\left(e^x + x^4\right)dx = e^{2y}dy$$

উভয় পক্ষ সমাকলন করে, আমরা পাই

$$\int \left(e^x + x^4\right)dx = \int e^{2y}dy + c$$

$$\Rightarrow \quad e^x + \frac{x^5}{5} = \frac{e^{2y}}{2} + c$$ উত্তর

উদাহরণ 8: $\log\left(\frac{dy}{dx}\right) = a_1 x + a_2 y$

সমাধান: প্রদত্ত অন্তরকল সমীকরণ হয় $\log\left(\frac{dy}{dx}\right) = a_1 x + a_2 y$.

$$\Rightarrow \quad \frac{dy}{dx} = e^{a_1 x + a_2 y}$$

$$\Rightarrow \quad \frac{dy}{e^{a_2 y}} = e^{a_1 x} dx$$ (চলরাশি পৃথক করে)

উভয় পক্ষ সমাকলন করে, আমরা পাই $\int \frac{dy}{e^{a_2 y}} = \int e^{a_1 x} dx + c$

$$\Rightarrow \quad \frac{e^{-a_2 y}}{-a_2} = \frac{e^{a_1 x}}{a_1} + c$$

$$\Rightarrow \quad \frac{e^{a_1 x}}{a_1} + \frac{e^{-a_2 y}}{a_2} + c = 0$$ উত্তর

উদাহরণ 9: সমাধান কর $5x\,dy - 2y\,dx = 2x^2 dy$.

সমাধান: প্রদত্ত অন্তরকল সমীকরণ হয় $5x\,dy - 2y\,dx = 2x^2 dy$

চলরাশিগুলি পৃথক করে, আমরা পাই

$$\left(5x-2x^2\right)dy = 2y dx$$

$$\Rightarrow \quad \frac{dy}{2y} = \frac{dx}{x(5-2x)}$$

$$\Rightarrow \quad \frac{dy}{2y} = \frac{1}{5}\left[\frac{1}{x}+\frac{2}{5-2x}\right]dx$$

উভয় পক্ষ সমাকলন করে, আমরা পাই

$$\int \frac{dy}{2y} = \frac{1}{5}\int\left[\frac{1}{x}+\frac{2}{5-2x}\right]dx + \log c$$

$$\Rightarrow \quad \frac{1}{2}\log y = \frac{1}{5}\left[\log x + \frac{2}{-2}\log(5-2x)\right] + \log c$$

$$\Rightarrow \quad \log\sqrt{y} = \frac{1}{5}\left[\log\left(\frac{x}{5-2x}\right)\right] + \log c$$

$$\Rightarrow \quad \sqrt{y} = c\left(\frac{x}{5-2x}\right)^{1/5}$$

উত্তর

5.4 ম্যাটল্যাব (MATLAB) – সূচনা

MATrix LABoratory এর সংক্ষিপ্ত রূপ ম্যাটল্যাব (MATLAB)। ম্যাটল্যাব একটি উচ্চ স্তরের বহু-দৃষ্টান্তমূলক ভাষা যা প্রযুক্তিগত এবং গাণিতিক গণনার জন্য ব্যবহার করা হয়। প্রাথমিকভাবে 1970 এর দশকে গণিতের একটি শিক্ষণ সরঞ্জাম হিসাবে, ক্লিভ মোলার এটি তৈরী করেছিলেন। পরে 1980 সালে ম্যাটল্যাব একটি বাণিজ্যিক পণ্য হিসাবে মুক্তি পায়। প্রযুক্তিগত গণনা, গ্রাফিক্যাল মাল্টি -ডোমেইন সিমুলেশন, অ্যানিমেশন ইত্যাদির জন্য শত শত অন্তর্নির্মিত কাজ সহ এটির একটি ইন্টারেক্টিভ পরিবেশ রয়েছে। ম্যাটল্যাব সারা বিশ্বে বিশেষ করে প্রকৌশলী, বিজ্ঞানী, প্রযুক্তিবিদদের দ্বারা তথ্য বিশ্লেষণ, অ্যালগরিদম বিকাশ এবং মডেল তৈরিতে ব্যবহৃত হয়।

Logo of MATLAB

[Source: www.mathworks.com]

The MATLAB logo is a three-dimensional L-shaped membrane. It is an eigenfunction of the wave equation. (The wave equation is a fundamental model in mathematical physics that describes how a disturbance travels through matter.)

5.4.1 প্রধান বৈশিষ্ট্য

ম্যাটল্যাবের প্রধান বৈশিষ্ট্যগুলির কিছু হল-

- ম্যাটল্যাবের মূল বিল্ডিং ব্লক হল ম্যাট্রিক্স।

- **লাইভ সম্পাদক (Editor)** - এখানে স্ক্রিপ্ট নির্মাণের জন্য লাইভ সম্পাদক আছে যা কোড, আউটপুট এবং এক্সিকিউটেবল নোটবুকের ফরম্যাট করা টেক্সটকে সম্মিলিত করে।

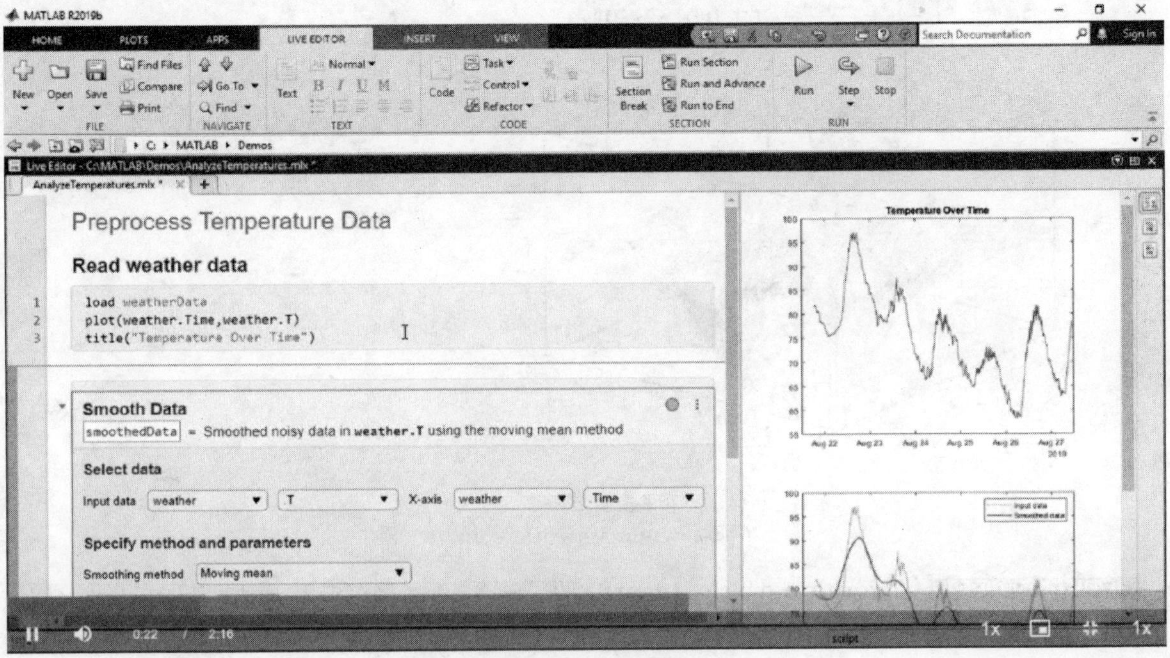

চিত্র 5.1: লাইভ সম্পাদক

(সূত্র:www.mathworks.com)

- **প্ল্যাটফর্ম নিরপেক্ষ:** এটা উইন্ডোজ, ম্যাকিন্টোস, লিনাক্স, ইউনিক্স ইত্যাদি দ্বারা সমর্থিত যেকোনো একটি প্ল্যাটফর্মে লেখা ম্যাটল্যাবের প্রোগ্রাম অন্যটিতেও চলবে।
- এর টুলবক্সগুলি পেশাগতভাবে বিকশিত এবং সম্পূর্ণ নথিভুক্ত।
- ম্যাটল্যাবের ইন্টারেক্টিভ অ্যাপ রয়েছে যার মাধ্যমে আমরা আমাদের ডেটা পুনরাবৃত্তি করতে পারি যতক্ষণ না আমরা কাঙ্ক্ষিত ফলাফল পাই, তারপরে স্বয়ংক্রিয়ভাবে আমাদের কাজের সাথে সম্পর্কিত ম্যাটল্যাব প্রোগ্রাম তৈরি করে।
- এটা একজনের বিশ্লেষণকে মনে রাখে তাই কোড পুনর্লিখন বা বড় ডেটা প্রোগ্রামিং শেখার কোন প্রয়োজন নেই (অথবা জটিল কৌশল মুখস্থ করা।)
- **ডেটা বিশ্লেষণ:** ম্যাটল্যাবে হাজার হাজার কাজ আগের থেকেই তৈরী থাকে যেগুলি অর্থনীতি, চিকিৎসা ইত্যাদি বিভিন্ন ক্ষেত্রে জটিল ডেট সেটগুলি (যা আমদানিও করা যায়!) সংগঠিত, পরিষ্কার এবং বিশ্লেষণ করতে ব্যবহার করা যেতে পারে। এগুলি তারপর ম্যাটল্যাব ব্যবহার করে নথিভুক্ত করা যেতে পারে এবং PDF, MS Word, Latex এবং HTML ফরম্যাট পাঠানো যেতে পারে।
- **গ্রাফিক্স:** আমরা ম্যাটল্যাবের অন্তর্নির্মিত প্লট ব্যবহার করে ডেটা কল্পনা করতে পারি। এটি অন্তর্নিহিত নিদর্শন এবং প্রবণতা সনাক্ত করতে সাহায্য করে। এগুলি কোথাও পাঠানো যায় এবং কারো সাথে ভাগ করেও নেওয়া যায়!

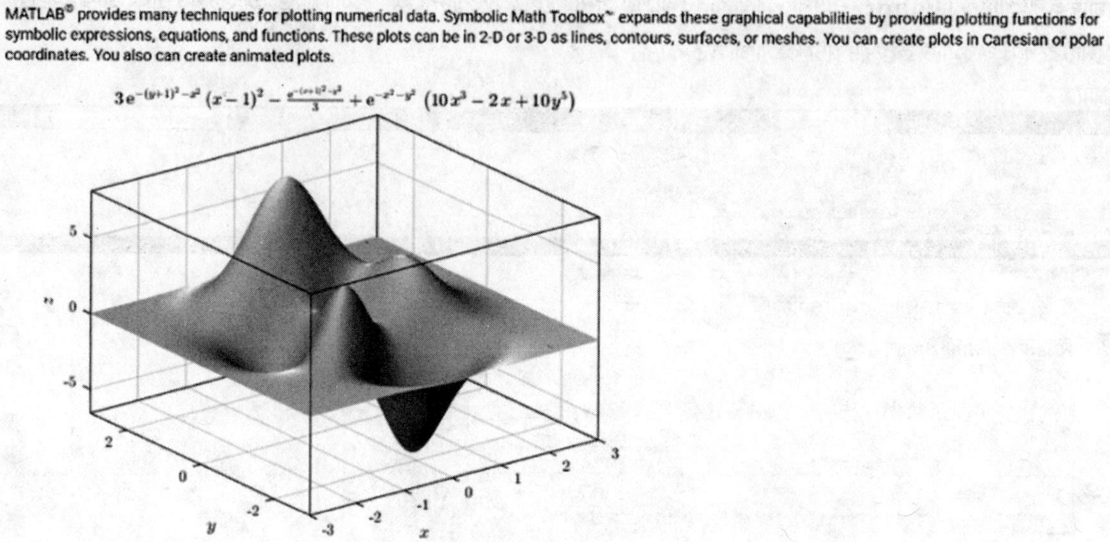

চিত্র 5.2: গ্রাফিক্স

(সূত্র:www.mathworks.com)

- **অ্যালগরিদম ক্রমবিকাশ (Algorithm development)**: এটি আমাদের ধারণাগুলিকে সি, সি ++ বা ফোরট্রানের মতো অন্যান্য ভাষার তুলনায় অনেক দ্রুত অ্যালগরিদমে রূপান্তর করার সরঞ্জাম সরবরাহ করে। এই অ্যালগরিদমগুলি পরীক্ষা করা এবং যাচাই করা, ভাগ করে নেওয়া এবং বিতরণ করা এবং সেইসাথে বৃহত্তর ব্যবস্থায় স্থাপন করা যেতে পারে।
- **অ্যাপ তৈরী (App Building)**: ম্যাটল্যাবের অ্যাপ ডিজাইনার একজন পেশাদার সফটওয়্যার ডেভেলপার না হয়েও পেশাদার অ্যাপ (ডেস্কটপ এবং ওয়েব অ্যাপস) তৈরি করতে পারবেন। এই অ্যাপগুলিও (রয়্যালটি মুক্ত) ভাগ করে নেওয়াও যেতে পারে!

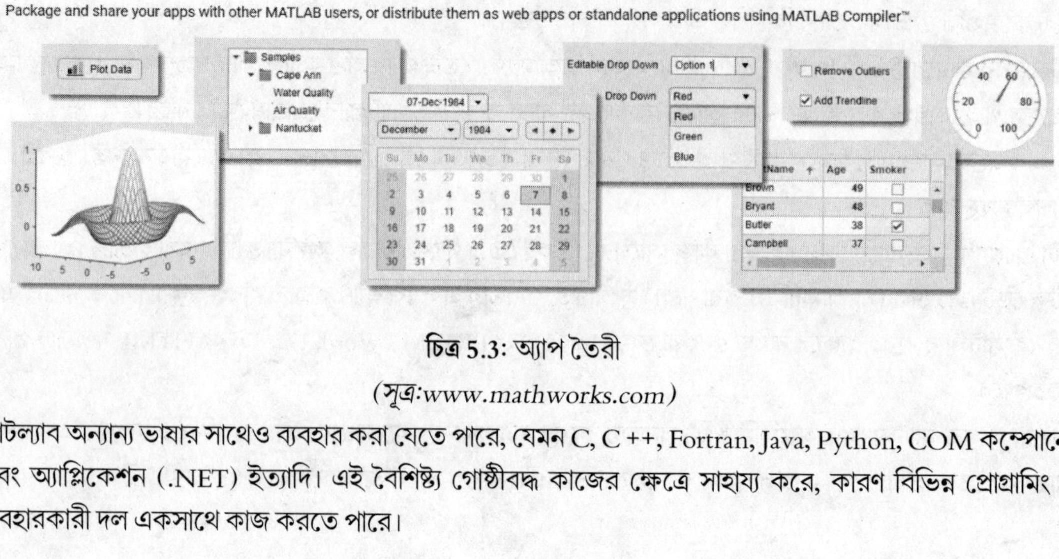

চিত্র 5.3: অ্যাপ তৈরী

(সূত্র:www.mathworks.com)

- ম্যাটল্যাব অন্যান্য ভাষার সাথেও ব্যবহার করা যেতে পারে, যেমন C, C ++, Fortran, Java, Python, COM কম্পোনেন্টস এবং অ্যাপ্লিকেশন (.NET) ইত্যাদি। এই বৈশিষ্ট্য গোষ্ঠীবদ্ধ কাজের ক্ষেত্রে সাহায্য করে, কারণ বিভিন্ন প্রোগ্রামিং ভাষা ব্যবহারকারী দল একসাথে কাজ করতে পারে।

- **সমান্তরাল কম্পিউটিং (Parallel computing):** এই টুলবক্স মাল্টিকোর ডেস্কটপ, গ্রাফিক প্রসেসিং ইউনিট (জিপিইউ), কম্পিউটার ক্লাস্টার ব্যবহার করে বড় আকারের গণনা করতে সাহায্য করে। সিমুলেশন যা কয়েক মাস সময় নেয়, এই টুলের মাধ্যমে কয়েক দিনের মধ্যে হয়ে যায়।

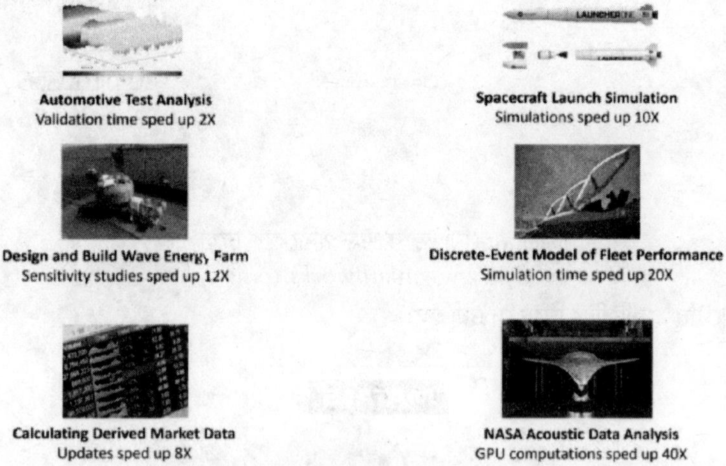

চিত্র 5.4: কয়েকটা সমান্তরাল কম্পিউটিং টুলবক্স
(সূত্র:www.mathworks.com)

- **ওয়েব এবং ডেস্কটপ স্থাপনকারী (deployment):** ম্যাটল্যাবে যাদের অ্যাক্সেস নেই এই অ্যাপ্লিকেশন তাদের সাথে কাজ ভাগ করে নিতে সাহায্য করে।

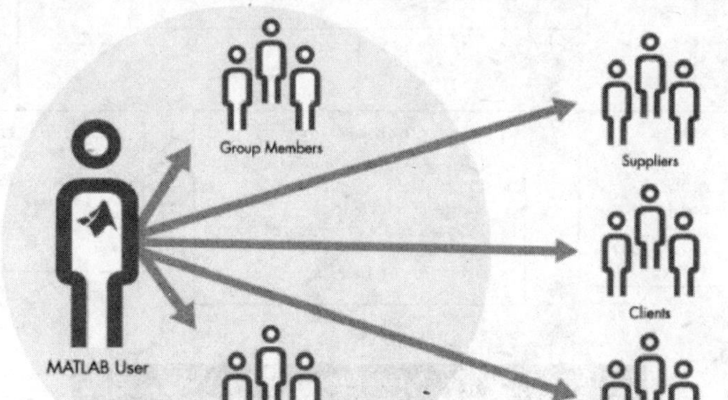

চিত্র 5.5: প্রোগ্রাম ভাগ করে নিতে অ্যাপ্লিকেশন স্থাপনের ব্যবহার
(সূত্র:www.mathworks.com)

- **ক্লাউডে ম্যাটল্যাবের ব্যবহার:** কোন সফটওয়্যার ইন্সটল, কনফিগার বা ম্যানেজ না করেই কেউ ওয়েব ব্রাউজারে ম্যাটল্যাব ব্যবহার করতে পারে। যে কোন স্থান থেকে কারো ফাইল সংরক্ষণ, অ্যাক্সেস এবং কাজ করতে ম্যাটল্যাব ড্রাইভ সাহায্য করে।

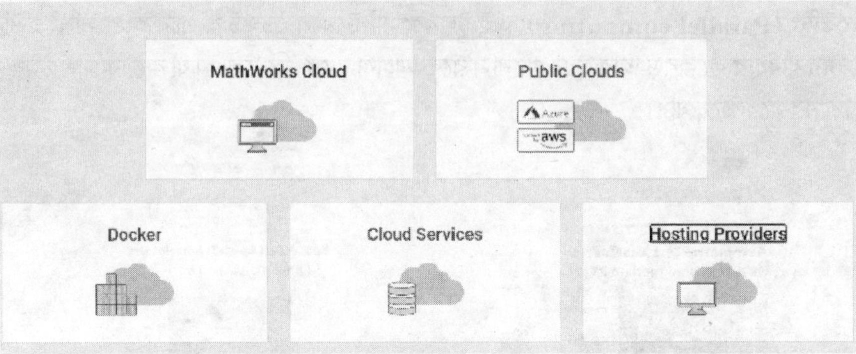

চিত্র 5.6: (বিভিন্ন ক্লাউড পরিবেশে চলে)
(সূত্র:www.mathworks.com)

- ম্যাটল্যাবের কিছু বৈশিষ্ট্যের একটি চিত্র নিচে দেওয়া হল:-

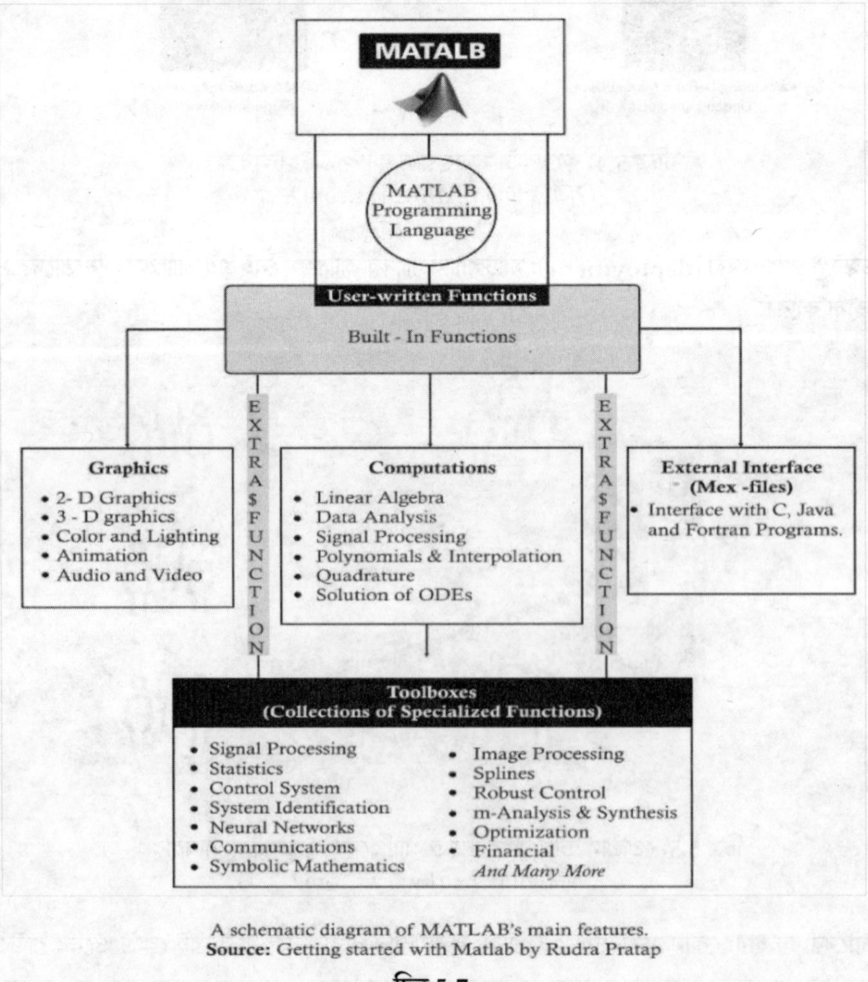

A schematic diagram of MATLAB's main features.
Source: Getting started with Matlab by Rudra Pratap

চিত্র 5.7

5.4.2 ম্যাটল্যাবের প্রাথমিক নীতি (Basics of MATLAB)

প্রায় সব প্ল্যাটফর্মে, ম্যাটল্যাব নিম্নলিখিত প্রাথমিক নীতির মাধ্যমে কাজ করে:-

1. **ম্যাটল্যাব ডেস্কটপ (MATLAB desktop)**– এটি প্রধান জায়গা যেখানে আমরা কাজ করি। এটা নিম্নলিখিত সাব উইন্ডোজনিয়ে গঠিত –
   - (a) **আদেশ উইন্ডো (Command Window)** - এটি প্রধান উইন্ডো এবং সব আদেশ ম্যাটল্যাব প্রম্পটে এই উইন্ডোতে টাইপ করা হয় (>>)।
   - (b) **বর্তমান ডিরেক্টরি ফলক (Current Directory Pane)** - এখানে বর্তমান ডিরেক্টরি থেকে সমস্ত ফাইল তালিকাভুক্ত করা হয়।
   - (c) **বিশদ (ফাইল) ফলক** - এটি বর্তমান ডিরেক্টরি ফলকের নিচে থাকে এবং বর্তমান ডিরেক্টরি প্যানেলে নির্বাচিত ফাইলের বিবরণ দেখায়।
   - (d) **ওয়ার্কস্পেস ফলক** - এটি ব্যবহারকারীর দ্বারা উৎপন্ন সমস্ত চলরাশি তালিকাভুক্ত করে।
   - (e) **আদেশ ইতিহাস ফলক (Command History Pane)** - আদেশ উইন্ডোতে যে সব আদেশ লেখা হয় সেইসবগুলি এখানে রেকর্ড করা হয়।

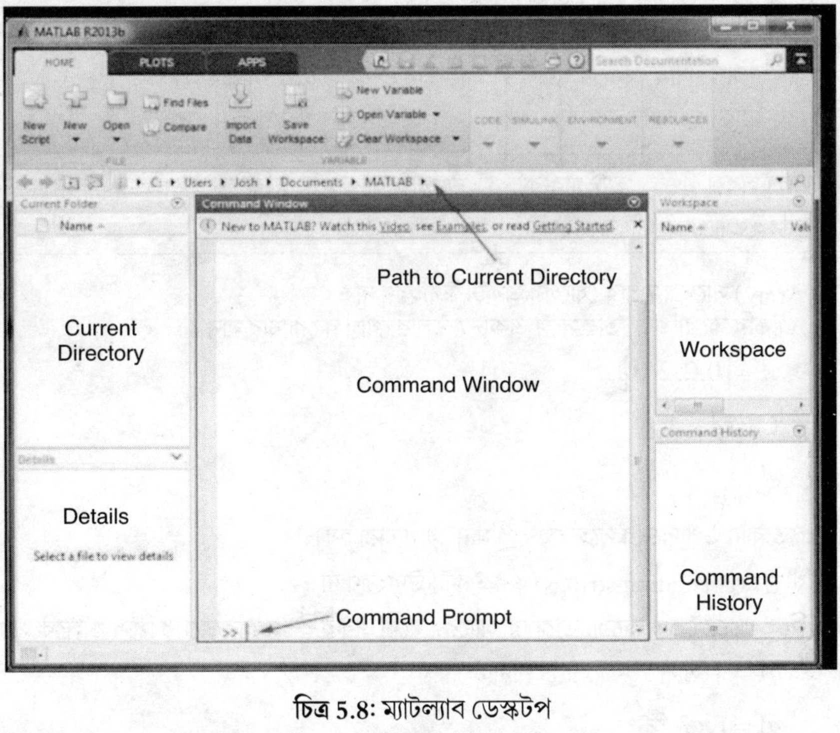

চিত্র 5.8: ম্যাটল্যাব ডেস্কটপ

2. **চিত্র উইন্ডো (Figure Window)** - আদেশ উইন্ডোতে টাইপ করা সমস্ত গ্রাফিক্স আদেশের আউটপুট এখানে সংরক্ষণ করা হয়।
3. **সম্পাদক উইন্ডো (Editor Window)** - এখানে ব্যবহারকারী M – ফাইল নামক ফাইলগুলিতে প্রোগ্রাম লিখতে, সম্পাদনা করতে, তৈরি করতে এবং সংরক্ষণ করতে পারে।

4. **অন -লাইন সাহায্য (HELP)** - ম্যাটল্যাবের সমস্ত কাজের জন্য সাহায্য বিকল্প রয়েছে এবং এর বৈশিষ্ট্যগুলি ব্যাখ্যা করার জন্য প্রদর্শন প্রোগ্রামও আছে।
5. **ইনপুট – আউটপুট** - এটি ইন্টারেক্টিভ গণনা সমর্থন করে। ম্যাটল্যাবের মৌলিক ডেটা টাইপ হল একটি অ্যারে/ ম্যাট্রিক্স। ম্যাট্রিক্সের মাত্রা উল্লেখ করার প্রয়োজন নেই। ম্যাটল্যাব কেস -সংবেদনশীল। প্রতিটি আদেশের আউটপুট স্ক্রিনে প্রদর্শিত হয় যদি না এটি অন্যদিকে নির্দেশিত হয়।
6. **ফাইলের প্রকারভেদ (File Types)** - ম্যাটল্যাব বিভিন্ন ধরনের ফাইল পড়ে এবং লেখে। আমরা এখানে পাঁচ প্রকার পড়াশোনা করবো-
   (i) **এম-ফাইল (M – ফাইলস)** - এদের m এক্সটেনশন আছে এবং দুই ধরনের - (a) স্ক্রিপ্ট ফাইল এবং (b) ফাংশন ফাইল। বেশিরভাগ প্রোগ্রাম এম -ফাইল হিসাবে সংরক্ষণ করা হয়।
   (ii) ম্যাট – ফাইল – তাদের .mat এক্সটেনশন আছে। সেখানে ম্যাটল্যাব দ্বারা ফাইল তৈরি করা হয়, যখন ব্যবহারকারী 'সেভ' কমান্ড দিয়ে ডেটা সংরক্ষণ করে।
   (iii) চিত্র – ফাইল (fig.-file) - এদের .fig এক্সটেনশন আছে। এই বিন্যাসে একটি চিত্র সংরক্ষণ করে এগুলি তৈরি করা হয়েছে।
   (iv) পি ফাইলস (P – ফাইলস) - তাদের .p এক্সটেনশন আছে। এইগুলি কম্পাইল করা এম - ফাইল।
   (v) Mex – ফাইল - তাদের .mex এক্সটেনশন আছে।
7. **ম্যাটল্যাব ছেড়ে বেরিয়ে যাওয়া (QUITTING MATLAB)** - ম্যাটল্যাব সেশন শেষ করতে, কমান্ড উইন্ডোতেটাইপ কর অথবা ডেস্কটপের প্রধান মেনুতে "এক্সিট" ম্যাটল্যাব ফাইলটি নির্বাচন করুন।
8. ম্যাটল্যাবের বিস্তারিত বিবরণের জন্য ম্যাথওয়ার্কসের অফিসিয়াল ওয়েবসাইট দেখুন।

মনে রাখবে: ম্যাটল্যাবের টুলবক্স এগুলি ম্যাটল্যাব কম্পিউটিং পরিবেশে নির্মিত বিভিন্ন অপেক্ষক যেমন কার্ভ ফিটিং টুলবক্স, 2ডি প্লট, ফুরিয়ার ট্রান্সফর্ম ইত্যাদির একটি সংগ্রহ।

উদাহরণ 10: অ্যারের (Array) সাথে স্কেলার যোগের একটা উদাহরণ দাও।

সমাধান: একটা অ্যারে A তৈরি করো এবং তার সঙ্গে একটা স্কেলার যোগ করো যার মান 4।

$$>> A = [0, 2; 2, 0]$$

$$>> C = A + 4$$

```
C = 4   6
    6   4
```

A অ্যারের প্রত্যেকটা উপাদানের সঙ্গে স্কেলার মান যোগ করা হয়।

উদাহরণ 11: অ্যাপেন্ডিং স্ট্রিং (appending strings) এর একটা উদাহরণ দাও।

সমাধান: দুটো 1 বাই 3 স্ট্রিং অ্যারে তৈরি করো, তারপর অ্যারের মধ্যে একই রকম অবস্থানের স্ট্রিং গুলিকে সংযোজন করো।

>> $a1 =$ [“সাদা” “কালো” “বাদামি”]

$a1 = 1 \times 3$ স্ট্রিং

“সাদা” “কালো” “বাদামি”

>> $a2 =$ [“ফুল” “ফুলদানি” “টেবিল”]

$a2 = 1 \times 3$ স্ট্রিং

“ফুল” “ফুলদানি” “টেবিল”

$$>> a = a1 + a1$$

$$a = 1 \times 3 \text{ স্ট্রিং}$$

"সাদা ফুল" "কালো ফুলদানি" "বাদামি টেবিল"

উদাহরণ 12: 3 - D হেলিক্সের চিত্র আঁক।

সমাধান: t কে একটি ভেক্টর হিসাবে সংজ্ঞায়িত কর যার মান 0 এবং 10π এর মধ্যে। st এবং ct সংজ্ঞায়িত কর সাইন এবং কোসাইন মানের ভেক্টর হিসাবে। তারপর নিম্নরূপ st, ct, এবং t এর চিত্র আঁক।

$$>> t = \theta : pi / 50 : 10 * pi;$$

$$>> st = \sin(t);$$

$$>> ct = \cos(t);$$

>>plot3 (st, ct, t)

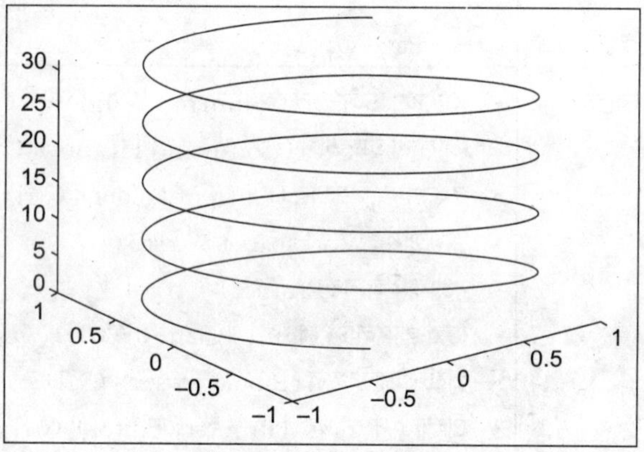

চিত্র 5.9: 3 - D হেলিক্স
(সূত্র:www.mathworks.com)

5.4.3 ম্যাটল্যাবের উপকারিতা

- এটি একাধিক উপায়ে ব্যবহার করা যেতে পারে। যেমন- স্থির চিত্রের প্রক্রিয়াকরণ এবং সিমুলেশন ভিডিও তৈরি করা, গণনা করা, প্রোগ্রামিং করা ইত্যাদি।
- এটিতে পূর্বনির্ধারিত কাজ রয়েছে যা এটি ব্যবহার করা সহজ করে তোলে।
- এটি বিভিন্ন প্ল্যাটফর্মে সমর্থিত।
- প্রযুক্তিগত দিকগুলি দেখার জন্য এটির অসামান্য অসংখ্য সরঞ্জাম রয়েছে।
- এটিতে এমন সরঞ্জাম রয়েছে যা ব্যবহারকারীকে ইন্টারঅ্যাক্টিভভাবে গ্রাফিকাল ইউজার ইন্টারফেস (জি ইউ আই) ব্যবহারকারীর প্রোগ্রামের জন্য ডিজাইন করতে দেয়।
- এর মেমরি ব্যবস্থাপনা স্বয়ংক্রিয়।
- এটির বহিরাগত লাইব্রেরি কল করার ক্ষমতা আছে।
- ম্যাটলাবে মাত্রা বিবৃতি, পয়েন্টার প্রয়োজন হয় না।
- এটিতে ভাল অনলাইন টিউটোরিয়াল রয়েছে।

5.4.4 ম্যাটল্যাবের অসুবিধা

- এটি প্রযুক্তিগত এবং গাণিতিক গণনার জন্য বোঝানো হয়েছে। সুতরাং, এটি অন্যান্য ক্ষেত্রের জন্য প্রযোজ্য নয়।
- এটি একটি ব্যাখ্যাসূচক ভাষা এবং তাই অনেক সময় মেনে চলা ভাষার চেয়ে ধীরে ধীরে চালানো যেতে পারে। কিন্তু প্রোগ্রামের সঠিক কাঠামোর মাধ্যমে এটি পরীক্ষা করা যায়।
- বড় কম্পিউটিং এর জন্য পর্যাপ্ত মেমোরির সাথে দ্রুত কম্পিউটার প্রয়োজন।

5.4.5 ম্যাটল্যাবের কয়েকটি কীবোর্ড শর্টকাট

কর্ম (Action)	কীবোর্ডের শর্টকাট (Keyboard Shortcut)
পরবর্তী দৃশ্যমান প্যানেলে যেতে।	Ctrl + Tab
আগের দৃশ্যমান প্যানেলে যেতে।	Ctrl + Shift + Tab
একটি প্যানেলের পরবর্তী ট্যাবে যেতে।	Ctrl + Page Down
একটি প্যানেলের আগের ট্যাবে যেতে।	Ctrl + Page Up
একটি খোলা টুল সক্রিয় টুল করতে।	• আদেশ উইন্ডো (Command Window): Ctrl+0 • আদেশ ইতিহাস (Command History): Ctrl+1 • বর্তমান ফোল্ডার (Current Folder): Ctrl+2 • কর্মস্থান (Workspace): Ctrl+3 • প্রোফাইলার (Profiler): Ctrl+4 • চিত্র প্যালেট (Figure Palette): Ctrl+6 • প্লটের ব্রাউজার (Plot Browser): Ctrl+7 • প্রপার্টি সম্পাদক (Property Editor): Ctrl+8 • সম্পাদক (Editor): Ctrl+Shift+0 • চিত্রগুলি (Figures): Ctrl+Shift+1 • ওয়েব ব্রাউজার (Web browser): Ctrl+Shift+2 • চল সম্পাদক (Variables Editor): Ctrl+Shift+3 • তুলনা টুল (Comparison Tool): Ctrl+Shift+4 • সাহায্যকারী ব্রাউজার (Help browser): Ctrl+Shift+5 • macOS সিস্টেমে, Ctrl কী এর পরিবর্তে কমান্ড কী ব্যবহার কর।
বর্তমান কর্ম বাতিল করতে।	Esc (এস্কেপ) উদাহরণস্বরূপ, যদি তুমি সম্পাদনা মেনুর নামের উপর ক্লিক কর, পুরো মেনু প্রদর্শিত হবে। Esc চাপলে মেনু আবার লুকিয়ে যায়। ফাংশন ব্রাউজারে, তিনবার পর্যন্ত Esc টিপলে নিম্নলিখিত প্রভাব রয়েছে: অনুসন্ধানের ইতিহাস বাতিল করা। অনুসন্ধান ক্ষেত্র সাফ করা। ফাংশন ব্রাউজার বন্ধ করা।

(সূত্র: www.mathworks.com)

ভিডিওর উৎস

Differential Equations: General and Particular Solution

Get started with MATLAB .Retrieved from

Live editor. Retrieved from

Data Analysis. Retrieved from

MATLAB Graphics

Algorithm development

App Designer.

MATLAB with other languages

Parallel Computing

Desktop and web Deployment

MATLAB in the cloud

অন্তরকল সমীকরণ এবং ম্যাটল্যাবের প্রয়োগ

1. কখনও কখনও, এমনকি বিভিন্ন বৈজ্ঞানিক ক্ষেত্রের বিভিন্ন সমস্যায় অভিন্ন অন্তরকল সমীকরণ পাওয়া যায়। এটি আমাদের বিভিন্ন ঘটনার পিছনে একীকরণের (unifying) নীতি ব্যাখ্যা করে। যেমন- বায়ুমণ্ডলে আলো এবং শব্দের বিস্তার এবং একটি পুকুরের পৃষ্ঠে তরঙ্গ- প্রত্যেকেই একই দ্বিতীয় ক্রম আংশিক অন্তরকল সমীকরণ দ্বারা বর্ণনা করা যেতে পারে।
2. তেজস্ক্রিয় ক্ষয় মডেলিং, জনসংখ্যা বৃদ্ধি, শিকার-শিকারী মডেল ইত্যাদি অন্তরকল সমীকরণের ধারণা ব্যবহার করে।
3. অন্তরকল সমীকরণ পদার্থবিজ্ঞান, কম্পিউটার গ্রাফিক্স এবং ভিশন, গেমিং বৈশিষ্ট, রোবোটিক্সে, সময়ের সাথে বিনিয়োগের রিটার্ন, ব্যাংকের সুদ, প্রবাহ সমস্যা, সিসমিক ওয়েভের পূর্বাভাস দিতে; ক্যান্সার বৃদ্ধি বা রোগ ইত্যাদি বিস্তার মডেলিং মত ঔষধ ক্ষেত্রে ব্যবহৃত হয়।
4. এছাড়াও নিউটনের গতির দ্বিতীয় আইন ও বস্তু এবং তার পার্শ্ববর্তী তাপমাত্রা এর সাথে সম্পর্কিত কুলিং এর আইনে অন্তরকল সমীকরণব্যবহার করা হয়।
5. ম্যাটল্যাব শিল্পের পাশাপাশি পড়াশোনার ক্ষেত্রে অনেক ব্যবহার রয়েছে। এটি ওয়াশিং মেশিন, প্রিন্টার, অটোমোবাইল, ইন্ডাস্ট্রিয়াল মেশিন ইত্যাদির সফটওয়্যার কম্পোনেন্টে ব্যবহৃত হয়।

6. ম্যাটল্যাব এমন যে কোডিংয়ের কয়েকটি সহজ লাইন দিয়ে, একজন ব্যবহারকারী বিশেষজ্ঞ না হয়েও মডেল তৈরি করতে পারে।
7. প্রযুক্তিগত পেশাদাররা অন্তর্দৃষ্টি অর্জনের জন্য বড় ডেটা অধ্যয়ন করতে ম্যাটল্যাব ব্যবহার করে।
8. উপরোক্ত ছাড়াও, আরো অনেক ক্ষেত্রে যেমন- রোবটিক্স, কম্পিউটেশনাল বায়োলজি, কম্পিউটেশনাল ফাইন্যান্স, মেকাট্রনিক্স ইত্যাদি এলাকায় অনেক প্রয়োগ রয়েছে।

গভীর অধ্যয়ন

একটি গ্রামের জনসংখ্যা 1000 জন। সমস্ত গ্রামবাসীকে কম্পিউটারে শিক্ষিত করার জন্য সরকার একটি প্রকল্প চালু করেছে। এই জন্য একজন গ্রামবাসীকে কম্পিউটারে শিক্ষিত করে, তাকে অগ্রণী ব্যক্তি হিসেবে বেছে নিয়েছে। যদি কম্পিউটারে সাক্ষরতার বিস্তার কম্পিউটারে -শিক্ষিত গ্রামবাসী এবং অবশিষ্ট গ্রামবাসীর সংখ্যার গুনের সমানুপাতিক হয় এবং 10 দিন পরে সেখানে 100 জন কম্পিউটারে সাক্ষর লোক থাকে-তাহলে, নিম্নলিখিত প্রশ্নের উত্তর দাও-

Q.1 যেকোনো সময়ে c(t) যদি কম্পিউটারে শিক্ষিত ছাত্র-ছাত্রীর সংখ্যা হয় তাহলে, c(t) এর সর্বাধিক এবং সর্বনিম্ন মান হবে যথাক্রমে

(a) 50 এবং 2 (b) 100 এবং 1 (c) 100 এবং 1 (d) 0

Q.2. c (10) এর মান হবে

(a) 50 (b) 100 (c) 1000 (d) 10

Q.3. তুমি কি প্রদত্ত তথ্যের ভিত্তিতে জনসংখ্যার কম্পিউটারে সাক্ষরতা সম্পর্কিত একটি গাণিতিক মডেল তৈরি করতে পারবে? যদি পারো, তাহলে তোমার শিক্ষককে দিয়ে সেটা যাচাই করে নাও।

যাচাই কর

ম্যাটল্যাবের ফ্রি ট্রায়াল ভার্সন ডাউনলোড কর।

এখন যেহেতু আপনি ম্যাটল্যাব সম্পর্কে সচেতন, ম্যাটল্যাব থেকে একটা টুলবক্স ব্যবহার করে নিম্নলিখিত অন্তরকল সমীকরণের সমাধান পাচ্ছ কিনা তা পরীক্ষা করে দেখ- $\frac{dy}{dx} = \frac{y}{x}$. তোমার উত্তর হাতেকলমে যাচাই কর!!

Math Work

সারসংক্ষেপ

1. একটি সমীকরণ যেখানে স্বাধীন চলের সাপেক্ষে নির্ভরশীল চলের অন্তরকলজ আছে তাকে ***অন্তরকল সমীকরণ*** বলে।
2. একটা সমীকরণের সর্বোচ্চ অন্তর্কলজকে অন্তরকল সমীকরণের ***ক্রম*** হিসেবে সজ্ঞায়িত করা হয়চিহ্ন (radical sign) ও ভগ্নাংশ থেকে মুক্ত করে তৈরী করা।
3. আমূল চিহ্ন (radical sign) ও ভগ্নাংশ থেকে মুক্ত করে তৈরী করা অন্তর্কলজের বহুপদী সমীকরণের সর্বোচ্চ ক্রমের পাওয়ারকে অন্তরকল সমীকরণের *ডিগ্রী* হিসেবে সংজ্ঞায়িত করা হয়।
4. একটা অন্তরকল সমীকরণের ক্রম এবং ডিগ্রী সবসময় ধনাত্মক পূর্ণসংখ্যা হয়।
5. *চলরাশি পৃথকীকরণ পদ্ধতি।*

   যদি সমীকরণ (1) কে নিম্নরূপ আকারে লেখা যায়

   $$f(x)dx = g(y)dy$$

   তাহলে আমরা বলতে পারি যে চলরাশিগুলি পৃথকীকরণযোগ্য (separable)। এইধরনের অন্তরকল সমীকরণকে আমরা সমাধান করি উভয়দিক সমাকলন করে অর্থাৎ সমাধান হবে

   $$\int f(x)dx = \int g(y)dy + c$$

   যেখানে c সমাকলন ধ্রুবক।
6. MATrix LABoratory এর সংক্ষিপ্ত রূপ ম্যাটল্যাব (MATLAB)।
7. ম্যাটল্যাব একটি উচ্চ স্তরের বহু-দৃষ্টান্তমূলক ভাষা যা প্রযুক্তিগত এবং গাণিতিক গণনার জন্য ব্যবহার করা হয়।
8. 1970 এর দশকে ক্লিভ মোলার, এটি তৈরী করেছিলেন।
9. 1980 সালে ম্যাটল্যাব একটি বাণিজ্যিক পণ্য হিসাবে মুক্তি পায়।
10. **ম্যাটল্যাব ডেস্কটপ (MATLAB desktop)**– এটি প্রধান জায়গা যেখানে আমরা কাজ করি। এটা নিম্নলিখিত সাব উইন্ডোজনিয়ে গঠিত –আদেশ উইন্ডো, বর্তমান ডিরেক্টরি ফলক, বিশদ (ফাইল) ফলক, ওয়ার্কস্পেস ফলক, আদেশ ইতিহাস ফলক

বিষয়গত প্রশ্ন

Q.1. একটা অন্তরকল সমীকরণের ক্রম এবং ডিগ্রী ব্যাখ্যা কর। উদাহরণ প্রদত্ত।

Q.2. সমাধান কর: $(1 - x)\,dy - (1 + y)\,dx = 0$ **উত্তর:** $y - x - xy = c$

Q.3. অন্তরকল সমীকরণের সাধারণ সমাধান বার কর

$$x\sqrt{1+y^2}\,dx + y\sqrt{1+x^2}\,dy = 0$$

উত্তর: $\sqrt{1+x^2} + \sqrt{1+y^2} = c$

Q.4. অন্তরকল সমীকরণের নির্দিষ্ট সমাধান বার কর

$$\frac{dy}{dx} = e^{x-y} + x^2e^{-y}$$ যখন $x = 0$ এবং $y = 1$

উত্তর: $e^y = e^x + \frac{x^3}{3} + e - 1$

Q.5. ম্যাটল্যাবের বুনিয়াদি ব্যাখ্যা কর।

Q.6. ম্যাটল্যাব কি? এর সুবিধা এবং অসুবিধালেখ।

উদ্দেশ্যমূলক প্রশ্ন

Q.1. যে অপেক্ষকটা $x^3dx + (y+1)^2 dy = 0$ অন্তরকল সমীকরণকে সিদ্ধ করে সেটা হবে

(a) $y = x + c$ (b) $4x^4 + 5(y+1)^2 = c$

(c) $3x^4 + 4(y+1)^3 = c$ (d) $3x^2 + 4y^2 + c^2 = 0$ **উত্তর:** (c)

Q.2. যখন, $x = 1$ এবং $y = 2$ তখন $(1 + x^3)\,dy - x^2\,ydx = 0$ সমীকরণের নির্দিষ্ট সমাধান হবে

(a) 2 (b) $y^2 = 4(1+x^2)$

(c) 3 (d) $y^3 = 4(1+x^3)$ **উত্তর:** (d)

Q.3. $\frac{d^2y}{dx^2} + \left(\frac{d^3y}{dx^3}\right)^{1/3} = 0$ এই অন্তরকল সমীকরণটির ক্রম হবে

(a) 2 (b) 3

(c) 1/3(d 0 **উত্তর:**(b)

Q.4. $\left(\frac{d^2y}{dx^2}\right)^4 + \frac{dy}{dx} + y = \sin x$ এই অন্তরকল সমীকরণটির ডিগ্রী হবে

(a) 2 (b) 3

(c) 1 (d) 4 **উত্তর:**(d)

Q.5. $\frac{dy}{dx} = \frac{(\log y)^2}{(\log x)^2}$ এই সমীকরণটি চলরাশি পৃথকীকরণযোগ্য আকারে আছে

(a) True (b) False **উত্তর:**(a)

Q.6 ....এর সংক্ষিপ্ত রূপ ম্যাটল্যাব (MATLAB)। **উত্তর:** ম্যাট্রিক্স ল্যাবরেটরি

Q.7. নিম্নলিখিতগুলি মেলাও

ম্যাটল্যাবের ফাইল		এক্সটেনশন	
1.	P- ফাইল	a)	.m
2.	Fig- ফাইল	b)	.mat
3.	M- ফাইল	c)	.fig
4.	Mat- ফাইল	d)	. p

উত্তর:1- d; 2-c; 3-a; 4-b

Q.8. ম্যাটল্যাব কম্পিউটিং পরিবেশে নির্মিত বিভিন্ন অপেক্ষকের একটি সংগ্রহ হল................. **উত্তর:** টুলবক্স

Q.9. ম্যাটল্যাবের মূল বিল্ডিং ব্লক হল ___________ **উত্তর:** ম্যাট্রিক্স

Q.10. ম্যাটল্যাব তৈরী করেছিলেন

(a) মুরে (b) বিল গেটস

(c) ক্লিভ মোলার (d) মাইক্রোসফট **উত্তর:**(c)

ছোট প্রকল্প (Mini Project)

প্রত্যেকে পাঁচজন শিক্ষার্থীর একটি দল গঠন কর। তোমার দলের জন্য একটা ম্যাটল্যাব টুলবক্স বাছ। এই টুলবক্সটা ব্যবহার করে একটা উপস্থাপনা তৈরি কর যার সাহায্যে সেই টুলবক্সের কমপক্ষে ১০ টি বৈশিষ্ট্য উদাহরণ সহকারে ব্যাখ্যা করা যায়।

কার্যকলাপ

তোমার বিভাগের গাণিতিক মডেলিং বই থেকে অথবা অনলাইন উৎস থেকে যেকোনো শিকার-শিকারী মডেল নির্বাচন কর। সেই মডেলে অন্তরকল সমীকরণের গুরুত্ব ব্যাখ্যা কর। তোমার শিক্ষকের কাছে এর একটি মৌখিক উপস্থাপনা কর!

আরো জানো

- প্রথম ক্রম প্রথম ডিগ্রী অন্তরকল সমীকরণ সমাধানের জন্য চলরাশি-পৃথকীকরণ ছাড়া অন্যান্য পদ্ধতি হল-
  - (a) সমসত্ব সমীকরণ।
  - (b) লিবনিটজ রৈখিক সমীকরণ।
  - (c) বার্নোলির সমীকরণ।
  - (d) এক্সাক্ট অন্তরকল সমীকরণ।
  - (e) এক্সাক্ট কে নন-এক্সাক্ট অন্তরকল সমীকরণে রূপান্তর করা।
- একটা অন্তরকল সমীকরণের সীমানা মান সমস্যাতে (boundary value problem) অতিরিক্ত সীমাবদ্ধতার একটা সেট আছে, যাকে সীমানা শর্ত (boundary conditions) বলা হয়। একটা সীমানা মান সমস্যার সমাধান, হল অন্তরকল সমীকরণেরও সমাধান যা সীমানার শর্তগুলিও সিদ্ধ করে।

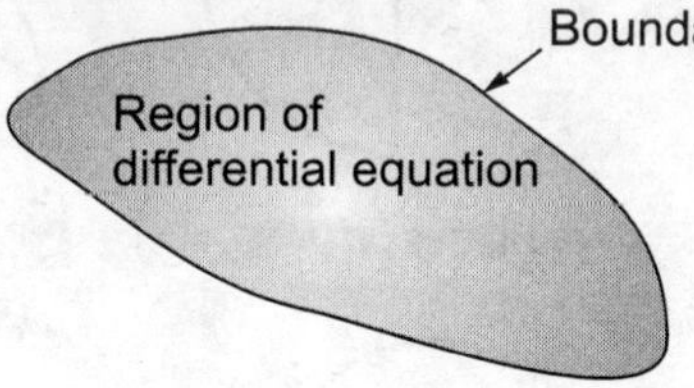

তথ্যসূত্র ও প্রস্তাবিত পাঠ্য

- Murray A, Daniel (1992), Introductory course in Differential Equations, Radha Publishing House, Calcutta.
- NCERT (2007), Mathematics Textbook for Class XII (Part II).
- AYRES JR. FRANK (1981), Differential Equations, Schaum's Outline Series, Mc-Graw Hill Book.
- Ross L Shepley (Third Edition), Differential Equations, WILEY.
- Pratap Rudra (2010), Getting started with MATLAB, OXFORD University Press.
- www.mathworks.com.

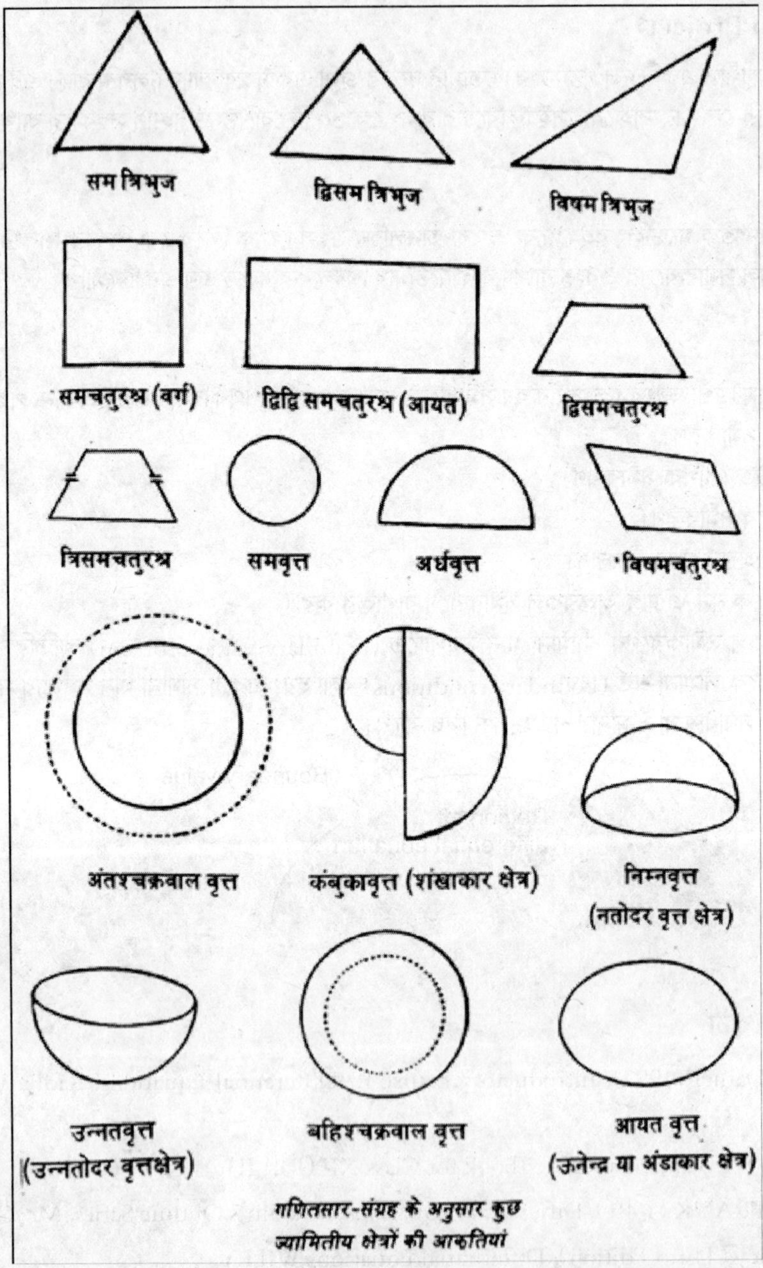

गणितसार-संग्रह के अनुसार कुछ ज्यामितीय क्षेत्रों की आकृतियां

ভারতীয় গণিতবিদ মহাবিরাচার্যের "গণিতসার-সংগ্রহ" লেখার একটা অংশ।
(সূত্র 'সংসার কে মহান গণিতজ্ঞ' মূলে গুনাকার (1992), রাজকামাল প্রকাশন)

পরিশিষ্ট

পরিশিষ্ট –A

গণিত পরীক্ষাগার

শিক্ষকের যথাযথ নির্দেশনার অধীনে নিজে নিজে শিক্ষার্থীদের মধ্যে গাণিতিক সচেতনতা বৃদ্ধি এবং জ্ঞান তৈরির জন্য, গণিত পরীক্ষাগার চমৎকার সুযোগ দেয়।

তত্ত্ব থেকে পরীক্ষামূলক জ্ঞান পর্যন্ত শিক্ষার্থীদের গণিত বোঝার সুবিধার্থে কয়েকটি কার্যক্রম নিচে দেওয়া হল। একটি গাণিতিক পরীক্ষাগারে, শিক্ষার্থীরা গণিতের নীতিগুলি আরও ভাল উপায়ে শেখে এবং উপভোগ করে।

গণিত পরীক্ষাগারের ব্যবস্থাপনা ও রক্ষণাবেক্ষণের জন্য আলাদা ব্যবস্থা কাম্য। কিন্তু নিয়ম অনুযায়ী না থাকলেও, শ্রেণী কক্ষেই সাধারণ ক্রিয়াকলাপগুলি সহজেই করা যায়।

পরীক্ষা 1:

লক্ষ্য

বিভিন্ন ধরনের শংকুচ্ছেদ তৈরি করা।

প্রয়োজনীয় সামগ্রী

স্বচ্ছ কাগজ, কাঁচি, হার্ডবোর্ড, আঠা, কালো কাগজ।

পদ্ধতি

1. সুবিধাজনক আকারের হার্ডবোর্ড নাও এবং তার উপর একটি কালো কাগজ সাঁটো।
2. একটি বৃত্তের অংশের আকারে একটি স্বচ্ছ শীট কাট এবং লম্ব বৃত্তাকার শঙ্কু মত করে ভাঁজ কর যেমন চিত্রে (চিত্রঃ a.1) দেখানো হয়েছে।

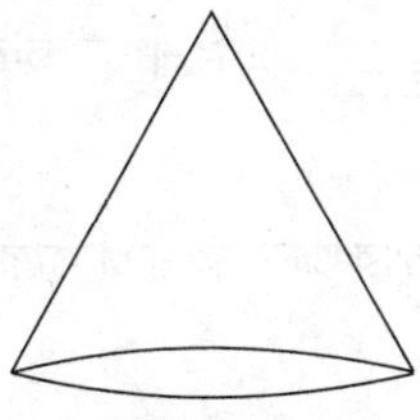

চিত্র a.1

3. স্বচ্ছ শীট ব্যবহার করে একই আকারের আরও 4 টি শঙ্কু তৈরি কর। হার্ডবোর্ডে এই শঙ্কুগুলি রাখ।
4. চিত্র a.2, a.3, a.4, a.5 এ দেখানো অনুযায়ী বিভিন্ন অবস্থানে একটি স্বচ্ছ সমতল শীট দিয়ে এই শঙ্কুগুলি কাটা।

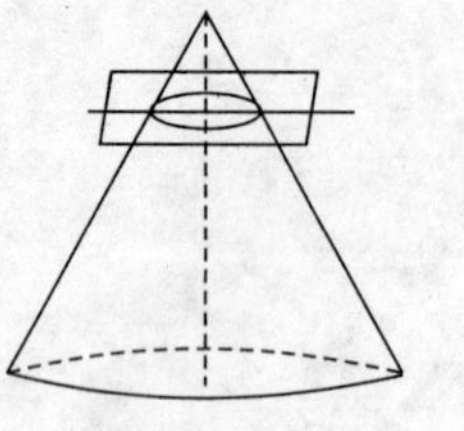

চিত্র a.2

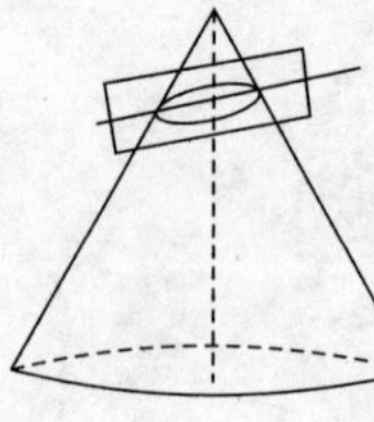

চিত্র a.3

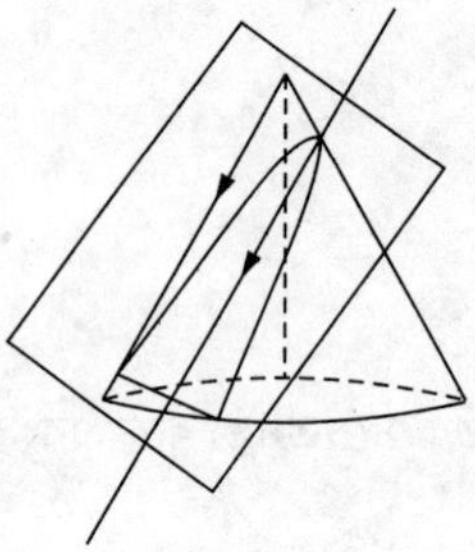

চিত্র a.4

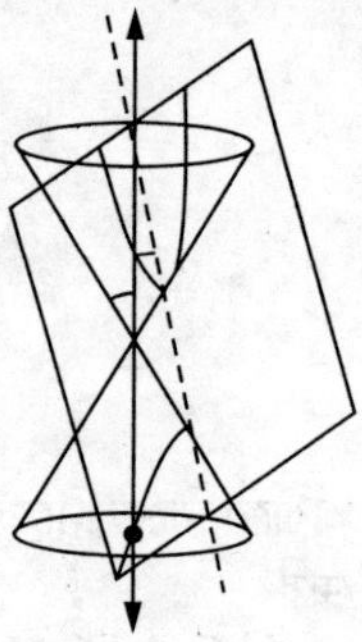

চিত্র a.5

পর্যবেক্ষণ

1. চিত্র a.2 এ স্বচ্ছ সমতলটি শঙ্কুকে এমনভাবে কেটে ফেলে যাতে শীটটি শঙ্কুর ভূমির সমান্তরাল হয়। তাই প্রাপ্ত শংকুচ্ছেদটি একটি বৃত্ত।
2. চিত্র a.3। এ, সমতল শীটটি শঙ্কুর অক্ষের দিকে সামান্য ঝুঁকে আছে, তাই প্রাপ্ত শঙ্কু অংশটি একটি উপবৃত্ত।
3. চিত্র a.4 এ, সমতল শীটটি শঙ্কুর জেনারেটরের সমান্তরাল, অতএব এইভাবে প্রাপ্ত কনিক বিভাগটি একটি অধিবৃত্ত।
4. চিত্র a.5 এ, সমতলটি শঙ্কুর অক্ষের সমান্তরাল, অতএব এতগুলি প্রাপ্ত অংশগুলি একটি পরাবৃত্ত অংশ।

ফলাফল

1. চিত্র a.2 এ, স্বচ্ছ সমতল শীট হয় শংকুর ভূমির __________ এবং প্রাপ্ত শংকুচ্ছেদটি _______।
2. চিত্র a.3 এ, সমতল শীটটি ________ এর দিকে ঝুঁকে আছে এবং প্রাপ্ত শংকুচ্ছেদটি হল _______।
3. চিত্র a.4 এ, সমতল শীটটি ________ এর সমান্তরাল এবং তাই প্রাপ্ত শংকুচ্ছেদটি_________।
4. চিত্র a.5 এ, সমতল শীটটি অক্ষের দিকে ________ এবং শংকুচ্ছেদটি তাই _________ এর একটি অংশ।

মতামতে উপনীত

এই ক্রিয়াকলাপটি বিভিন্ন ধরণের শংকুচ্ছেদগুলি বোঝার জন্য সহায়তা করে যা বাস্তব জীবনের পরিস্থিতি এবং সমসাময়িক বিজ্ঞানে ব্যাপকভাবে প্রয়োগ করা হয়।

পরীক্ষা 2:

লক্ষ্য

পরাক্ষ এবং উপাক্ষ দিয়ে একটি উপবৃত্ত নির্মাণের।

প্রয়োজনীয় সামগ্রী

একটি হার্ডবোর্ড, কালো কাগজ, পেরেক, সুতো, আঠা, চার্ট পেপার।

পদ্ধতি

1. উপযুক্ত আকারের হার্ডবোর্ডের একটি আয়তক্ষেত্রাকার শীট নাও এবং তার উপর একটি কালো কাগজ পেস্ট কর।
2. এর উপর একটি বিন্দু O চিহ্নিত কর। উপবৃত্তের অর্ধ-পরাক্ষ এবং অর্ধ-উপাক্ষকে ব্যাসার্ধ নিয়ে কেন্দ্র ও থেকে দুটি কেন্দ্রীভূত বৃত্ত আঁক। বড় বৃত্তের একটি ব্যাসকে AOA হিসেবে চিহ্নিত কর এবং এটিকে একটি অনুভূমিক রেখা বল।

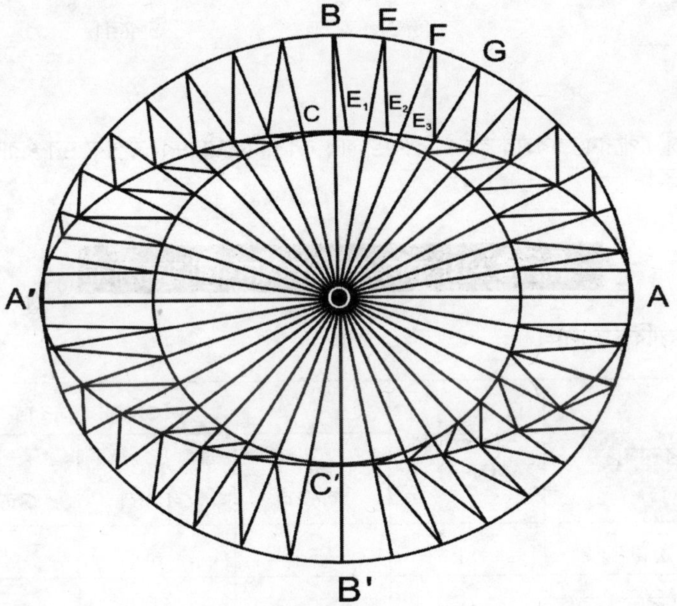

চিত্র.b.1

3. বৃত্তের ব্যাসার্ধ এমনভাবে আঁক যাতে পরপর দুইটি ব্যাসার্ধের মধ্যে একই কোণ 15° হয়।
4. বড় বৃত্তের যে কোন ব্যাসার্ধ OB নাও, যা ছোট বৃত্তটিকে C বিন্দুতে কাটে। C এর মধ্যে দিয়ে একটি অনুভূমিক রেখা আঁক এবং B থেকে এই অনুভূমিক রেখায় একটি লম্ব (উল্লম্ব রেখা) আঁক, এদের ছেদবিন্দু E পাও (চিত্র b.1 দেখ)
5. বৃহত্তর বৃত্তের সমস্ত ব্যাসার্ধ OE, OF এবং এর জন্য এই প্রক্রিয়াটি পুনরাবৃত্তি কর এবং E_2, E_3, ... এবং আরও অনেক বিন্দু পাও।
6. E_2, E_3, ... বিন্দুতে পেরেক পুঁতে রাখ এবং একটি সুতো দিয়ে পেরেকের নিচদিয়ে জুড়ে দিলে এবং একটি বক্ররেখা পাযে। (চিত্র b.1)

পর্যবেক্ষণ

1. প্রাপ্ত বক্ররেখাটি একটি উপবৃত্ত।
2. উপবৃত্তের পরাক্ষ হল AOA 'এবং উপবৃত্তের উপাক্ষ হল BOB', যেখানে BOB 'ছোট বৃত্তের ব্যাস এবং AOA উপর লম্ব।

ফলাফল

i) OA = ________________ OB = ______________

ii) OC = ________________ OC' = _______________

iii) উপবৃত্তের পরাক্ষ ________. উপবৃত্তের উপাক্ষ ________

iv) E_1, E_2______________ বিন্দুগুলি আছে______________ উপরে।

মতামতে উপনীত

এই কার্যকলাপ থেকে সুতো, পেরেক ব্যবহার করে উপবৃত্তাকার নকশা তৈরী এবং উপবৃত্তের পরাক্ষ এবং উপাক্ষ উপক্ষের ধারণা ব্যাখ্যা করা যেতে পারে।

পরিশিষ্ট –B: ব্লুমস লেভেল অনুযায়ী মূল্যায়ন

প্রশ্নপত্রের নকশার নির্দিষ্ট প্রস্তাবিত তালিকা

ইউনিট সংখ্যা	ইউনিটের নাম	শিক্ষার সময় (ঘন্টা)	থিওরি মার্কসের বিন্যাস			
			R লেভেল	U লেভেল	A লেভেল	মোট মার্কস
1.	ডিটার্মিন্যান্টস & ম্যাট্রিক্স	11	5	6	5	16
2.	সমাকলন বিদ্যা	9	5	4	5	14
3.	স্থানাঙ্ক জ্যামিতি	10	4	5	5	14
4.	ভেক্টর বীজগণিত	8	4	4	4	12
5.	অন্তরকল সমীকরণ	10	4	5	5	14
		48 ঘন্টা	22	24	24	70

লেজেন্ডস; R = মনে রাখবে (Remember); U = বুঝবে (understand)- A = প্রয়োগ বা তার উপরে (Apply and above) (ব্লুমস ট্যাক্সনমি)

বিঃদ্রঃ- এই স্পেসিফিকেশন তালিকা শিক্ষার্থীদের তাদের শেখার জন্য সহায়তা করে এবং UO অর্জনের সাপেক্ষে শিক্ষার্থীদের শেখানোর এবং মূল্যায়নের কাজে শিক্ষকদের সাধারণ নির্দেশিকা প্রদান করে। প্রশ্নপত্রের বিভিন্ন শ্রেণিবিন্যাস স্তরে (R, U এবং A) মার্কসের প্রকৃত বণ্টন উপরের সারণী থেকে ভিন্ন হতে পারে।

অতিরিক্ত-1

লগারিদম

সংজ্ঞা

যদি a, x, y কোন তিনটি সংখ্যা হয়, যেমন $a^x = y$, তাহলে x কে y এর লগারিদম বলা হয় যেখানে a বেস। অতএব, কোন সংখ্যার লগরিদম কিছু বেসের প্রতিফলক যার দ্বারা সেই সংখ্যাটি পেতে হলে বেসটি উত্থাপন করতে হবে। আমরা একটি সম্পর্ক $a^x = y$ কে লগারিদমিক আকারে $log_a y = x$ লিখতে পারি, যা হিসাবে, সুতরাং $a^x = y$ হলে $log_a y = x$।

দ্রষ্টব্য:

1. প্রতিটি ধনাত্মক বাস্তব সংখ্যা y কে সূচকীয় আকার $a^x = y$ এ প্রকাশ করা যেতে পারে যেখানে a ও এক ছাড়া যেকোনো ধনাত্মক বাস্তব সংখ্যা এবং একে বেস এবং 'x' কে সূচক বলা হয়।
2. লগারিদমের সীমাবদ্ধতা: $log_a y$ শুধুমাত্র তখনই সংজ্ঞায়িত যখন

   (i) $y > 0$ (ii) $a > 0$ (iii) $a \neq 1$
3. শূন্যের লগারিদম হয়না।
4. y এর প্রদত্ত মানের জন্য, $log_a y$ একটি অনন্য মান দেবে।
5. $\log_a 1 = 0$
6. $log_y y = 1$
7. $\log_b a = \dfrac{1}{\log_a b}$
8. $y = a^{log_a y}$
9. $log_{\frac{1}{y}} y = -1 = log_y \dfrac{1}{y}$

লগারিদমের ধর্ম

যদি ম, না যেকোনো ধনাত্মক সংখ্যা হয় যেখানে , তাহলে লগারিদমের কয়েকটা ধর্ম নিচে দেওয়া হল-

1. লগারিদমের মৌলিক মিল

   $a^{log_a m} = m$
2. $log_a mn = log_a m + log_a n$
3. $log_a \dfrac{m}{n} = log_a m - log_a n$
4. বেস পরিবর্তনের নিয়ম –

   এটি বলে যে দুটি সংখ্যার লগারিদমের ভাগফল তাদের সাধারণ বেস থেকে নিরপেক্ষ।

প্রতীকীভাবে, $log_b m = \dfrac{log_a m}{log_a b}$

যেখানে, $a > 0, a \neq 1, b > 0, b \neq 1$

লগারিদম অপেক্ষকের লেখচিত্র

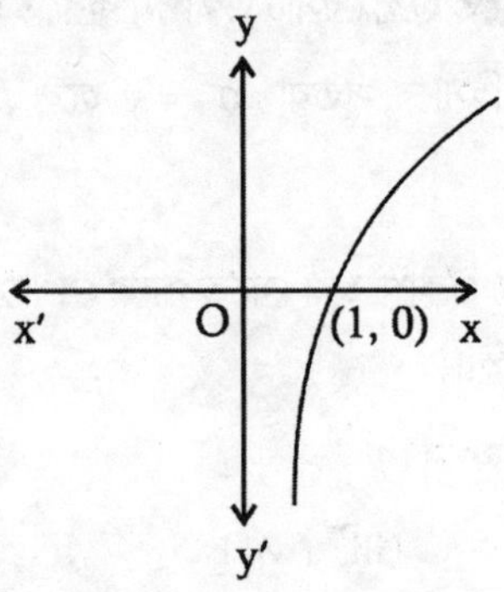

যখন $a > 1$

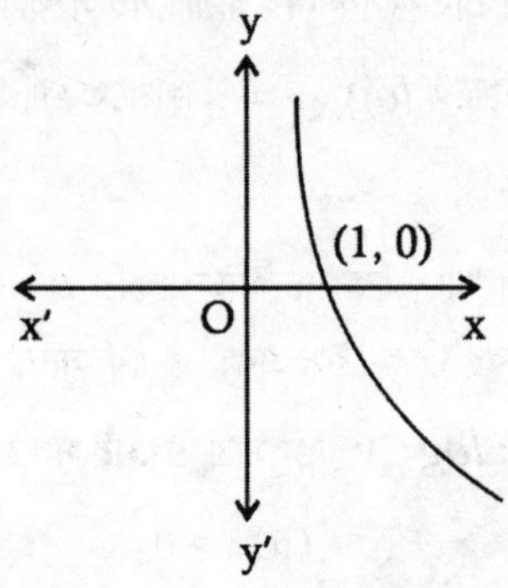

যখন $1 > a > 0$

চরিত্রগত এবং মন্টিসা

যে কোন প্রদত্ত সংখ্যা y এর জন্য, লগারিদমকে প্রকাশ করা যেতে পারে $log_a y =$ পূর্ণসংখ্যা + ভগ্নাংশ আকারে পূর্ণসংখ্যার অংশকে বলা হয় চারিত্রিক এবং ভগ্নাংশের অংশটিকে বলা হয় মন্টিসা। যখন log n এর মান দেওয়া থাকে, তখন 'n' এর মান বের করার জন্য আমরা শুধুমাত্র মনটিসা অংশ ব্যবহার করি। বৈশিষ্ট্যটি শুধুমাত্র পূর্ণসংখ্যার অঙ্ক সংখ্যা (যদি $n \geq 1$) বা দশমিকের পরে শূন্যের সংখ্যা এবং সংখ্যার প্রথম অ-শূন্য অঙ্কের আগে (যদি $0 < n < 1$) হয় তবে ব্যবহার করা হয়।

দ্রষ্টব্য:

(i) একটি সংখ্যার লগারিদমের মন্টিসা অংশ সর্বদা ধনাত্মক $(0 \leq m < 1)$।

(ii) যদি $log_{10} y$ এর চারিত্রিক অংশ n হয়, তাহলে y এর অঙ্কের সংখ্যা হল (n + 1)

(iii) যদি $log_{10} y$ এর চারিত্রিক অংশ (– n) হয়, তাহলে দশমিকের পরে (n - 1) সংখ্যক শূন্য আছে।

অ্যান্টিলগারিদম:

ধনাত্মক বাস্তব সংখ্যা 'n' কে একটি সংখ্যা 'm' এর অ্যান্টিলগারিদম বলা হয় যদি log n = m হয়।

এইভাবে, log n = mn = antilog m।

অতিরিক্ত-2

কঠিনবস্তু

কঠিনবস্তু বর্ণনা করতে তিন মাত্রা প্রয়োজন

(a) কঠিনবস্তুর পৃষ্ঠতল- কঠিনবস্তুর চারপাশের তল যেমন ইঁট ছয়টি আয়তক্ষেত্র দ্বারা সীমাবদ্ধ। পৃষ্ঠতলের ক্ষেত্রফল বর্গ এককে প্রকাশ করা হয়।

(b) কঠিন বস্তুর আয়তন - একটি কঠিন দ্বারা দখলকৃত স্থান এবং এটা মাপা হয় ঘন এককে পরিমাপ করা হয়।

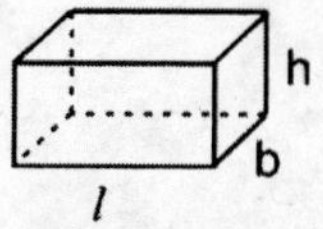

আয়তঘন

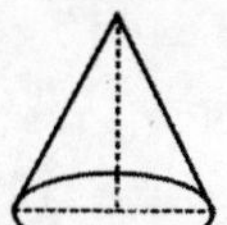

শঙ্কু

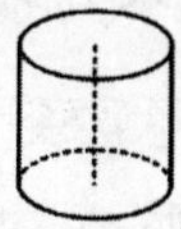

চোঙ

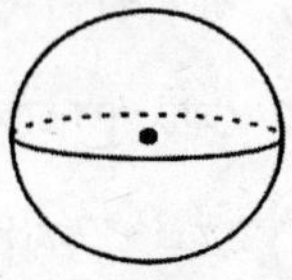

গোলক

আয়তঘন

আয়তক্ষেত্রাকার কঠিন আয়তক্ষেত্রাকার পারলালপাইপড নামেও পরিচিত (যেমন ম্যাচ বাক্স, ইট)।

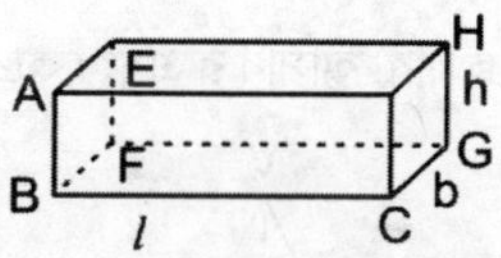

(a) ছয়টি আয়তক্ষেত্রাকার মুখ যার বিপরীত মুখ সমান্তরাল এবং সমঞ্জস্যপূর্ণ।

(b) বারোটি প্রান্ত রেখা আছে (প্রান্ত রেখা - যেখানে দুটি সংলগ্ন মুখ মিলিত হয়)।

(c) তিনটি সংলগ্ন মুখ শীর্ষবিন্দু নামে একটি বিন্দুতে মিলিত হয় এবং আয়তঘনের আটটি শীর্ষবিন্দু থাকে।

(d) পৃষ্ঠতলের ক্ষেত্রফল: $A = 2[\ell \times b + b \times h + h \times \ell]$ বর্গ একক।

(e) আয়তন: $V = \ell \times b \times h$ ঘন একক।

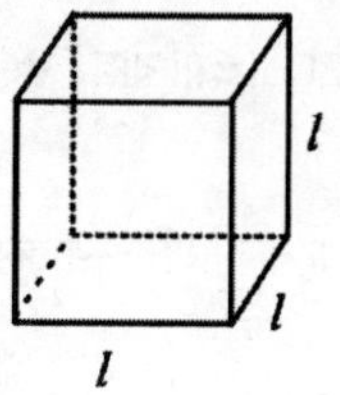

ঘনক

বিশেষ ক্ষেত্রে আয়তঘনের সমস্ত পৃষ্ঠতলের ক্ষেত্রফল সমান হয় এবং তখন তাকে ঘনক বলা হবে।

ক্ষেত্রফল = $6\ell^2$; আয়তন = ℓ^3 ঘন একক, পৃষ্ঠতলের দৈর্ঘ $\ell = 1$ হলে আয়তন 1 ঘন একক হয় (তখন ঘন একক এর সজ্ঞা পাওয়া যায়)।

চোঙ

একটা পাশের (বাঁকা) পৃষ্ঠ এবং দুটি সামঞ্জস্যপূর্ণ বৃত্তাকার তল রয়েছে।

(যেমন জার, বৃত্তাকার স্তম্ভ, ড্রামস, পাইপ ইত্যাদি)

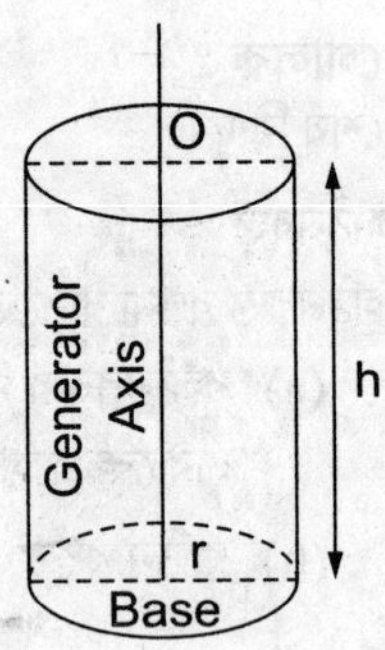

(a) অক্ষ - দুটি বৃত্তাকার দলের কেন্দ্র যোগ করলে যে রেখা পাওয়া যায়।

(b) লম্ব বৃত্তাকার চোঙ - যখন অক্ষ বৃত্তাকার দলেরলম্ব হয়।

(c) জেনারেটর - অক্ষের সমান্তরাল এবং পাশের পৃষ্ঠে থাকা যেকোনো রেখা।

(d) ভূমি - উল্লম্ব অবস্থানে চোঙ রাখলে, নিচের বৃত্তাকার তলকে ভূমি বলে।

(e) উচ্চতা (h) - দুটি বৃত্তাকার মুখের মধ্যে দূরত্ব।

(f) ব্যাসার্ধ (r) - ভূমি বা উপরের বৃত্তের ব্যাসার্ধ।

(g) মোট পৃষ্ঠতলের ক্ষেত্রফল - ভূমির ক্ষেত্রফল + বক্রতলের ক্ষেত্রফল

$2\pi r^2 + 2\pi rh = 2\pi r(h + r)$ (দুটি বৃত্তাকার তল সহ)।

বৃত্তাকার তল ছাড়া (ফাঁকা চোঙ) = $2\pi rh$

(h) আয়তন - $V = \pi r^2 h$

শঙ্কু ঃ একটি শীর্ষবিন্দু (V) এবং বৃত্তাকার ভূমি আছে যার ব্যাসার্ধ র এবং কেন্দ্র (O)।

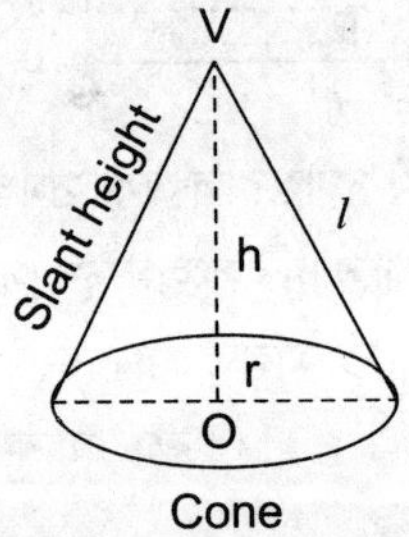

Cone

(a) অক্ষ - শীর্ষবিন্দু এবং বৃত্তের কেন্দ্র যোগ করে পাওয়া যায় (VO)।

(b) শঙ্কুর উচ্চতা (h) - VO এর দৈর্ঘ্য।

(c) তির্যক উচ্চতা (l) - ভূমির যেকোনো বিন্দু থেকে শীর্ষবিন্দুর দূরত্ব।

$\ell = \sqrt{r^2 + h^2}$

(d) লম্ব বৃত্তাকার শঙ্কু - যখন অক্ষটি ভূমির উপর লম্ব থাকে।

(e) একটা শঙ্কুর ভূমির সমান্তরাল ছেদিতাংশ হল একটি বৃত্ত এবং ভূমির লম্ব ছেদিতাংশ হল একটি সমদ্বিবাহু ত্রিভুজ।

(f) আয়তন - (1/3) $\pi r^2 h$ (আয়তন - (1/3) (একটি শঙ্কুর আয়তন একই উচ্চতা এবং ভূমির ব্যাসার্ধ সহ একটি চোঙের আয়তনের 1/3 অংশ)।

(g) বাঁকা ক্ষেত্রে ক্ষেত্রফল: $\pi r\ell$

(h) মোট পৃষ্ঠতলের ক্ষেত্রফল $\pi r\ell + \pi r^2 = \pi r(\ell + r)$

(i) একটি সমকোণী ত্রিভুজকে তার সমকোণ গঠনের অক্ষের চারিদিক ঘুরিয়ে একটি লম্ব বৃত্তাকার শঙ্কু তৈরি করা যায়।

গোলক ঃ এর পৃষ্ঠের সমস্ত বিন্দু এর কেন্দ্র থেকে সমান দূরত্বে অবস্থিত, এই সমান দূরত্বকে ব্যাসার্ধ (r) বলা হয় এবং পৃষ্ঠের শেষ বিন্দু দিয়ে কেন্দ্রের মধ্য দিয়ে যে কোনও রেখাকে ব্যাস বলে।

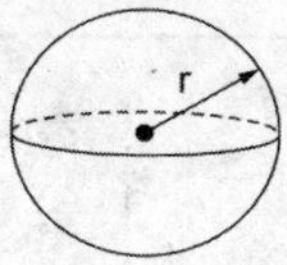

(a) আয়তন $V = (4/3)\pi r^3$

(b) পৃষ্ঠতলের ক্ষেত্রফল $A = 4\pi r^2$

অর্ধ-গোলকঃ একটি গোলককে কেন্দ্রের মধ্য দিয়ে যাওয়া একটি সমতল দ্বারা দুটি দুটি অর্ধ-গোলকে বিভক্ত করা হয়।

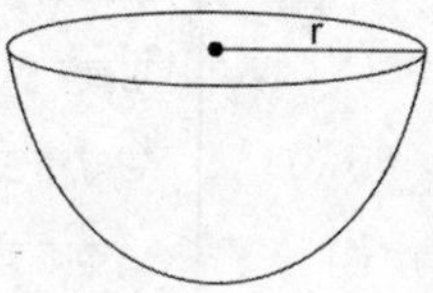

(a) আয়তন $V = (2/3)\pi r^3$

(b) বাঁকা পৃষ্ঠতলের ক্ষেত্রফল $S = 2\pi r^2$

(c) মোট পৃষ্ঠতলের ক্ষেত্রফল $A = 2\pi r^2 + \pi r^2 = 3\pi r^2$

বিষয়বস্তুর বর্ণনাক্রমিক সূচী